"十四五"时期国家重点出版物出版专项规划项目

极化成像与识别技术丛书

极化雷达低空目标检测理论与应用

Theory and Application of Polarimetric Radar
Detection of Low Altitude Targets

杨勇 著

国防工业出版社
·北京·

内 容 简 介

本书主要介绍了雷达低空目标检测理论与方法，重点介绍了作者在雷达抗海杂波、抗多径散射和抗箔条干扰三个方面的最新研究成果。本书共 7 章，主要内容包括雷达回波特性分析、雷达目标检测性能分析和雷达新检测方法三个方面。其中，雷达回波特性分析主要分析了雷达目标回波、杂波、多径散射特性，建立了其在时、频、空、极化等域的特性模型；雷达目标检测性能分析分别分析了杂波条件下、多径散射条件下、杂波+多径散射条件下雷达对不同目标的检测性能；雷达新检测方法包括作者团队新提出的一些雷达抗杂波检测方法、雷达抗多径散射检测方法和雷达抗箔条干扰方法。

本书可供从事雷达、电子对抗领域和统计信号处理方向的科研人员参考，也可作为高校信息与通信工程、电子信息等专业研究生的参考教材。

图书在版编目（CIP）数据

极化雷达低空目标检测理论与应用 / 杨勇著 .

北京：国防工业出版社，2025. 6. -- ISBN 978-7-118 -13756-9

Ⅰ. TN953

中国国家版本馆 CIP 数据核字第 2025R1W977 号

※

国防工业出版社出版发行

（北京市海淀区紫竹院南路 23 号　邮政编码 100048）

雅迪云印（天津）科技有限公司印刷

新华书店经售

*

开本 710×1000　1/16　印张 17　字数 292 千字

2025 年 6 月第 1 版第 1 次印刷　印数 1—2000 册　定价 168.00 元

（本书如有印装错误，我社负责调换）

国防书店：(010) 88540777　　　书店传真：(010) 88540776

发行业务：(010) 88540717　　　发行传真：(010) 88540762

极化一词源自英文 Polarization，在光学领域称为偏振，在雷达领域则称为极化。光学偏振现象的发现可以追溯到 1669 年丹麦科学家巴托林通过方解石晶体产生的双折射现象。偏振之父马吕斯于 1808 年利用波动光学理论完美解释了双折射现象，并证明了极化是光的固有属性，而非来自晶体的影响。19 世纪 50 年代至 20 世纪初，学者们陆续提出 Stokes 矢量、Poincaré 球、Jones 矢量和 Mueller 矩阵等数学描述来刻画光的极化现象和特性。

相对于光学，雷达领域对极化的研究则较晚。20 世纪 40 年代，研究者发现：目标受到电磁波照射时会出现变极化效应，即散射波的极化状态相对于入射波会发生改变，二者存在着特定的映射变换关系，其与目标的姿态、尺寸、结构、材料等物理属性密切相关，因此目标可以视为一个极化变换器。人们发现，目标变极化效应所蕴含的丰富物理属性对提升雷达的目标检测、抗干扰、分类和识别等各方面的能力都具有很大潜力。经过半个多世纪的发展，雷达极化学已经成为雷达科学与技术领域的一个专门学科专业，发展方兴未艾，世界各国雷达科学家和工程师们对雷达极化信息的开发利用已经深入到电磁波辐射、传播、散射、接收与处理等雷达探测全过程，极化对电磁正演/反演、微波成像、目标检测与识别等领域的理论发展和技术进步都产生了深刻影响。

总的来看，在 80 余年的发展历程中，雷达极化学主要围绕雷达极化信息获取、目标与环境极化散射机理认知以及雷达极化信息处理与应用这三个方面交融发展、螺旋上升。20 世纪四五十年代，人们发展了雷达目标极化特性测量与表征、天线极化特性分析、目标最优极化等基础理论和方法，兴起了雷达极化研究的第一次高潮。六七十年代，在当时技术条件下，雷达极化测量的实现技术难度大且代价昂贵，目标极化散射机理难以被深刻揭示，相关理论研究成果难以得到有效验证，雷达极化研究经历了一个短暂的低潮期。进入 80 年代，随着微波器件与工艺水平、数字信号处理技术的进步，雷达极化测量技术和系统接连不断获得重大突破，例如，在气象探测方面，1978 年英国的 S 波段雷达和 1983 年美国的 NCAR/CP-2 雷达先后完成极化捷变改造；

在目标特性测量方面，1980 年美国研制成功极化捷变雷达，并于 1984 年又研制成功脉内极化捷变雷达；在对地观测方面，1985 年美国研制出世界上第一部机载极化合成孔径雷达（SAR）；等等。这一时期，雷达极化学理论与雷达系统充分结合、相互促进、共同进步，丰富和发展了雷达目标唯象学、极化滤波、极化目标分解等一大批经典的雷达极化信息处理理论，催生了雷达极化在气象探测、抗杂波和电磁干扰、目标分类识别及对地遥感等领域一批早期的技术验证与应用实践，让人们再次开始重视雷达极化信息的重要性和不可替代性，雷达极化学迎来了第二次发展高潮。20 世纪 90 年代以来，雷达极化学受到世界各发达国家的普遍重视和持续投入，雷达极化理论进一步深化，极化测量数据更加丰富多样，极化应用愈加广泛深入。进入 21 世纪后，雷达极化学呈现出加速发展态势，不断在对地观测、空间监视、气象探测等众多的民用和军用领域取得令人振奋的应用成果，呈现出新的蓬勃发展的热烈局面。

在极化雷达发展历程中，极化合成孔径雷达由于兼具极化解析与空间多维分辨能力，受到了各国政府与科技界的高度重视，几十年来机载/星载极化 SAR 系统如雨后春笋般不断涌现。国际上最早成功研制的实用化的极化 SAR 系统是 1985 年美国的 L 波段机载 AIRSAR 系统。之后典型的机载全极化 SAR 系统有美国的 UAVSAR、加拿大的 CONVAIR、德国的 ESAR 和 FSAR、法国的 RAMSES、丹麦的 EMISAR、日本的 PISAR 等。星载系统方面，美国航天飞行于 1994 年搭载运行的 C 波段 SIR-C 系统是世界上第一部星载全极化 SAR。2006 年和 2007 年，日本的 ALOS/PALSAR 卫星和加拿大的 RADARSAT-2 卫星相继发射成功。近些年来，多部星载多/全极化 SAR 系统已在轨运行，包括日本的 ALOS-2/PALSAR-2、阿根廷的 SAOCOM-1A、加拿大的 RCM、意大利的 CSG-2 等。

1987 年，中国科学院电子所研制了我国第一部多极化机载 SAR 系统。近年来，在国家相关部门重大科研计划的支持下，中国科学院电子所、中国电子科技集团、中国航天科技集团、中国航天科工集团等单位研制的机载极化 SAR 系统覆盖了 P 波段到毫米波段。2016 年 8 月，我国首颗全极化 C 波段 SAR 卫星高分三号成功发射运行，之后高分三号 02 星和 03 星分别于 2021 年 11 月和 2022 年 4 月成功发射，实现多星协同观测。2022 年 1 月和 2 月，我国成功发射了两颗 L 波段 SAR 卫星——陆地探测一号 01 组 A 星和 B 星，二者均具备全极化模式，将组成双星编队服务于地质灾害监测、土地调查、地震评估、防灾减灾、基础测绘、林业调查等领域。这些系统的成功运行标志着我国在极化 SAR 系统研制方面达到了国际先进水平。总体上，我国在极化成像雷达与应用方面的研究工作虽然起步较晚，但在国家相关部门的大力支持下，在雷达极化测量的基础理论、测量体制、信号与数据处理等方面取得了不少的创新性成果，研究水平取得了长足进步。

目前，极化成像雷达在地物分类、森林生物量估计、地表高程测量、城区信息提取、海洋参数反演以及防空反导、精确打击等诸多领域中已得到广泛应用，而目标识别是其中最受关注的核心关键技术。在深刻理解雷达目标极化散射机理的基础上，将极化技术与宽带/超宽带、多维阵列、多发多收等技术相结合，通过极化信息与空、时、频等维度信息的充分融合，能够为提升成像雷达的探测识别与抗干扰能力提供崭新的技术途径，有望从根本上解决复杂电磁环境下雷达目标识别问题。一直以来，由于目标、自然环境及电磁环境的持续加速深刻演变，高价值目标识别始终被认为是雷达探测领域"永不过时"的前沿技术难题。因此，出版一套完善严谨的极化、成像与识别的学术著作对于开拓国内学术视野、推动前沿技术发展、指导相关实践工作具有重要意义。

为及时总结我国在该领域科研人员的创新成果，同时为未来发展指明方向，我们结合长期的极化成像与识别基础理论、关键技术以及创新应用的研究实践，以近年国家"863"、"973"、国家自然科学基金、国家科技支撑计划等项目成果为基础，组织全国雷达极化领域的同行专家一起编写了这套"极化成像与识别技术"丛书，以期进一步推动我国雷达技术的快速发展。本丛书共 24 分册，分为 3 个专题。

（一）极化专题。着重介绍雷达极化的数学表征、极化特性分析、极化精密测量、极化检测与极化抗干扰等方面的基础理论和关键技术，共包括 10 个分册。

（1）《瞬态极化雷达理论、技术及应用》瞄准极化雷达技术发展前沿，系统介绍了我国首创的瞬态极化雷达理论与技术，主要内容包括瞬态极化概念及其表征体系、人造目标瞬态极化特性、多极化雷达波形设计、极化域变焦超分辨、极化滤波、特征提取与识别等一大批自主创新研究成果，揭示了电磁波与雷达目标的瞬态极化响应特性，阐述了瞬态极化响应的测量技术，并结合典型场景给出了瞬态极化理论在超分辨、抗干扰、目标精细特征提取与识别等方面的创新应用案例，可为极化雷达在微波遥感、气象探测、防空反导、精确制导等诸多领域中的应用提供理论指导和技术支持。

（2）《雷达极化信号处理技术》系统地介绍了极化雷达信号处理的基础理论、关键技术与典型应用，涵盖电磁波极化及其数学表征、动态目标宽/窄带极化特性、典型极化雷达测量与处理、目标信号极化检测、极化雷达抗噪声压制干扰、转发式假目标极化识别以及极化雷达单脉冲测角与干扰抑制等内容，可为极化雷达系统的设计、研制和极化信息的处理与利用提供有益参考。

（3）《多极化矢量天线阵列》深入讨论了多极化天线波束方向图优化与自适应干扰抑制，基于方向图分集的波形方向图综合、单通道及相干信号处理，多极化主动感知，稀疏阵型设计及宽带测角等问题，是一本理论性较强的专著，对于阵列雷达的设计和信号处理具有很好的参考价值。

（4）《目标极化散射特性表征、建模与测量》介绍了雷达目标极化散射的电磁理论基础、典型结构和材料的极化散射表征方式、目标极化散射特性数值建模方法和测量技术，给出了多种典型目标的极化特性曲线、图表和数据，对于极化特征提取和目标识别系统的设计与研制具有基础支撑作用。

（5）《飞机尾流雷达探测与特征反演》介绍了飞机尾流这类特殊的分布式软目标的电磁散射特性与雷达探测技术，系统揭示了飞机尾流的动力学特征与雷达散射机理之间的内在联系，深入分析了飞机尾流的雷达可探测性，提出了一些典型气象条件下的飞机尾流特征参数反演方法，对推进我国军民航空管制以及舰载机安全起降等应用领域的技术进步具有较大的参考价值。

（6）《雷达极化精密测量》系统阐述了极化雷达测量这一基础性关键技术，分析了极化雷达系统误差机理，提出了误差模型与补偿算法，重点讨论了极化雷达波形设计、无人机协飞的雷达极化校准技术、动态有源雷达极化校准等精密测量技术，为极化雷达在空间监视、防空反导、气象探测等领域的应用提供理论指导和关键技术支撑。

（7）《极化单脉冲导引头多点源干扰对抗技术》面向复杂多点源干扰条件下的雷达导引头抗干扰需求，基于极化单脉冲雷达体制，围绕极化导引头系统构架设计、多点源干扰多域特性分析、多点源干扰多域抑制与抗干扰后精确测角算法等方面进行系统阐述。

（8）《相控阵雷达极化与波束联合控制技术》面向相控阵雷达的极化信息精确获取需求，深入阐述了相控阵雷达所特有的极化测量误差形成机理、极化校准方法以及极化波束形成技术，旨在实现极化信息获取与相控阵体制的有效兼容，为相关领域的技术创新与扩展应用提供指导。

（9）《极化雷达低空目标检测理论与应用》介绍了极化雷达低空目标检测面临的杂波与多径散射特性及其建模方法、目标回波特性及其建模方法、极化雷达抗杂波和抗多径散射检测方法及这些方法在实际工程中的应用效果。

（10）《偏振探测基础与目标偏振特性》是一本光学偏振方面理论技术和应用兼顾的专著。首先介绍了光的偏振现象及基本概念；其次在目标偏振反射/辐射理论的基础上，较为系统地介绍了目标偏振特性建模方法及经典模型、偏振特性测量方法与技术手段、典型目标的偏振特性数据及分析处理；最后介绍了一些基于偏振特性的目标检测、识别、导航定位方面的应用实例。

（二）成像专题。着重介绍雷达成像及其与目标极化特性的结合，探讨雷达在探地、地表穿透、海洋监测等领域的成像理论技术与应用，共包括 7 个分册。

（1）《高分辨率穿透成像雷达技术》面向穿透表层的高分辨率雷达成像技术，系统讲述了表层穿透成像雷达的成像原理与信号处理方法。既涵盖了穿透成像的电磁原理、信号模型、聚焦成像等基本问题，又探讨了阵列设计、融合穿透成像等前沿问题，并辅以大量实测数据和处理实例。

（2）《极化 SAR 海洋应用的理论与方法》从极化 SAR 海洋成像机制出发，重点阐述了极化 SAR 的海浪、海洋内波、海冰、船只目标等海洋现象和海上目标的图像解译分析与信息提取方法，针对海洋动力过程和海上目标的极化 SAR 探测给出了较为系统和全面的论述。

（3）《超宽带雷达地表穿透成像探测》介绍利用超宽带雷达获取浅地表雷达图像实现埋设地雷和雷场的探测。重点论述了超宽带穿透成像、地雷目标检测与鉴别、雷场提取与标定等技术，并通过大量实测数据处理结果展现了超宽带地表穿透成像雷达重要的应用价值。

（4）《合成孔径雷达定位处理技术》在介绍 SAR 基本原理和定位模型基础上，按照 SAR 单图像定位、立体定位、干涉定位三种定位应用方向，系统论述了定位解算、误差分析、精化处理、性能评估等关键技术，并辅以大量实测数据处理实例。

（5）《极化合成孔径雷达多维度成像》介绍了利用极化雷达对人造目标进行三维成像的理论和方法，重点讨论了极化干涉成像、极化层析成像、复杂轨迹稀疏成像、大转角观测数据的子孔径划分、多子孔径多极化联合成像等新技术，对从事微波成像研究的学者和工程师有重要参考价值。

（6）《机载圆周合成孔径雷达成像处理》介绍的是基于机载平台的合成孔径雷达以圆周轨迹环绕目标进行探测成像的技术。论述了圆周合成孔径雷达的目标特性与成像机理，提出了机载非理想环境下的自聚焦成像方法，探究了其在目标检测与三维重构方面的应用，并结合团队开展的多次飞行试验，介绍了技术实现和试验验证的研究成果，对推动机载圆周合成孔径雷达系统的实用化有重要参考价值。

（7）《红外偏振成像探测信息处理及其应用》系统介绍了红外偏振成像探测的基本原理，以及红外偏振成像探测信息处理技术，包括基于红外偏振信息的图像增强、基于红外偏振信息的目标检测与识别等，对从事红外成像探测及目标识别技术研究的学者和工程师有重要参考价值。

（三）识别专题。着重介绍基于极化特性、高分辨距离像以及合成孔径雷达图像的雷达目标识别技术，主要包括雷达目标极化识别、雷达高分辨距离像识别、合成孔径雷达目标识别、目标识别评估理论与方法等，共包括 7 个分册。

（1）《雷达高分辨距离像目标识别》详细介绍了雷达高分辨距离像极化特征提取与识别和极化多维匹配识别方法，以及基于支持矢量数据描述算法的高分辨距离像目标识别的理论和方法。

（2）《合成孔径雷达目标检测》主要介绍了 SAR 图像目标检测的理论、算法及具体应用，对比了经典的恒虚警率检测器及当前备受关注的深度神经网络目标检测框架在 SAR 图像目标检测领域的基础理论、实现方法和典型应用，对其中涉及的杂波统计建模、斑点噪声抑制、目标检测与鉴别、少样本条件下目标检测等技术进行了深入的研究和系统的阐述。

（3）《极化合成孔径雷达信息处理》介绍了极化合成孔径雷达基本概念以及信息处理的数学原则与方法，重点对雷达目标极化散射特性和极化散射表征及其在目标检测分类中的应用进行了深入研究，并以对地观测为背景选择典型实例进行了具体分析。

（4）《高分辨率 SAR 图像海洋目标识别》以海洋目标检测与识别为主线，深入研究了高分辨率 SAR 图像相干斑抑制和图像分割等预处理技术，以及港口目标检测、船舶目标检测、分类与识别方法，并利用实测数据开展了翔实的实验验证。

（5）《极化 SAR 图像目标检测与分类》对极化 SAR 图像分类、目标检测与识别进行了全面深入的总结，包括极化 SAR 图像处理的基本知识以及作者近年来在该领域的研究成果，主要有目标分解、恒虚警检测、混合统计建模、超像素分割、卷积神经网络检测识别等。

（6）《极化雷达成像处理与目标特征提取》深入讨论了极化雷达成像体制、极化 SAR 目标检测、目标极化散射机理分析、目标分解与地物分类、全极化散射中心特征提取、参数估计及其性能分析等一系列关键技术问题。

（7）《雷达图像相干斑滤波》系统介绍了雷达图像相干斑滤波的理论和方法，重点讨论了单极化 SAR、极化 SAR、极化干涉 SAR、视频 SAR 等多种体制下的雷达图像相干斑滤波研究进展和最新方法，并利用多种机载和星载 SAR 系统的实测数据开展了翔实的对比实验验证。最后，对该领域研究趋势进行了总结和展望。

本套丛书是国内在该领域首次按照雷达极化、成像与识别知识体系组织的高水平学术专著丛书，是众多高等院校、科研院所专家团队集体智慧的结晶，其中的很多成果已在我国空间目标监视、防空反导、精确制导、航天侦察与测绘等国家重大任务中获得了成功应用。因此，丛书内容具有很强的代表性、先进性和实用性，对本领域研究人员具有很高的参考价值。本套丛书的出版既是对以往研究成果的提炼与总结，我们更希望以此为新起点，与广大的同行们一道开启雷达极化技术与应用研究的新征程。

在丛书的撰写与出版过程中，我们得到了郭桂蓉、何友、吕跃广、吴一戎等二十多位业界权威专家以及国防工业出版社的精心指导、热情鼓励和大力支持，在此向他们一并表示衷心的感谢！

王雪松

2022 年 7 月

前 言 ◀

百余年来，无论是在学术界，还是在工程界，低空目标检测一直是雷达面临的世界性难题。雷达低空目标检测不仅要解决强杂波淹没目标回波的问题，还要解决多径散射导致的目标信号衰减问题，甚至还要解决人为释放的有源和无源干扰的问题。

我涉足雷达低空目标检测这个研究方向源于 2008 年参与的一个重大项目。当时，这个项目面向雷达检测低空突防弱小目标这一需求，研究杂波+多径散射对雷达低空目标检测的影响机理和影响效果，旨在为雷达低空目标检测性能评估与能力提升提供理论指导。自此之后，我便一直从事雷达低空目标检测理论方法研究。在十五年的研究过程中，我尝试用极化信息处理、空间分集、极化时频多域联合处理等技术手段，同时采用统计信号处理理论与方法，来解决雷达抗杂波、抗多径散射和抗箔条质心干扰的问题。通过研究，我发现了雷达目标回波、海杂波、多径散射回波和箔条干扰在极化域、时域、频域的一些规律特性，进而利用这些特性，提出了几种雷达低空目标检测方法与抗箔条干扰方法，并用仿真数据或实测数据验证了这些方法的有效性。现在，我将这些研究成果归纳总结出来，供雷达和电子对抗领域的学者和技术人员参考，期望吸引更多的人参与到雷达低空目标检测研究队伍中来。

本书共分为 7 章。第 1 章绪论，主要介绍雷达低空目标检测的研究背景、国内外研究现状。

第 2 章为极化雷达目标特性分析与建模。主要介绍雷达目标 RCS、幅度、相位、功率谱、极化等特性的模型，并结合实测数据分析了舰船回波和无人机回波特性。

第 3 章为雷达低空环境特性分析与建模。主要结合实测数据，分析了雷达海杂波、多径散射、箔条干扰的时域、频域、极化域特性，并建立了这些特性的模型。

第 4 章为雷达低空目标检测性能分析。通过理论推导和仿真，分析了 K 分布杂波下、多径散射条件下、K 分布杂波+多径散射条件下雷达采用经典处理方法时的目标检测性能。同时，对比分析了极化雷达采用各种极化检测器时的检测性能。

第 5 章为极化雷达抗杂波检测方法与应用。主要从杂波抑制、检测器设计、极化时频多域联合检测等角度提出了五种新的雷达目标检测方法，并通过仿真或实测数据验证了所提方法的有效性。

第 6 章为单发多收天线雷达抗多径检测方法。主要基于空间分集思想，采用单发多收天线体制提出了雷达抗多径散射检测方法，并通过仿真验证了所提方法的有效性。

第 7 章为极化雷达抗箔条干扰方法与应用。主要分析了箔条质心干扰对雷达测角的影响，进而提出了 GPS/INS 辅助的箔条质心干扰存在性检测方法和极化斜投影抗箔条质心干扰方法，最后，通过仿真验证了所提方法的有效性。

本书的主要内容是作者博士论文和博士毕业后十年期间研究工作的浓缩。这些研究工作都是在课题组承担的国家自然科学基金、装备预研重点基金等项目的资助下完成。这些年来，感谢课题组带头人和同事们的支持和帮助。感谢国防科技大学电子科学学院杨博宇、胡超、连静、韩静雯、王威等研究生在本书校稿时付出的辛勤工作。

由于本人水平有限，书中难免存在不足之处，敬请广大读者批评指正。

杨勇

2024 年 6 月

目　录 ◀

第1章　绪论 …………………………………………………………………… 1

　1.1　引言 ……………………………………………………………………… 1
　1.2　国内外研究现状 ………………………………………………………… 2
　　1.2.1　雷达低空目标回波特性 …………………………………………… 3
　　1.2.2　雷达低空干扰环境特性 …………………………………………… 7
　　1.2.3　雷达低空目标检测方法 …………………………………………… 10
　　1.2.4　雷达抗箔条干扰方法 ……………………………………………… 20
　1.3　本章小结 ………………………………………………………………… 22
　参考文献 ……………………………………………………………………… 22

第2章　极化雷达目标特性分析与建模 ……………………………………… 35

　2.1　引言 ……………………………………………………………………… 35
　2.2　RCS 模型 ………………………………………………………………… 35
　　2.2.1　Swerling 模型 ……………………………………………………… 35
　　2.2.2　χ^2 分布模型 …………………………………………………… 37
　　2.2.3　莱斯分布模型 ……………………………………………………… 37
　　2.2.4　对数正态分布模型 ………………………………………………… 37
　2.3　幅相特性 ………………………………………………………………… 38
　　2.3.1　幅度分布 …………………………………………………………… 38
　　2.3.2　相位分布 …………………………………………………………… 38
　　2.3.3　相位变化率 ………………………………………………………… 39
　2.4　多普勒谱 ………………………………………………………………… 39
　2.5　极化特性 ………………………………………………………………… 39
　　2.5.1　极化散射矩阵 ……………………………………………………… 40

　　2.5.2　极化相干矩阵 ································· 40

　　2.5.3　极化比 ····································· 40

　　2.5.4　极化熵 ····································· 41

　　2.5.5　极化相关系数 ······························· 42

　2.6　极化雷达实测目标回波特性分析 ··················· 42

　　2.6.1　舰船目标 ··································· 42

　　2.6.2　固定翼无人机 ······························· 48

　2.7　本章小结 ····································· 55

　参考文献 ·· 55

第3章　雷达低空环境特性分析与建模 ··················· 58

　3.1　引言 ·· 58

　3.2　海杂波特性分析与建模 ························· 58

　　3.2.1　幅度分布 ··································· 59

　　3.2.2　相关性 ····································· 63

　　3.2.3　功率谱 ····································· 65

　　3.2.4　极化比 ····································· 66

　　3.2.5　海杂波建模仿真 ····························· 70

　3.3　多径散射特性分析与建模 ······················· 90

　　3.3.1　镜反射特性与模型 ··························· 90

　　3.3.2　漫反射特性与模型 ··························· 94

　3.4　箔条干扰特性分析与建模 ······················· 97

　　3.4.1　幅度分布 ··································· 97

　　3.4.2　功率谱 ····································· 98

　　3.4.3　极化比 ····································· 98

　3.5　本章小结 ····································· 99

　参考文献 ·· 99

第4章　雷达低空目标检测性能分析 ····················· 102

　4.1　引言 ·· 102

　4.2　K分布杂波下雷达对Swerling目标检测性能分析 ······· 102

　　4.2.1　信号模型 ··································· 102

  4.2.2 虚警概率 ·· 104

  4.2.3 检测概率 ·· 105

  4.2.4 仿真结果与分析 ·· 106

4.3 K 分布杂波下雷达对伽马分布目标检测性能分析 ··········· 109

  4.3.1 信号模型 ·· 109

  4.3.2 虚警概率 ·· 110

  4.3.3 检测概率 ·· 110

  4.3.4 仿真结果与分析 ·· 114

4.4 镜反射条件下雷达检测性能分析 ····························· 117

  4.4.1 传播因子概率分布 ····································· 118

  4.4.2 检测概率计算 ·· 119

  4.4.3 仿真结果与分析 ·· 121

4.5 K 分布杂波与多径条件下雷达目标检测性能分析 ·········· 123

  4.5.1 多径传播因子概率密度函数 ·························· 124

  4.5.2 检测概率与虚警概率 ································· 128

  4.5.3 仿真结果与分析 ·· 131

4.6 极化检测器性能分析 ··· 136

  4.6.1 极化雷达回波建模 ····································· 137

  4.6.2 极化检测器 ·· 138

  4.6.3 仿真结果与分析 ·· 141

4.7 本章小结 ·· 146

参考文献 ·· 146

第 5 章 极化雷达抗杂波检测方法与应用 ···················· 149

5.1 引言 ·· 149

5.2 基于正交投影的 CA-CFAR 检测方法 ······················ 149

  5.2.1 基于最佳逼近理论的杂波估计 ······················ 150

  5.2.2 基于奇异值分解的杂波抑制方法 ···················· 151

  5.2.3 基于正交投影的 CFAR 检测方法 ··················· 153

  5.2.4 性能对比分析 ·· 153

  5.2.5 实测数据验证 ·· 154

5.3 K 分布杂波下雷达检测器设计 ······························ 157

  5.3.1 多维 K 分布联合分布 ································· 157

　　　5.3.2　检测器设计 ································· 159

　　　5.3.3　仿真结果与分析 ························· 163

　5.4　极化时频多域联合检测方法 ····················· 166

　　　5.4.1　极化时频联合处理 ····················· 166

　　　5.4.2　实测数据验证 ···························· 168

　5.5　时频检测与极化匹配联合检测方法 ············· 170

　　　5.5.1　单极化通道时频检测 ··················· 171

　　　5.5.2　双极化通道检测结果匹配 ············· 172

　　　5.5.3　实测数据验证 ···························· 173

　5.6　极化空时广义白化滤波方法 ····················· 179

　　　5.6.1　极化 MIMO 雷达信号建模 ············ 179

　　　5.6.2　极化空时广义白化滤波器 ············· 182

　　　5.6.3　仿真结果与分析 ························· 183

　5.7　本章小结 ··· 187

　参考文献 ··· 188

第6章　单发多收天线雷达抗多径检测方法 ············· 192

　6.1　引言 ··· 192

　6.2　单发三收天线雷达抗多径检测方法 ············· 192

　　　6.2.1　镜反射效应分析 ························· 193

　　　6.2.2　天线个数与高度选取 ··················· 195

　　　6.2.3　检测概率与虚警概率 ··················· 197

　　　6.2.4　仿真结果与分析 ························· 199

　6.3　单发多收天线雷达抗多径检测方法 ············· 201

　　　6.3.1　天线个数与高度选取 ··················· 201

　　　6.3.2　检测概率与虚警概率 ··················· 205

　　　6.3.3　仿真结果与分析 ························· 207

　6.4　本章小结 ··· 208

　参考文献 ··· 209

第7章　极化雷达抗箔条干扰方法与应用 ··············· 211

　7.1　引言 ··· 211

7.2 箔条质心干扰下雷达目标指示角 ·························· 211

    7.2.1 质心干扰下雷达单脉冲比实部的均值与方差 ·············· 211

    7.2.2 仿真结果与分析 ································ 215

7.3 GPS/INS 辅助的箔条质心干扰检测 ···················· 216

    7.3.1 单脉冲比实部分布 ······························ 217

    7.3.2 GPS/INS 辅助的箔条质心干扰检测 ·············· 224

    7.3.3 仿真结果与分析 ································ 229

7.4 极化斜投影抗箔条质心干扰方法 ···················· 232

    7.4.1 极化斜投影算子构建 ···························· 233

    7.4.2 极化斜投影输出信号误差 ························ 235

    7.4.3 单脉冲比误差 ································ 239

    7.4.4 仿真结果与分析 ································ 242

7.5 本章小结 ···································· 247

参考文献 ····································· 248

缩略词 ····································· 251

第 1 章

绪　论

1.1　引　言

雷达是战场上的"千里眼"，通过电磁波来感知战场上的目标和环境信息。雷达具有全天时、全天候、作用距离远等优点，因此，其被广泛应用于预警、监视和精确制导等领域。

雷达探测目标时，通常会面临目标采取的一系列对抗措施，如低空飞行、释放干扰、隐身等。在对抗环境下，雷达目标探测性能严重下降。如何提高对抗条件下雷达目标探测性能，是当今雷达技术发展需解决的核心问题。其中，雷达低空目标检测是对海监视雷达、舰载雷达以及导弹制导雷达亟待解决的重难点问题。

对海雷达探测低空目标时，除了接收到目标回波外，还会接收到海面反射的回波——海杂波。强烈的海杂波将目标回波淹没，导致雷达难以检测到目标。与此同时，雷达在探测低空目标时，存在多径散射。多径散射回波与目标直达波叠加，可能导致雷达接收的目标回波衰减，从而降低雷达目标检测性能。此外，除了海杂波、多径散射等自然环境干扰外，对海雷达还可能面临目标释放的箔条干扰。箔条干扰会导致雷达目标截获失败或产生较大的目标跟踪误差。可见，雷达低空目标检测面临的环境复杂，复杂干扰环境会导致雷达目标检测性能急剧下降。

综合利用海杂波、干扰信号与目标回波在极化、空、时、频等多个维度的多个特征，可提升对抗环境下雷达低空目标检测性能。但是，雷达低空目标回波在各个维度的特性怎样？海杂波、多径回波、箔条干扰与目标回波在多个维度有哪些特征差异？如何有效利用多个维度的特征差异提升雷达低空目标检测性能？这些问题都是雷达低空目标检测需要研究的关键问题。

为此，本书以极化雷达检测海上舰船或无人机等低空目标为研究背景，旨在提高极化雷达低空目标的检测性能，基于极化雷达实测数据，分析了极化雷达舰船回波、无人机回波、海杂波、多径回波以及箔条干扰特性，以及传统雷达低空目标检测性能，并建立了目标与干扰回波特性模型。在此基础上，提出了极化雷达海杂波抑制方法、海杂波背景下极化雷达目标检测方法、极化雷达抗多径散射方法、极化雷达抗箔条质心干扰方法，理论推导分析所提方法的性能，并采用仿真数据或实测数据验证了所提方法的有效性。本书研究成果丰富了极化雷达目标特性与干扰环境特性知识体系，完善了极化雷达目标检测理论与方法，为提高我国对海监视雷达、导弹制导雷达低空目标检测能力提供了重要的理论与技术支撑，具有重要意义。

1.2　国内外研究现状

对海极化雷达在检测低空目标时，会面临多种自然环境和人为干扰环境。其中，自然环境包括海杂波、多径散射、大气波导等，人为干扰环境包括对方释放的箔条质心干扰、噪声压制干扰、多假目标欺骗干扰等。研究极化雷达低空目标检测方法需首先掌握这些干扰环境特性、分析单个环境因素以及多个环境因素对极化雷达低空目标检测性能的影响效果，在此基础上，针对性地提出极化雷达低空目标检测方法或者抗干扰方法。为此，本书主要内容包括极化雷达目标回波特性研究、极化雷达低空干扰环境特性研究、极化雷达低空目标检测性能分析、海杂波背景下极化雷达目标检测方法研究、多径条件下极化雷达目标检测方法研究以及极化雷达抗箔条干扰方法研究。另外，特别说明一点，本书中极化雷达包括岸基和弹载两种类型。

岸基极化雷达与弹载极化制导雷达相比，主要不同点在于弹载极化制导雷达工作环境更为恶劣，例如，震动、湿度大、散热慢、重量与体积有限。另外，弹载极化制导雷达杂波中心频率远离零频，杂波谱具有一定展宽；岸基极化雷达杂波中心频率在零频附近，杂波谱展宽较小。因此，在采用频域检测时，弹载极化制导雷达通常需先估计杂波中心频率，将杂波中心频率移至零频，然后进行杂波抑制和目标检测处理。而岸基雷达则直接采用杂波抑制和目标检测处理。当采用时域检测时，弹载极化制导雷达与岸基极化雷达采用的信号处理方法基本相同。为此，本书在考虑传统雷达检测方法时，主要考虑岸基极化雷达和弹载极化制导雷达共用的信号处理方法。涉及弹载极化制导雷达特有的信号处理方法，本书不考虑。

下面将介绍雷达低空目标回波特性、雷达低空干扰环境特性、雷达低空目标检测方法以及雷达抗箔条干扰方法等方面的国内外研究现状。

1.2.1 雷达低空目标回波特性

本书考虑的雷达低空目标包括海面舰船和低空固定翼无人机。下面分别阐述国内外关于这两类目标雷达回波特性的研究现状。

1.2.1.1　舰船回波特性

舰船回波特性分为时域特性、频域特性和极化特性。其中，时域特性包括雷达截面积（RCS）、幅度分布、一维距离像等；频域特性包括多普勒谱、微多普勒谱等；极化特性包括极化比、极化角以及与极化散射矩阵相关的一些特性参数。

在时域特性方面，RCS 是舰船回波特性中应用最广泛、最重要的一个特性，通常情况下，舰船 RCS 在几千平方米到几万平方米之间，对于隐身舰船，其 RCS 在几十平方米到几百平方米之间。舰船 RCS 随着观测时间、观测角度的变化而快速起伏变化，业内通常假定舰船 RCS 服从 Swerling Ⅱ 起伏模型。北京航空航天大学利用电磁仿真软件，分析了 1GHz 和 5GHz 下不同极化通道舰船 RCS 随方位角的变化关系。结果表明，VV 和 HH 极化下 RCS 在量级上没有明显的差别，同极化通道舰船 RCS 均明显高于交叉极化通道舰船 RCS[1]。舰船的一维距离像描述了舰船散射点在距离上的空间分布。舰船强散射点和一维距离像随着舰船类型、姿态、雷达观测角度的变化而变化，且变化比较明显。一直以来，许多学者通过电磁计算或者实测数据，开展舰船一维距离像分析，并利用舰船的一维距离像特性鉴别各种舰船或者鉴别舰船与干扰[2]。例如，海军工程大学利用 CST 软件仿真建立了 6 类舰船目标在不同方位角下的全极化高分辨率一维距离像（HRRP）数据库。在此基础上，提取了 4 类共39 个特征，然后联合利用这些特征实现了舰船目标的识别[3]。此外，也有学者研究舰船实测回波的波形，包括波形的稳定性、相关性、峰值数目、峰值间距等[4-5]。

在频域特性方面，舰船多普勒谱广受关注。舰船多普勒谱中心频率和谱宽受雷达搭载平台的速度影响较大，对于岸基雷达，舰船多普勒谱中心频率在零频附近，且谱宽较小。西安电子科技大学陈伯孝团队通过实测数据分析发现，舰船回波多普勒谱的宽度较窄，舰船回波谱线表现出较强的单根谱线，频谱几乎没有展宽[6]。也有学者研究表明，舰船回波多普勒谱具有一定起伏，呈现出多个较强的谱线。由此可见，舰船多普勒谱特性与舰船类型和试验场景息息相关。对于机载或者弹载雷达，舰船多普勒谱中心频率值远离零频，且谱宽具有一定的展宽，舰船多普勒谱在时频图上呈现出一条具有一定宽度的斜脊。空军工程大学仿真分析发现，舰船三维微动会导致雷达回波信号的多普勒频率相对无微动情况下出现多普勒谱展宽，并且不同位置的散射点具有不同的时频变化曲线，在短时间内，各散射点微多普勒时频曲线以类似线性调频（LFM）形式的线性关系变化，在较长时间内以类似正弦信号形式周期性变化，其周期与横滚角变化周期相同[7]。哈尔滨工业大学分析了舰船目标的出现对高频表面波雷达回波多普勒谱的影响，包括多普勒谱宽、布拉格峰值出现的频段和出现比例[8]。分析发现：存在舰船目标时，高频表面波雷达回波多普勒谱更宽，布拉格峰值出现的频段和比例会发生变化。

在极化特性方面，国防科技大学基于实测数据，分析了舰船极化比和极化角统计特性。结果表明：所测舰船的极化角主要分布在 70°～90°之间，极化角均值大于 80°，极化角方差较小[9]。另外，国防科技大学结合实测数据，分析发现宽带条件下舰船目标极化分解比重随频率的变化比较敏感，并将此特性用于鉴别舰船与角反射器阵列[10]。国防科技大学还采用仿真方法，分析了舰船极化相干参数在旋转域的变化特性，并利用这一特性实现了舰船与角反射器的识别[10]。清华大学分析了舰船目标极化散射矩阵与三种基本散射体极化散射矩阵之间的相似性，分析发现，舰船目标与杂波的这种极化特征存在差异，可用于舰船目标检测[11]。

此外，北京环境特性研究所建立了多种大型舰船电磁散射模型，以及针对典型海情的舰船与海面复合的电磁散射模型，形成了包含极化特性在内的多维特性数据集，并分析了舰船回波特性[12-13]。西安电子科技大学建立了高海情下电大尺寸海面及介质目标的复合散射模型，分析讨论了不同极化方式下二维海面及其上方舰船目标的复合散射特性[14]。

总的来说，国内外在舰船回波特性方面已开展了多年研究，形成了丰硕的研究成果。其中，有些特性研究成果具有一致性，有些特性研究成果由于场景不同而不同。可见，舰船回波特性研究与雷达工作场景息息相关，具有较强的针对性。此外，雷达在检测舰船时，舰船回波与海杂波混叠在一起，因此，分析舰船回波＋海杂波混叠信号特性，可为雷达检测舰船提供直接参考。

1.2.1.2　固定翼无人机回波特性

固定翼无人机回波特性包括 RCS、幅度分布、相位分布、多普勒谱、微多普勒谱、时间相关性、空间相关性、极化特征、一维距离像、二维图像等。早在 20 世纪 90 年代，国防科技大学结合固定翼无人机缩比模型暗室测量数据，对固定翼无人机的 RCS、一维距离像、极化不变量等特征进行了分析[15]。近几年来，随着无人机的广泛应用，无人机雷达回波特征研究成为学术界的研究热点，且主要针对旋翼无人机。

旋翼无人机的形状、大小、结构、材料与固定翼无人机不同，所以，两者的回波特征也不同。目前，固定翼无人机回波特征研究公开报道相对较少。2009 年，美国军方雷达反射率实验室通过暗室测量和外场试验研究了固定翼无人机的 RCS 特征[16]。美国俄亥俄州立大学结合多输入多输出（MIMO）雷达固定翼无人机暗室测量数据，分析了 VV 极化方式下无人机全方位 RCS 特征[17]。荷兰应用科学研究院分析了固定翼无人机的微多普勒特征[18]。作者团队与北京环境特性研究所合作，开展了"开拓者"固定翼无人机暗室测量实验，获取了不同方位角、俯仰角下 X、Ku 波段全极化雷达无人机回波数据，如图 1.1 所示。

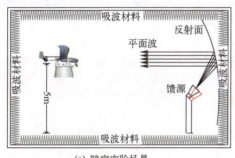

(a) 暗室实验场景　　　　　　　　(b) "开拓者"固定翼无人机

图 1.1　暗室测量实验场景及无人机

北京环境特性研究所利用这批暗室测量数据，分析了 10GHz 下无人机全极化 RCS 和逆合成孔径雷达（ISAR）二维图像特征[19]。作者团队利用这批数据分析了 X 波段无人机全极化 RCS 及其统计分布、无人机回波相位分布和极化比分布等特征[20]；同时，作者团队还分析了 Ku 波段无人机全极化 RCS 统计分布[21]。其中，X 波段、全极化方式下、0°俯仰角、0~360°方位角固定翼无人机 RCS 如图 1.2 所示，迎头观测无人机时方位角为 0°，RCS 单位为 dBsm。固定翼无人机全方位 RCS 均值如图 1.3 所示。

总的来说，国内外学者基于实测数据开展了固定翼无人机回波特性分析，主要工作集中在分析无人机的 RCS、微多普勒谱、ISAR 图像等特性。但目前，尚没有开展相应的特性建模工作，而且固定翼无人机回波空域、极化域特性分析与建模方面的研究报道少见。其实，单纯地研究固定翼无人机回波特性与建模方法并不能直接为雷达检测固定翼无人机提供指导。因为对海监视场景下，雷达在接收固定翼无人机回波的同时，会接收到海杂波信号，而海杂波往往比固定翼无人机回波强。因此，为了检测固定翼无人机，需要深入分析固定翼无人机回波+海杂波的特性。只有将固定翼无人机回波+海杂波的特性与纯海杂波的特性进行对比分析，提炼出两种情况下的特性差异，才能为雷达检测固定翼无人机提供直接指导。

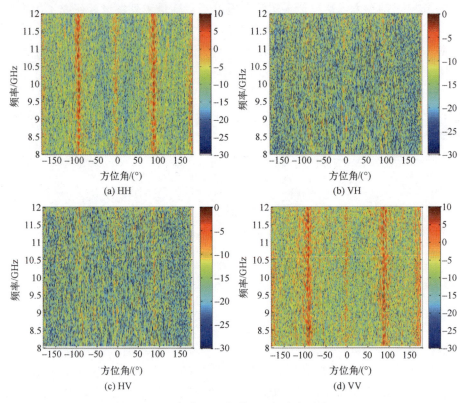

图 1.2　"开拓者"固定翼无人机暗室测量 RCS

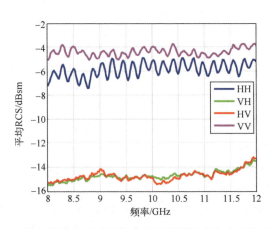

图 1.3　四种极化方式下"开拓者"固定翼无人机全方位平均 RCS

1.2.2　雷达低空干扰环境特性

对海雷达检测低空目标时，面临着海杂波和多径散射干扰。另外，雷达在检测舰船时，还可能面临舰船释放的箔条干扰。这种情况下，海杂波、多径散射和箔条干扰特性分析是雷达目标检测方法研究的基础。为此，下面分别介绍海杂波、多径散射、箔条干扰特性方面的国内外研究现状。

1.2.2.1　海杂波特性

海杂波特性包括幅度统计分布、多普勒谱、时间相关性、空间相关性、极化、分形等特性。海杂波特征分析与建模研究工作主要分为以下两大类：

第一类是基于实测数据开展统计分析与建模。在这方面，国外学者结合各种雷达实测海杂波数据，对海杂波的幅度统计分布、多普勒谱、时间相关性和空间相关性进行了大量的研究工作，取得了丰富的研究成果[22-24]。其中，网络公开且使用较多的雷达海杂波数据包括加拿大麦克马斯特大学的智能像素处理（IPIX）雷达海杂波数据、南非科学与工业研究理事会的雷达海杂波数据以及我国海军航空大学对海监视雷达海杂波数据[25]。加拿大麦克马斯特大学[26]、法国泰雷兹集团[27]、意大利比萨大学[28]等机构的学者结合 IPIX 雷达海杂波数据，对海杂波的幅度统计分布、多普勒谱、时间相关性、空间相关性进行了分析与建模。IPIX 雷达实测海杂波数据与海杂波幅度分布典型结果如图 1.4 所示。海军航空大学关键教授团队利用其单位的雷达海杂波数据和国外的海杂波数据，除了分析上述特性外，还分析了海杂波的分数阶傅里叶变换谱、分形等特性，建立了相应的模型[29-30]。除此以外，哈尔滨工业大学[31]、北京理工大学[32]、中国电子科技集团公司第二十二研究所[33]等单位基于实测海杂波数据，也开展了大量的海杂波特性分析与建模工作。值得一提的是，北京遥感设备研究所在 2011 年至 2020 年期间，联合国内多个高校和工业部门，开展了多种场景下多型雷达地海杂波数据获取、建库与目标检测性能分析工作。

第二类研究工作是基于海面建模和电磁散射计算开展分析与建模。这类工作主要是基于海杂波的物理产生机理，首先生成海面几何模型，然后采用电磁计算方法计算海面散射电磁波场强，进而分析海面散射系数、海杂波幅度分布、多普勒谱等特征。美国巴特尔纪念研究所较早采用电磁散射微扰法计算分析了海面后向散射特性和海杂波多普勒谱特性[34]。俄罗斯科学院近年来仍在通过外场试验和理论分析修正海面散射系数和多普勒谱模型[35]。国内方面，复旦大学和北京航空航天大学分别采用不同的电磁散射计算方法分析了海面后向散射系数和多普勒谱[36-37]。西安电子科技大学针对电大尺寸海面，分析了海杂波的后向散射系数、幅度分布、多普勒谱、分形、海尖峰等特性，并建立了相应的数学模型[38-39]。

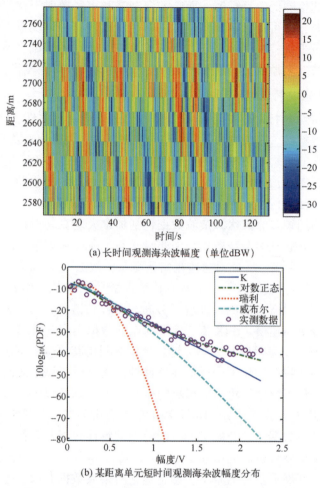

(a) 长时间观测海杂波幅度（单位dBW）

(b) 某距离单元短时间观测海杂波幅度分布

图 1.4   IPIX 雷达 VV 极化方式下海杂波幅度及其分布

　　对比上述研究成果可以发现：不同雷达系统在不同场景下观测到的海杂波所呈现的特性不一样；同一雷达系统在同一场景下采用不同的工作参数观测到的海杂波特性也不一样。目前，国内外已有较多关于海杂波时、频、空域特性分析与建模方面的研究工作；在海杂波极化特性分析与建模方面，主要工作集中在分析不同极化通道海面散射系数、海尖峰出现概率、海杂波的幅度分布和多普勒谱，而真正研究分析海杂波极化参量特征的工作少见。作者团队利用加拿大麦克马斯特大学 IPIX 雷达实测海杂波数据，分析了不同极化通道的海杂波幅度分布特性，并分析了海杂波极化比幅度和极化比相位差统计分布情况[40]。分析结果表明：海杂波极化比幅度分布服从对数正态分布，极化比相位服从高斯分布。

综上所述，海杂波特性与雷达系统的工作场景、工作参数息息相关。因此，结合实际极化雷达系统工作场景和工作参数，基于实测海杂波数据分析海杂波多维特性，并建立相应的特性模型，可为极化雷达海杂波抑制和目标检测提供重要的理论支撑。

1.2.2.2 多径散射特性

多径散射是影响雷达低空目标检测性能的另一个主要因素。多径散射包括镜反射和漫反射。镜、漫反射强度与雷达高度、掠射角、海况等因素密切相关。掠射角越小、海况越低，镜反射越强，漫反射越弱；随着海况逐渐增大，镜反射成分逐渐减弱，漫反射成分逐渐增强[41]。因此，在对多径散射进行建模时，需结合实际场景，对镜、漫反射进行科学合理建模。

美国西凡尼亚电子防御实验室最早结合试验数据研究了海面镜、漫反射特性，提出了镜、漫反射系数模型[42]。在此基础上，美国雷声公司基于电磁散射机理，并结合试验数据，提出了镜、漫反射建模方法[43]。美国康涅狄格大学考虑地球曲率对镜反射模型进行了完善[44]。澳大利亚国防科技集团在前人工作的基础上，归纳总结了3种漫反射模型[45]。第一种模型将漫反射视为高斯-马尔可夫过程，该模型对实验数据的依赖性较高；第二种模型即雷声公司提出的模型，其认为漫反射集中在一闪烁面上，建模时，先对闪烁面边界进行确定，然后将闪烁面划分为10块左右的距离单元，最后将生成各距离单元回波信号进行叠加，从而得到漫反射回波信号；第三种模型认为漫反射集中在一扩展的闪烁面上，该闪烁面较第二种模型的大，其将闪烁面细分为多个网格状散射单元，然后将各散射单元回波信号叠加，得到漫反射回波信号。澳大利亚国防科技集团指出，第一种模型只适用于海况较低的情况；第二种模型能够较好地适应各种海况，与实验数据吻合较好；第三种模型与第二种模型效果相当，但计算量大，运行效率较低。因此，在实际仿真中，第二种漫反射模型应用较多。

综上所述，在多径散射特性分析与建模方面，镜反射理论和模型已比较成熟，而漫反射由于随机性较高，理论分析建模与试验验证均有一定难度，现有的漫反射模型均是基于有限的实验数据拟合出的近似模型，提出新的漫反射模型具有较大难度。所以，在考虑多径散射环境时，国内外学者通常只考虑镜反射，而忽略漫反射。

1.2.2.3　箔条干扰特性

舰船释放的箔条干扰主要有质心干扰和冲淡干扰两种样式。无论是箔条质心干扰，还是箔条冲淡干扰，箔条干扰特性研究通常针对单个箔条云回波开展研究。主要特性包括 RCS、幅度或功率的概率密度函数（PDF）、多普勒谱、功率谱、时频图特性以及极化特性。

单根箔条丝可视为偶极子，箔条云可视为大量偶极子的集合。对于空间取向均匀分布的单根箔条丝，其平均 RCS 约为 $0.17\lambda^2$，λ 为雷达波长[46]。在不考虑箔条丝之间耦合关系的前提下，箔条云的 RCS 为 $0.17N\lambda^2$，N 为总的箔条丝数量。若箔条云中箔条丝的空间取向服从均匀分布，则箔条云的回波幅度服从瑞利分布，功率或者 RCS 服从指数分布[47]。也有学者通过建模分析，认为箔条云 RCS 服从 χ^2 分布[48-49]。

业内通常认为箔条云的功率谱服从高斯分布。箔条云功率谱宽度与其形状、风速、极化方式等有关。海军航空大学考虑箔条丝平动和锥动，通过建模仿真，分析了箔条云的多普勒谱特性[50]。西安电子科技大学结合实测数据分析了箔条云多普勒谱，研究结果表明，箔条云多普勒谱起伏比较剧烈，多普勒展宽比较明显，且明显宽于舰船多普勒谱宽度[51]。国防科技大学结合实测数据，分析了箔条云宽带一维像和时频稀疏度，研究表明，箔条云的稀疏度小于舰船稀疏度[52]。

在极化特性方面，国防科技大学研究表明，箔条云垂直极化分量的 RCS 远小于水平极化分量的 RCS，共极化通道回波强度明显高于交叉极化通道回波强度[53]。各极化通道箔条云回波总能量不随发射极化方式变化而改变。当发射波为线极化时，箔条云回波极化度最大。当发射圆极化波时，箔条云的散射波为完全未极化波，此时用任意的极化接收，各极化通道箔条云的平均功率相等[54]。哈尔滨工业大学研究发现，箔条云雷达回波中存在明显的去极化现象[55]。近期，美国麻省理工学院结合实测数据，分析了箔条云团的极化、空间分布和回波起伏特性[56]。

1.2.3　雷达低空目标检测方法

对海雷达检测低空目标需克服海杂波和多径散射的不利影响。下面分别介绍海杂波和多径背景下雷达目标检测技术国内外研究现状。

1.2.3.1　杂波背景下雷达目标检测方法

为了提高海杂波背景下雷达目标检测性能，学者们主要开展了三方面的研究工作：①海杂波抑制；②目标信号增强；③检测器设计。下面分别对这三个方面的研究工作进行介绍。

1）海杂波抑制方法

抑制海杂波可提高雷达信杂比（SCR），进而提升雷达目标检测性能。海杂波抑制方法分为时域、频域、空域、极化域、变换域以及联合域等多种抑制方法。

时域海杂波抑制方法的核心思想是：对雷达多个时刻的接收信号进行加权处理，以实现海杂波抑制。其中，脉冲对消、杂波图方法是最为经典的时域海杂波抑制方法[57]。此外，对雷达多次观测信号进行非线性加权也可抑制海杂波[58-59]。例如，加拿大卡尔加里大学采用递归非线性加权方法预测海杂波，进而抑制海杂波[58]。另外，通过对多次观测的信号进行平均或者位置一致性检验，可有效剔除海杂波虚警[60]。

频域海杂波抑制方法与时域海杂波抑制方法类似。核心思想是：根据海杂波谱特性，对雷达接收信号进行加权，通过频域滤波实现海杂波抑制。其中，频域滤波器设计主要包括自适应有限长单位冲激响应（FIR）滤波器或者无限长单位冲激响应（IIR）滤波器的设计与实现[61]。例如，电子科技大学基于先验信息和理论电离层扰动模型，对雷达信号频谱进行自适应加权，可有效抑制天波超视距雷达海杂波[62]。此外，在估计获得杂波谱位置和宽度后，将相应位置的谱信号强制置零，也可实现海杂波抑制[63]。

空域海杂波抑制的核心思想是：利用邻近距离单元海杂波之间的相似性，通过参考距离单元海杂波估计待检测单元海杂波，然后，用待检测单元信号减去估计海杂波，进而实现待检测单元海杂波抑制。在这方面，奇异值分解法[64]、正交投影法[65]、斜投影法[66]均可用于抑制海杂波，且效果较好。例如，美国特拉华大学利用海杂波的空间相关性，采用奇异值分解方法，对超视距雷达海杂波抑制约 15dB[64]。作者团队提出了基于正交投影的海杂波抑制方法，海杂波抑制超过 5dB[65]，结果如图 1.5 所示。

对于低速目标，目标信号在时域、频域均被强海杂波淹没，雷达难以在时、频域抑制海杂波。此时，极化滤波为海杂波抑制提供了新维度。极化滤波方法利用海杂波与目标回波的极化特性差异，通过对各极化通道信号进行加权以抑制海杂波[67-68]。在这方面，哈尔滨工业大学先后提出了多凹口极化滤波器[69]和斜投影极化滤波器[70]，实现了高频地波雷达海杂波抑制。作者团队提出了极化匹配海杂波虚警剔除方法，使雷达海杂波虚警降低 1~2 个数量级[71]，结果如图 1.6 所示。芬兰赫尔辛基大学利用气象目标与海杂波共极化通道相关系数、差分反射率、差分相位的特征差异，先通过极化谱分解技术识别海杂波，进而通过极化谱滤波抑制海杂波[72]。

在单个域对海杂波进行抑制的效果通常有限。为此，学者们提出了多种多域联合滤波方法。例如，空时域联合滤波[73]、时频域联合滤波[74-76]、极化空时联合滤波[77-78]等。在空时域联合滤波方面，空时自适应处理可有效抑制机载雷达海杂波，海杂波抑制效果与杂波协方差矩阵估计精度息息相关。在时频域联合滤波方面，时频分析[74]、短时傅里叶变换[75]、小波变换[76]等方法均具有较好的杂波抑制性能。在极化空时联合滤波方面，美国学者先后提出了极化空时域信息融合处理方法[77]、极化滤波与空时自适应处理串联处理方法[78]。这些方法相较于空时域联合处理，杂波抑制效果有不同程度提高，但方法实现工程难度增大。

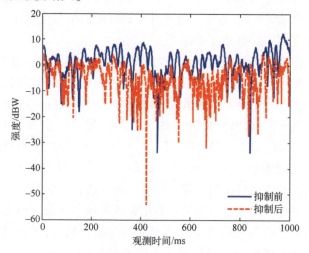

图 1.5　基于正交投影的海杂波抑制结果

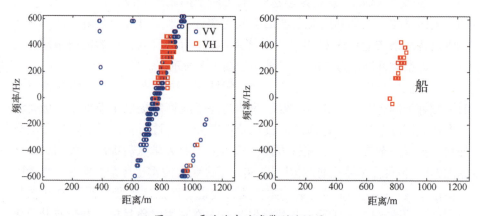

图 1.6　雷达海杂波虚警剔除效果

总的来说，海杂波抑制方法主要基于海杂波与目标回波在时域、频域、空域、极化域等维度的特征差异，通过对雷达接收信号在某个域或者多个域进行加权处理来实现。目前，单域、多域联合的海杂波抑制方法研究工作均较多。这些杂波抑制方法各自针对的场景不同，杂波抑制性能也各异。考虑算法的工程可实现性，提出一种效果较好的海杂波抑制方法，值得研究。另外，联合利用时、频、空、极化等多域信息，对海杂波进行深度抑制，以实现海面极弱目标检测，也值得深入研究。

2）目标信号增强方法

除了抑制海杂波，增强目标信号也可提高信杂比，进而提升雷达目标检测性能。目标信号增强方法主要利用目标信号在时域、空域、极化域以及时频域的特征，通过对多次观测信号进行加权，提高信杂比。

在时域，匹配滤波、相参积累、非相参积累是几种较为经典的目标信号增强方法。其中，相参积累有两种实现方式：一种是将多个脉冲回波复信号直接相加；另一种是对多个脉冲回波复信号进行快速傅里叶变换（FFT）处理[79]。第一种相参积累方法可用于对静止和低速运动目标的信号增强，如图 1.7 所示。第二种相参积累方法主要用于对动目标的信号增强。非相参积累方法对雷达多次观测信号的功率进行相加，也可提高信杂比，但积累增益通常低于相参积累增益。另外，对多次观测信号进行平均或者选大，有时也能增强目标信号[80]。

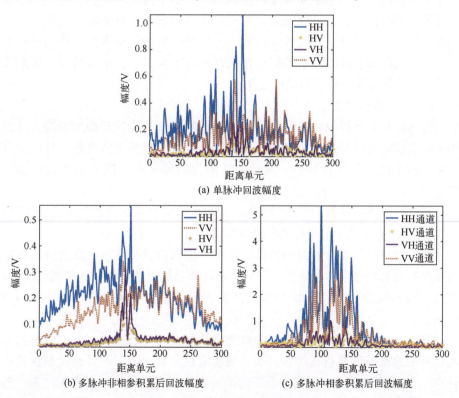

(a) 单脉冲回波幅度

(b) 多脉冲非相参积累后回波幅度

(c) 多脉冲相参积累后回波幅度

图 1.7　全极化雷达舰船回波幅度

在空域，为了增强目标信号，通常采用阵列天线接收信号，然后对多个阵元接收信号进行加权，以实现空间多个阵元接收信号的相参积累。在这方面，学者们提出一系列阵列自适应加权方法[81]。

极化域目标信号增强方法主要利用多个极化通道信号之间的相关性，对多个极化通道信号进行加权，以增强目标信号。典型的极化目标信号增强方法包括极化匹配滤波[82]、极化白化滤波[83]、极化张成[84]、极化功率合成[85]等。另外，根据目标极化散射特性，设计雷达发射信号和接收的极化方式，也可有效增强目标回波强度[86]。

除了在单个域可实现目标信号增强外，在联合域处理，也可增强目标信号。在多域联合处理方面，Radon 变换、分数阶傅里叶变换、短时傅里叶变换等方法是常用的用于增强目标信号的时频域联合方法[87]。例如，北京理工大学综合利用 Radon 变换和傅里叶（Fourier）变换方法，提出了自适应 Radon-Fourier 变换方法，在时频图上积累目标信号能量的同时，抑制杂波[88]。

综上所述，对雷达多次观测信号进行合理加权可实现目标信号增强。雷达多次观测信号可以是多个时刻的接收信号、多个阵元的接收信号、多个极化通道的接收信号，也可以是某个域不同位置的信号。而加权系数的求解是关键，它取决于目标信号特性。理论上，目标信号增强带来的信杂比增益通常有限，而海杂波抑制带来的信杂比增益可以很大。目标信号增强与海杂波抑制两种手段并不互斥，可结合使用。

3）检测器设计方法

雷达根据杂波抑制或目标信号增强后的输出信号来实现检验判决。其采用不同的检验统计量通常会得到不同的检测性能。根据杂波抑制或目标信号增强后输出信号的统计特性，设计合适的检测器可有效提高雷达目标检测性能。

雷达检测器设计可分为两大类：一类是基于经典统计理论的检测器设计[89]；另一类是基于信号特征的检测器设计[90]。

基于经典统计理论的检测器设计主要考虑海杂波幅度服从高斯分布和非高斯分布两类场景。每种场景又分为海杂波和目标参数已知、未知两种情况。不同场景不同参数条件下设计得到的检测器不同，相关工作总结如图 1.8 所示。

高斯海杂波背景下，当目标和海杂波协方差矩阵已知时，采用似然比检验得到的检验统计量及其统计分布可解析表达。此时，雷达目标检测性能最佳[89]。在实际工程中，通常要求雷达虚警率控制在较低的恒定水平。为了使雷达虚警率恒定，雷达检测门限需随着海杂波功率的变化而变化，这在实际工程应用中难以实现。为此，学者们提出了自适应门限检测器[91]。随后，考虑海杂波的时变和空变特性，学者们相继提出了单元平均恒虚警检测器和一些改进型检测器[92-93]。当海杂波或目标协方差矩阵未知时，学者们提出采用广义似然比检验或贝叶斯检验方法来实现检验判决[89]。广义似然比检验方法检测性能受观测数据量和未知参数估计精度影响。而贝叶斯检验方法的检测性能主要取决于先验信息的准确度。

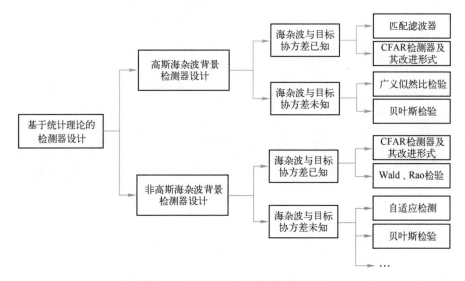

图 1.8 基于统计理论的检测器设计

随着雷达分辨率的提高，海杂波幅度通常服从非高斯分布。此时，高斯海杂波背景下设计的检测器性能会有不同程度下降。为此，学者们针对非高斯海杂波背景，设计了多种非高斯分布下的雷达检测器[94-103]。其中，韦伯分布[94-95]、K 分布[96-98]、复合高斯-逆高斯（CG-IG）分布[100-101]、复合高斯-广义逆高斯（CG-GIG）分布[102-103]等复合高斯分布杂波背景的检测器设计研究最为广泛。但这些检测器的理论检测性能推导较复杂，难以得到解析表达式。

非高斯海杂波背景下，当海杂波或目标协方差矩阵已知时，针对检验统计量实现和统计分布推导困难这一问题，学者们提出了 Wald 检验、Rao 检验及其改进型检测器[104]。这两种检测器在实现上比较简单，检测性能较最佳检测性能略有下降。当海杂波或目标协方差矩阵未知时，则需要通过辅助数据自适应估计海杂波和目标协方差矩阵，然后再利用估计的协方差矩阵实现准最佳检测。

基于特征的雷达检测器设计是近十年来兴起的研究热点。其目的是突破基于经典统计理论的检测性能极限。其核心思想是：寻找有、无目标时雷达接收信号的特征差异，然后利用特征差异来实现检验判决。这方面的研究工作从最开始的基于单域单特征的检测器设计，逐渐向基于单域多特征、多域多特征的检测器设计发展。现有检测器利用的特征归纳如表 1.1 所示。

表 1.1　用于检测器设计的各种特征

信号域	信号特征
时域	幅度分布、相对平均幅度[105]、信息熵[106]、Hurst 指数[106]
频域	微多普勒[107-108]、相对多普勒峰高[105]、相对多普勒熵[105]、谱峰均值比[106]、频域 Hurst 指数[109]
极化域	相对体散射机制对应能量[110]、相对二面角散射机制对应能量[110]、相对面散射机制对应能量[110]、极化熵[111]、极化反熵[111]
变换域	分形特征[112-116]、混沌特征[117]、分数阶傅里叶变换特征[118-121]
时频	时频累积[122]、时频二值图连通区域数目[122]、最大连通区域尺寸[122]

基于单特征的检测与基于经典统计理论的检测原理类似。它选取某种特征作为检验统计量，然后将该检验统计量与检测门限进行比较。基于经典统计理论的检测其实是基于幅度分布这一特征的检测。

基于多特征的检测方法主要利用了单个域的多个特征或者多个域的多个特征联合构造检测器[105,110,122]。基于多特征的检测方法关键是找到差异明显的多个特征，难点是检测门限的求取。寻找特征差异采用的方法主要有三种：①通过实测数据，分析有、无目标时雷达回波数据的各种特征[105,110,122]；②通过大量实测数据，采用深度学习的方法分析有、无目标时雷达接收信号差异[123-124]；③通过理论建模，分析有、无目标时雷达接收信号的特征[117]。检测门限的求取则需根据具体情况具体对待。当特征维度为一维或二维时，可通过理论推导得到；当特征维度为三维时，可采用凸包学习算法求得[105,110]；当特征维度大于等于三维时，则采用支持向量机[106]、决策树[109]算法降维获取或者采用深度学习[123-124]的方法来获取。

基于多特征联合设计得到的检测器，其检测性能可突破奈曼-皮尔逊（NP）准则下的检测性能极限。但前提是训练数据足够多、场景覆盖全。对于未经训练的未知场景，其检测性能可能会急剧下降。另外，联合利用极化、空、时、频等多维特征是基于特征的检测器设计今后发展的重要方向。

其实，基于经典统计理论的检测器设计和基于特征的检测器设计两种思路的核心思想一致，均是利用信号的某种统计规律开展检测器设计。这两类方法已取得了丰硕的研究成果。但是，这两类方法联合使用的尚未曾见。这两种方法结合起来使用后，是否可进一步提升雷达检测性能有待研究。另外，检测器设计如何与海杂波抑制方法、目标信号增强方法相结合，以最大限度地提升雷达检测性能，也是需要解决的关键问题。

1.2.3.2　雷达抗多径散射方法

多径散射包括镜反射和漫反射。通常情况下，镜反射对雷达检测性能影响明显，漫反射对雷达检测性能影响效应较小[125]。因此，在现有文献中，多径散射主要考虑镜反射[126-128]。镜反射对雷达目标回波的影响效果与雷达天线高度、工作频率、极化方式、目标高度、雷达目标间距、海况等参数有关。它可使雷达目标回波信号增强，也可导致目标回波衰减。因此，镜反射对雷达检测性能的影响效果与雷达工作参数、工作场景息息相关，且具有一定的随机性。

为了克服镜反射对雷达目标检测导致的不利影响，学者们基于距离超分辨[129]、空间分集[130-131]、频率分集[132]、极化分集[133-135]等理论，提出了多种镜反射条件下雷达目标检测方法。雷达检测低空目标场景下，雷达直达波与反射回波之间的路径差通常在分米量级或厘米量级。理论上，如果雷达距离分辨率足够高，则目标直达回波与镜反射回波将处于不同的距离分辨单元，直达波与反射回波之间将不会发生干涉，这样即可避免镜反射效应。但是，低空监视雷达距离分辨率通常难以达到分米或厘米量级。为此，通过距离超分辨的方法来抗镜反射，在工程中具有较大难度。

其实，镜反射对雷达目标回波的增强和衰减效果与雷达高度、目标高度、雷达目标间距有关。在目标高度、雷达目标间距固定的情况下，不同高度的雷达天线接收到的目标信号功率不同。为此，采用多个高度不同的天线来接收目标回波。通过对多个天线高度的科学设置，可使多天线接收的目标回波功率具有互补性[136]。然后，对多个天线接收信号进行平均或选大等处理，可减小或者消除镜反射对雷达目标回波的衰减效果。多天线接收抗多径散射利用了空间分集的思想[137-138]。此外，MIMO 雷达能够抗多径散射也是利用了空间分集的思想。

目标直达波与镜反射回波之间的相位差由路径差与雷达波长决定。而波长由频率决定。因此，改变雷达频率，目标直达波与镜反射回波之间的相位差会随之改变。这样，雷达采用不同频率的发射信号，不同频道的目标直达回波与反射回波之间的相位差也会不同。利用这一特点，通过对多个频点雷达接收信号进行平均、选大等处理，可减小或者消除镜反射对雷达接收目标回波的不利影响。基于频率分集思想，学者们采用正交频分多路信号，提高了多径条件下雷达目标检测性能[139-142]。

通过时间积累和频率分集相结合的方式也可提高多径条件下雷达目标检

测性能。例如，美国麻省理工学院林肯实验室较早提出对频率分集雷达采用双门限（M/N）检测方法，可有效提高多径条件下雷达目标检测性能[143]。在此基础上，作者团队进一步分析了不同条件下频率分集雷达采用双门限检测时的最佳第二门限值的选取问题[144]。西安电子科技大学提出了一种基于多频技术的顺序统计检测算法[145]。该方法对多个频点接收的目标回波幅度进行排序，然后对其中若干个幅度较强的信号进行非相参积累，以此作为检验统计量来实现多径条件下的目标检测。

理论上，极化分集也能达到抗镜反射的效果。但目前，通过极化分集抗多径散射的文章少见。空军工程大学研究结果表明：利用布鲁斯特效应，采用 VV 极化方式，以 7°左右的擦地角下视探测掠海飞行超低空目标，可有效避免多径干扰[146]。

空间分集、频率分集、极化分集抗镜反射的本质是一致的，即通过多路接收，改变直达波与多径反射回波之间的相位差。所以，空间分集、频率分集、极化分集联合使用可进一步提高雷达目标检测性能。MIMO 雷达同时利用频率分集和空间分集手段，可有效提升镜反射条件下雷达目标检测。极化 MIMO 雷达与 MIMO 雷达类似，在此不再赘述。

综上所述，目标直达回波与多径反射回波之间的相位差是产生多径效应最关键的因素。通过空间分集、频率分集、极化分集可获得不同的相位差，进而获得不同强度的雷达目标回波。对这些不同通道的雷达目标回波进行择优或者适当处理，可降低甚至消除多径散射对雷达目标检测的负面影响。空间分集、频率分集、极化分集属于不同维度的处理手段，三种手段可联合使用。目前，空间分集与频率分集已在雷达中得到应用。如何将极化分集与其他维度的分集相结合，提出一些成本低、易于工程实现的抗多径检测方法值得研究。

1.2.3.3　海杂波+多径下雷达目标检测方法

实际中，雷达检测海面低空目标时，同时面临着海杂波与多径散射干扰。海杂波对雷达目标检测不利，而多径散射对雷达目标检测性能可能有利，也可能不利。为了避免海杂波与多径散射的不利影响，学者们提出了一系列抗杂波+多径的检测方法。主要思路分为两种：①结合传统雷达体制，设计杂波与多径散射抑制方法；②基于新体制雷达，设计雷达检测器。

分析杂波+多径散射对雷达检测性能的影响效果，可为雷达同时抗杂波与多径方法研究提供重要参考。20 世纪 90 年代，英国皇家信号与雷达研究所将海杂波与目标多径回波分别建模为 K 分布和莱斯平方分布，分析了虚警概率和检测概率一定时，不同杂波+多径条件下雷达目标检测所需的信杂比[147]。

作者团队通过理论分析，推导得到了 K 分布杂波+多径散射环境下雷达检测概率与虚警概率数学表达式[125,148]。在此基础上，分析了杂波、镜、漫反射对雷达检测性能的影响效果。分析结果表明：多径散射对雷达检测低信杂噪比（SCNR）目标有利，但改善效果有限；多径散射对雷达检测高信杂噪比目标不利，恶化作用可能比较严重；中、高海况下，多径散射对雷达检测性能影响较小，杂波是影响雷达低信杂噪比目标检测性能的主要因素，典型分析结果如图 1.9 所示，其中，σ_h 表示浪高的均方根值。

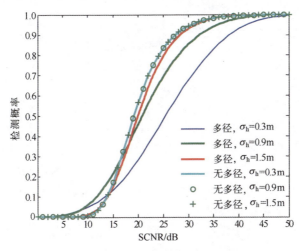

图 1.9　杂波+多径下雷达目标检测性能

对于传统雷达，杂波+多径散射抑制是解决同时抗杂波与抗多径的直接手段。常见的杂波+多径干扰抑制方法主要可分为三类：①先抑制多径散射、后抑制杂波；②先抑制杂波、后抑制多径散射；③杂波与多径干扰联合抑制。其中，先抑制多径、后抑制杂波方法包括权重向量插值、外推和更新[149]、针对性设计滤波器结构[149]、波束空间选择[149-150]等。先抑制杂波、后抑制多径散射的方法主要有杂波预滤波器[149]、盲通道均衡[151]等。杂波与多径干扰联合抑制方法主要包括空时自适应处理[149,152-153]、自适应匹配滤波器[154-155]、深度学习方法[156]等。

如果雷达低空探测环境几何信息已知，那么，可有效利用多径散射提高雷达低空目标检测性能。例如，美国佐治亚理工研究院基于城市建筑物几何先验信息，利用多径散射实现了机载雷达对城市中运动车辆的远距离探测和稳定跟踪[157]，效果如图 1.10 所示。

此外，时间反演技术也可有效提高杂波+多径条件下雷达目标检测性能。美国卡耐基梅隆大学利用时间反演技术，有效提高了杂波+多径环境下雷达对静止目标的检测性能[158-159]。但时间反演技术对提升运动目标检测性能的效果不佳[160]。

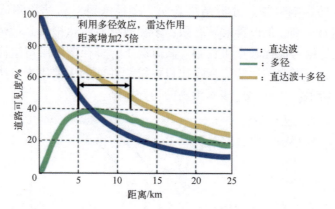

图 1.10   多径利用前后雷达探测距离对比图[157]

值得一提的是，超宽带[161]、频率分集[132]、MIMO[162]等新体制雷达在抗杂波+多径方面具有天然优势，因此，其对低空目标的检测性能较传统雷达好。例如，美国海军实验室研制的 Senrad 雷达，带宽约 550MHz，可对低空目标实现远距离发现和稳定跟踪[161]。

总的来说，杂波与多径散射分别影响雷达接收背景信号和目标信号，如何在抑制杂波的同时，利用多径散射增强目标信号，是杂波+多径下雷达目标检测方法研究的关键。在理论方法方面，国内外学者虽然提出了一些检测方法，并通过仿真或外场试验验证了方法的有效性，但在实际工程中，同时抗海杂波和抗多径散射仍是雷达低空目标检测亟待解决的棘手难题。

1.2.4 雷达抗箔条干扰方法

箔条干扰分为冲淡式、质心式和遮蔽式三种样式。其中，冲淡式和质心式是两种比较经典的干扰样式，针对这两种样式的抗箔条干扰方法研究相对较多。遮蔽式干扰是近年来刚提出的干扰样式，目前尚未见针对它开展的抗箔条干扰研究报道。本书主要研究对海场景下制导雷达抗箔条干扰方法。在这方面，由于保密原因，国外关于雷达导引头抗箔条干扰的研究报道较少，国内学者立足于不同的雷达导引头体制，利用雷达导引头接收信号在时域、频域、空域、极化域等多个维度的特征，提出了一系列抗箔条冲淡干扰和箔条质心干扰方法。

1.2.4.1 雷达抗箔条冲淡干扰

在时域抗箔条冲淡干扰方面，最简单的方法是通过雷达回波强度来鉴别箔条冲淡干扰和舰船目标。强度大的为箔条冲淡干扰,强度小的为舰船目标。另外,诸多学者根据雷达回波波形特征来鉴别箔条冲淡干扰和舰船目标,这些特征包括相似性、波形宽度、稳定性、峰值距离[163-166];联合多个波形特征参量,利用支持向量机(SVM)方法,也可实现抗箔条冲淡干扰[167]。

在频域抗箔条冲淡干扰方面,当箔条云与舰船速度不同时,根据两者的多普勒差异,采用多普勒滤波技术可有效滤除箔条冲淡干扰[168];当箔条云与舰船速度相当时,利用舰船和箔条云的多普勒谱宽差异可鉴别箔条冲淡干扰与舰船[169-170]。

在空域抗箔条冲淡干扰方面,研究方法主要分为两类:一类是利用一维距离像来鉴别箔条冲淡干扰与舰船。例如,根据箔条云与舰船一维距离像从对称性、形状不变性以及分散性方面的差异来鉴别箔条云与舰船[171];也有学者根据舰船目标和箔条云一维距离像稀疏度差异来鉴别箔条云与舰船[172];第二类是利用箔条云与舰船的合成孔径雷达(SAR)图像特征差异来鉴别箔条云与舰船。例如,国防科技大学提出了多极化与高分辨 SAR 图像相结合的箔条干扰与目标识别方法。

在极化域抗箔条冲淡干扰方面,舰船与箔条云的形状存在较大差异,因此,两者在不同极化通道的回波差异不同。利用共极化与交叉极化通道回波强度比值[174-180],可鉴别箔条云与舰船[181-182];另外,联合利用舰船目标和箔条干扰的极化比和极化角的统计特性差异也可识别箔条干扰[183];利用舰船目标回波强度在同极化与交叉极化通道差异性大、箔条云回波在同极化与交叉极化通道差异性小的特性,中国航天科工集团第三研究院提出了一种抗箔条干扰的方法[184];通过有效设计雷达发射与接收极化方式,也可在一定程度上抑制箔条云回波[185]。另外,通过极化分解,分析箔条云与舰船的散射分量占比及其统计特性也可鉴别舰船与箔条云[186]。

1.2.4.2 雷达抗箔条质心干扰

相比于抗箔条冲淡干扰研究,抗箔条质心干扰的研究工作较少。主要研究工作分为两个方面:箔条质心干扰存在性检测和抗箔条质心干扰方法研究。

箔条质心干扰存在性检测是抗箔条质心干扰的第一步。在这方面,通过回波强度的大小来判断是否存在箔条质心干扰原理简单,但性能不够稳定。作者团队提出采用惯导或者全球定位系统(GPS)/惯性导航系统(INS)导航信息来辅助雷达导引头,以判断箔条质心干扰是否存在[187];也有学者提出采用分形的方法来检测箔条质心干扰的存在[188]。

关于抗箔条质心干扰的方法,在理论方法研究方面,小波变换[189-191]、实用差分[192]、几何推理匹配[193]、区域判别[194]等方法被提出可用于抗箔条质心干扰，但这些方法有待实测数据或者工程进一步检验。另外，在已知舰船目标时频域先验信息时，通过 Wigner 变换可实现对箔条质心干扰的抑制[195-197]。箔条质心干扰主要影响雷达的测角精度，对此，通过对角偏差进行适当加权可降低箔条质心干扰导致的测角误差，达到抗箔条质心干扰的目的[198]。除了在时频域提出抗箔条质心干扰方法外，国内各高校在极化域也提出了一些抗箔条质心干扰的方法。例如，国防科技大学相继提出了极化对比增强[199]、极化斜投影[200]、极化单脉冲抗箔条干扰方法[173]；哈尔滨工业大学提出了一种基于箔条云极化比的抗箔条质心干扰方法[201]。此外，优化设计雷达收发极化也可一定程度上起到抗箔条质心干扰的效果[202]。

综上所述，在雷达抗箔条冲淡干扰方面国内已有较多研究报道，而在雷达抗箔条质心干扰方面的研究报道较少。对于这些抗箔条干扰方法，无论是抗箔条冲淡干扰方法，还是抗箔条质心干扰方法，都在一定的前提条件下理论上可行，但在实际工程中或者采用实测数据检验时，实际效果有待进一步验证。结合实际场景，采用实测数据，研究箔条云与舰船回波特性，然后基于两者的特性差异提出相应的鉴别方法或者滤波方法，是雷达抗箔条干扰的有效途径，值得深入研究。

1.3 本章小结

本书以对海监视雷达或对海末制导雷达检测海面舰船或低空无人机为背景，介绍了极化雷达低空目标特性与建模方法、极化雷达低空目标检测环境特性与建模方法、极化雷达低空目标检测方法以及极化雷达抗箔条干扰方法等内容。本章为本书的绪论部分，首先阐述了本书涉及内容的研究背景和意义。其次，归纳总结了国内外在上述四个方面的研究现状，在此基础上，指出待开展的研究工作，为下面详细介绍本书的研究工作作铺垫。

参 考 文 献

[1] 葛志闪，鲜宁，王津申，等．二维海面上三维电大尺寸舰船目标电磁散射仿真［J］．北京航空航天大学学报，2018，44（11）：2299-2304.

[2] 祝明波，孙铭浩，丁向荣．海面舰船目标雷达距离高分辨特性测量［J］．海军航空工程学院学报，2019，34（1）：101-106.

[3] 范学满，胡生亮，贺静波．对海雷达目标识别中全极化 HRRP 的特征提取与选择［J］．电子与信息学报，2016，38（12）：3261-3268.

[4] 李震宇，高兵，郭德明，等．强海杂波下机载雷达 HRRP 舰船长度提取算法［J］．现

代雷达，2022，44（4）：23-30.

[5] 韩静雯，杨勇，连静，等．基于极化与距离像特征融合的雷达导引头角反射器鉴别方法［J］．系统工程与电子技术，2024，46（11）：3658-3670.

[6] 尚炜，陈伯孝，蒋丽凤．基于频谱展宽效应的一种抗箔条方法［J］．制导与引信，2006，27（3）：5-9，24.

[7] 杨秋，张群，王敏，等．基于机载窄带雷达的舰船目标多普勒特性分析［J］．系统工程与电子技术，2015，37（12）：2733-2738.

[8] Wang Y, Mao X, Zhang J, et al. Detection of vessel targets in sea clutter using in situ sea state measurements with HFSWR［J］. IEEE Geoscience and Remote Sensing Letters，2018，15（2）：302-306.

[9] 来庆福，李金梁，冯德军，等．舰船与箔条的双极化统计特性研究［J］．电波科学学报，2010，25（6）：1079-1084.

[10] 涂建华，汤广富，肖怀铁，等．基于极化分解的抗角反射器干扰研究［J］．雷达科学与技术，2009，7（2）：85-90.

[11] 游彪．极化 SAR 目标散射特性分析与应用［D］．北京：清华大学，2014.

[12] 闫华，陈勇，李胜，等．基于弹跳射线法的海面舰船目标三维散射中心快速建模方法［J］．雷达学报，2019，8（1）：107-116.

[13] 陈勇，董纯柱，王超，等．基于 HPP/PO 的舰船与海面耦合散射快速算法［J］．系统工程与电子技术，2008（4）：589-592.

[14] 张肖肖．复杂海况海面及目标复合电磁散射特性与影响因素研究［D］．西安：西安电子科技大学，2018.

[15] 庄钊文，肖顺平，王雪松．雷达极化信息处理及其应用［M］．北京：国防工业出版社，1999.

[16] To L, Bati A, Hilliard D. Radar cross section measurements of small unmanned air vehicle systems in non-cooperative field environments［C］//2009 IEEE 3rd European Conference on Antennas and Propagation. Piscataway：IEEE，2009：3637-3641.

[17] Frankford M T, Stewart K B, Majurec N, et al. Numerical and experimental studies of target detection with MIMO radar［J］. IEEE Transactions on Aerospace and Electronic Systems，2014，50（2）：1569-1577.

[18] De Wit J J M, Harmanny R I A, Molchanov P. Radar micro-Doppler feature extraction using the singular value decomposition［C］//2014 IEEE International Radar Conference. Piscataway：IEEE，2014：1-6.

[19] 白杨，吴洋，殷红成，等．无人机极化散射特性室内测量研究［J］．雷达学报，2016，5（6）：647-657.

[20] Yang Y, Bai Y, Wu J N, et al. Experimental analysis of fully polarimetric radar returns of a fixed-wing UAV［J］. IET Radar, Sonar and Navigation，2020，14（4）：525-531.

[21] 张斌，杨勇，逯旺旺，等．Ku 波段固定翼无人机全极化 RCS 统计特性研究［J］．现代雷达，2020，42（6）：41-47.

[22] Ward K, Tough R, Watts S. Sea clutter: Scattering, the K distribution and radar performance [M]. 2nd ed. London: The Institution of Engineering and Technology, 2013.

[23] Watts S, Rosenberg L, Bocquet S, et al. Doppler spectra of medium grazing angle sea clutter, part 1: Characterisation [J]. IET Radar, Sonar and Navigation, 2016, 10 (1): 32-42.

[24] Carretero-Moya J, Gismero-Menoyo J, Blanco-del-Campo A, et al. Statistical analysis of a high-resolution sea-clutter database [J]. IEEE Transactions on Geoscience and Remote Sensing, 2010, 48 (4): 2024-2037.

[25] 丁昊, 刘宁波, 董云龙, 等. 雷达海杂波测量试验回顾与展望 [J]. 雷达学报, 2019, 8 (3): 281-302.

[26] Nohara T J, Haykin S. Canadian east coast radar trials and the K-distribution [J]. IEE Proceedings, Part F: Radar and Signal Processing, 1991, 138 (2): 80-88.

[27] Watts S. Modeling and simulation of coherent sea clutter [J]. IEEE Transactions on Aerospace and Electronic Systems, 2012, 48 (4): 3303-3317.

[28] Greco M, Gini F, Rangaswamy M. Statistical analysis of measured polarimetric clutter data at different range resolutions [J]. IEE Proceedings: Radar, Sonar and Navigation, 2006, 153 (6): 473-481.

[29] 陈小龙, 关键, 于晓涵, 等. 雷达动目标短时稀疏分数阶傅里叶变换域检测 [J]. 电子学报, 2017, 45 (12): 3030-3036.

[30] 刘宁波, 黄勇, 关键, 等. 实测海杂波频域分形特性分析 [J]. 电子与信息学报, 2012, 34 (4): 929-935.

[31] 张忠, 袁业术, 孟宪德. 舰载超视距雷达背景杂波统计特性分析 [J]. 系统工程与电子技术, 2002, 24 (9): 19-22.

[32] 周超, 刘泉华. Ku 波段实验雷达海杂波实测数据分析 [J]. 信号处理, 2015, 31 (12): 1573-1578.

[33] 许心瑜, 张玉石, 黎鑫, 等. L 波段小擦地角海杂波 KK 分布建模 [J]. 系统工程与电子技术, 2014, 36 (7): 1304-1308.

[34] Barrick D. First-order theory and analysis of MF/HF/VHF scatter from the sea [J]. IEEE Transactions on Antennas and Propagation, 1972, 20 (1): 2-10.

[35] Karaev V, Titchenko Y, Panfilova M, et al. The Doppler spectrum of the microwave radar signal backscattered from the sea surface in terms of the modified Bragg scattering model [J]. IEEE Transactions on Geoscience and Remote Sensing, 2020, 58 (1): 193-202.

[36] 金亚秋, 刘鹏, 叶红霞. 随机粗糙面与目标复合散射数值模拟理论与方法 [M]. 北京: 科学出版社, 2008.

[37] Wang J, Xu X. Doppler simulation and analysis for 2-D sea surface up to Ku-band [J]. IEEE Transactions on Geoscience and Remote Sensing, 2016, 54 (1): 466-478.

[38] 郭立新, 王运华, 吴振森. 双尺度动态分形粗糙海面的电磁散射及多普勒研究 [J]. 物理学报, 2005, 54 (1): 96-101.

［39］ 张民，郭立新，聂丁，等．海面目标雷达散射特性与电磁成像［M］．北京：科学出版社，2015．

［40］ Yang Y, Xiao S P, Wang X S, et al. Statistical distribution of polarization ratio for radar sea clutter［J］. Radio Science, 2017, 52（8）：981-987.

［41］ Beckmann P, Spizzichino A. The scattering of electromagnetic waves from rough surfaces［M］. New York：Pergamon, 1963.

［42］ Beard C I. Coherent and incoherent scattering of microwaves from the ocean［J］. IRE Transactions on Antennas and Propagation, 1961, 9（5）：470-483.

［43］ Barton D K. Low-angle radar tracking［J］. Proceedings of the IEEE, 1974, 62（6）：687-704.

［44］ Daeipour E, Blair W D, Bar-Shalom Y. Bias compensation and tracking with monopulse radars in the presence of multipath［J］. IEEE Transactions on Aerospace and Electronic Systems, 1997, 33（3）：863-882.

［45］ Bucco D, Hu Y D. A comparative assessment of various multipath models for use in missile simulation studies［C］//Proceedings of AIAA Modeling and Simulation Technologies Conference：Denver, United States, 2000：1-10.

［46］ 瓦金 C A，舒斯托夫 Л H．无线电干扰和无线电技术侦察基础［M］．北京：科学出版社，1977．

［47］ 曲长文，李亚南．箔条云雷达回波的仿真研究［J］．火力与指挥控制，2012，37（7）：47-50．

［48］ Zhang W, Wang G, Zeng Y, et al. The verification and analysis of chaff clouds' RCS distribution model［C］//2008 8th International Symposium on Antennas, Propagation and EM Theory. Piscataway：IEEE, 2008：1220-1223.

［49］ 曾勇虎，张伟，秦卫东，等．箔条云散射特性测量与分析［J］．电光与控制，2010，17（1）：51-53．

［50］ 李尚生，付哲泉，李炜杰．等．箔条干扰回波信号频域特性研究［J］．现代防御技术，2016，44（4）：37-42，71．

［51］ 王湖升，陈伯孝，叶倾知．基于箔条干扰实测数据的对抗方法研究［J］．系统工程与电子技术，2023，45（7）：2010-2021．

［52］ 汤广富．末制导反舰雷达导引头抗无源干扰信号处理技术研究［D］．长沙：国防科学技术大学，2009．

［53］ 李金梁，王雪松，李永祯．箔条云的全极化频谱特性［J］．红外与毫米波学报，2009，28（3）：198-203．

［54］ 李金梁，曾勇虎，申绪涧，等．均匀取向箔条云的 RCS 极值研究［J］．雷达科学与技术，2012，10（3）：316-319．

［55］ 谢俊好．任意收发极化的箔条云双基地雷达截面积［J］．光电对抗与无源干扰，1996（3）：8-11．

［56］ Kurdzo J M, Bennett B, Cho J, et al. Extended polarimetric observations of chaff using

the WSR-88D weather radar network［J］. IEEE Transactions on Radar Systems，2023
（1）：181-192.

［57］丁鹭飞，耿富禄，陈建春. 雷达原理［M］. 6版. 北京：电子工业出版社，2020.

［58］Leung H，Young A. Small target detection in clutter using recursive nonlinear prediction
［J］. IEEE Transactions on Aerospace and Electronic Systems，2000，36（2）：713-718.

［59］Leung H. Nonlinear clutter cancellation and detection using a memory-based predictor［J］.
IEEE Transactions on Aerospace and Electronic Systems，1996，32（4）：1249-1256.

［60］杨勇，王雪松，张斌. 基于时频检测与极化匹配的雷达无人机检测方法［J］. 电子
与信息学报，2021，43（3）：509-515.

［61］Cheong J W，Southwell B J，Dempster A G. Blind sea clutter suppression for spaceborne
GNSS-R target detection［J］. IEEE Journal of Selected Topics in Applied Earth Observa-
tions and Remote Sensing，2019，12（12）：5373-5378.

［62］Hu J，Jian C，Zhuo C，et al. Knowledge-aided ocean clutter suppression method for sky-
wave over-the-horizon radar［J］. IEEE Geoscience and Remote Sensing Letters，2018，
15（3）：355-358.

［63］黄勇，彭应宁，王秀坛，等. 基于频域处理的机载雷达自适应杂波抑制方法［J］.
系统工程与电子技术，2000，22（12）：4-6.

［64］Poon M W Y，Khan R H，Le-Ngoc S. A singular value decomposition（SVD）based
method for suppressing ocean clutter in high frequency radar［J］. IEEE Transactions on
Signal Processing，1993，41（3）：1421-1425.

［65］Yang Y，Xiao S P，Wang X S. Radar detection of small target in sea clutter using orthogonal
projection［J］. IEEE Geoscience and Remote Sensing Letters，2018，16（3）：382-386.

［66］Yi C，Ji Z，Kirubarajan T，et al. An improved oblique projection method for sea clutter
suppression in shipborne HFSWR［J］. IEEE Geoscience and Remote Sensing Letters，
2016，13（8）：1089-1093.

［67］Zhang G，Tan Z，Wang J. Modification of polarization filtering technique in HF ground
wave radar［J］. Journal of Systems Engineering and Electronics，2006，17（4）：737-
742.

［68］Novak L M，Sechtin M B，Cardullo M J. Studies of target detection algorithms that use po-
larimetric radar data［J］. IEEE Transactions on Aerospace and Electronic Systems，1989，
25（2）：150-165.

［69］Wang J，Zhang Q，Cao B. Multi-notch polarization filtering based on oblique projection
［C］//2009 IEEE Global Mobile Congress. Piscataway：IEEE，2009：1-6.

［70］Mao X P，Liu A J，Hou H J，et al. Oblique projection polarisation filtering for
interference suppression in high-frequency surface wave radar［J］. IET Radar，Sonar and
Navigation，2012，6（2）：71-80.

［71］杨勇，王雪松，施龙飞，等. 一种利用双极化特征的雷达固定翼无人机与杂波识别
方法：ZL201910801086.0［P］. 2021-08-24.

［72］ Alku L, Moisseev D, Aittomäki T, et al. Identification and suppression of nonmeteorological echoes using spectral polarimetric processing ［J］. IEEE Transactions on Geoscience and Remote Sensing, 2015, 53 (7): 3628-3638.

［73］ McDonald M K, Cerutti-Maori D. Coherent radar processing in sea clutter environments, part 1: Modelling and partially adaptive STAP performance ［J］. IEEE Transactions on Aerospace and Electronic Systems, 2016, 52 (4): 1797-1817.

［74］ Yasotharan A, Thayaparan T. Time-frequency method for detecting an accelerating target in sea clutter ［J］. IEEE Transactions on Aerospace and Electronic Systems, 2006, 42 (4): 1289-1310.

［75］ 王炜鹏, 冯远, 单涛. 采用改进型时频滤波的海杂波抑制方法 ［J］. 信号处理, 2019, 35 (2): 208-216.

［76］ Duk V, Rosenberg L, Ng B W H. Target detection in sea-clutter using stationary wavelet transforms ［J］. IEEE Transactions on Aerospace and Electronic Systems, 2017, 53 (3): 1136-1146.

［77］ Park H R, Kwak Y G, Wang H. Efficient joint polarisation-space-time processor for nonhomogeneous clutter environments ［J］. Electronics Letters, 2002, 38 (25): 1714-1715.

［78］ Park H R, Wang H. Adaptive polarisation-space-time domain radar target detection in inhomogeneous clutter environments ［J］. IEE Proceedings: Radar, Sonar and Navigation, 2006, 153 (1): 35-43.

［79］ Skolnik M I. Radar handbook ［M］. 3rd ed. Columbus: McGraw Hill, 2008.

［80］ Panagopoulos S, Soraghan J J. Small-target detection in sea clutter ［J］. IEEE Transactions on Geoscience and Remote Sensing, 2004, 42 (7): 1355-1361.

［81］ 王永良, 丁前军, 李荣锋. 自适应阵列处理 ［M］. 北京: 清华大学出版社, 2009.

［82］ Novak L M, Sechtin M B, Cardullo M J. Studies of target detection algorithms that use polarimetric radar data ［J］. IEEE Transactions on Aerospace and Electronic Systems, 1989, 25 (2): 150-165.

［83］ Novak L M, Burl M C. Optimal speckle reduction in polarimetric SAR imagery ［J］. IEEE Transactions on Aerospace and Electronic Systems, 1990, 26 (2): 293-305.

［84］ Zebker H A, Van Zyl J J, Held D N. Imaging radar polarimetry from wave synthesis ［J］. Journal of Geophysical Research: Solid Earth, 1987, 92 (B1): 683-701.

［85］ Boerner W M, Kostinski A B, James B D. On the concept of the polarimetric matched filter in high resolution radar imaging: An alternative for speckle reduction ［C］//IEEE International Geoscience and Remote Sensing Symposium. IEEE, 1988, 1: 69-72.

［86］ 李永祯, 程旭, 李棉全, 等. 极化信息在雷达目标检测中的得益分析 ［J］. 现代雷达, 2013, 35 (2): 35-39.

［87］ 陶然, 马金铭, 邓兵, 等. 分数阶傅里叶变换及其应用 ［M］. 2 版. 北京: 清华大学出版社, 2022.

［88］ Xu J, Yan L, Zhou X, et al. Adaptive Radon-Fourier transform for weak radar target detection [J]. IEEE Transactions on Aerospace and Electronic Systems, 2018, 54 (4): 1641-1663.

[89] Kay S M. Fundamentals of statistical signal processing, volume II: Detection theory [M]. Upper Saddle River: Prentice Hall, 1998.

[90] 许述文, 白晓惠, 郭子薰, 等. 海杂波背景下雷达目标特征检测方法的现状与展望 [J]. 雷达学报, 2020, 9 (4): 684-714.

[91] Robey F C, Fuhrmann D R, Kelly E J, et al. A CFAR adaptive matched filter detector [J]. IEEE Transactions on Aerospace and Electronic Systems, 1992, 28 (1): 208-216.

[92] Sabahi M F, Hashemi M M, Sheikhi A. Radar detection based on Bayesian estimation of target amplitude [J]. IET Radar, Sonar and Navigation, 2008, 2 (6): 458-467.

[93] Kronauge M, Rohling H. Fast two-dimensional CFAR procedure [J]. IEEE Transactions on Aerospace and Electronic Systems, 2013, 49 (3): 1817-1823.

[94] Schleher D C. Radar detection in Weibull clutter [J]. IEEE Transactions on Aerospace and Electronic Systems, 1976 (6): 736-743.

[95] Pourmottaghi A, Taban M R, Gazor S. A CFAR detector in a nonhomogenous Weibull clutter [J]. IEEE Transactions on Aerospace and Electronic Systems, 2012, 48 (2): 1747-1758.

[96] Dong Y. Optimal coherent radar detection in a K-distributed clutter environment [J]. IET Radar Sonar & Navigation, 2012, 6 (5): 283-292.

[97] Shi S N, Shui P L. Optimum coherent detection in homogenous K-distributed clutter [J]. IET Radar Sonar and Navigation, 2016, 10 (8): 1477-1484.

[98] Shui P L, Liu M, Xu S W. Shape-parameter-dependent coherent radar target detection in K-distributed clutter [J]. IEEE Transactions on Aerospace and Electronic Systems, 2016, 52 (1): 451-465.

[99] Sangston K J, Gini F, Greco M S. Coherent radar target detection in heavy-tailed compound-Gaussian clutter [J]. IEEE Transactions on Aerospace and Electronic Systems, 2012, 48 (1): 64-77.

[100] Gao Y C, Liao G S, Zhu S Q. Adaptive signal detection in compound-Gaussian clutter with inverse Gaussian texture [C]//2013 IEEE International Radar Symposium. Piscataway: IEEE, 2013, 2: 935-940.

[101] Xue J, Xu S W, Shui P L. Near-optimum coherent CFAR detection of radar targets in compound-Gaussian clutter with inverse Gaussian texture [J]. Signal Processing, 2020, 166: 107-236.

[102] Xue J, Xu S, Liu J, et al. Model for non-Gaussian sea clutter amplitudes using generalized inverse Gaussian texture [J]. IEEE Geoscience and Remote Sensing Letters, 2018, 16 (6): 892-896.

[103] Xu S, Wang Z, Bai X, et al. Optimum and near-optimum coherent CFAR detection of radar targets in compound-Gaussian clutter with generalized inverse Gaussian texture [J].

IEEE Transactions on Aerospace and Electronic Systems, 2021, 58 (3): 1692-1706.

［104］ Kong L, Cui G, Yang X, et al. Rao and Wald tests design of polarimetric multiple-input multiple-output radar in compound-Gaussian clutter [J]. IET Signal Processing, 2011, 5 (1): 85-96.

［105］ Shui P L, Li D C, Xu S W. Tri-feature-based detection of floating small targets in sea clutter [J]. IEEE Transactions on Aerospace and Electronic Systems, 2014, 50 (2): 1416-1430.

［106］ Li Y, Xie P, Tang Z, et al. SVM-based sea-surface small target detection: A false-alarm-rate-controllable approach [J]. IEEE Geoscience and Remote Sensing Letters, 2019, 16 (8): 1225-1229.

［107］ 陈小龙, 刘宁波, 王国庆, 等. 基于高斯短时分数阶 Fourier 变换的海面微动目标检测方法 [J]. 电子学报, 2014, 42 (5): 971-977.

［108］ 陈小龙, 关键, 于晓涵, 等. 基于短时稀疏时频分布的雷达目标微动特征提取及检测方法 [J]. 电子与信息学报, 2017, 39 (5): 1017-1023.

［109］ Zhou H, Jiang T. Decision tree based sea-surface weak target detection with false alarm rate controllable [J]. IEEE Signal Processing Letters, 2019, 26 (6): 793-797.

［110］ Xu S, Zheng J, Pu J, et al. Sea-surface floating small target detection based on polarization features [J]. IEEE Geoscience and Remote Sensing Letters, 2018, 15 (10): 1505-1509.

［111］ 陈世超, 高鹤婷, 罗丰. 基于极化联合特征的海面目标检测方法 [J]. 雷达学报, 2020, 9 (4): 664-673.

［112］ Lo T, Leung H, Litva J, et al. Fractal characterisation of sea-scattered signals and detection of sea-surface targets [J]. IEE Proceedings, Part F, 1993, 140 (4): 243-250.

［113］ Hu J, Tung W W, Gao J. Detection of low observable targets within sea clutter by structure function based multifractal analysis [J]. IEEE Transactions on Antennas and Propagation, 2006, 54 (1): 136-143.

［114］ Guan J, Liu N B, Huang Y, et al. Fractal characteristic in frequency domain for target detection within sea clutter [J]. IET Radar, Sonar and Navigation, 2012, 6 (5): 293-306.

［115］ 刘宁波, 黄勇, 关键, 等. 实测海杂波频域分形特性分析 [J]. 电子与信息学报, 2012, 34 (4): 929-935.

［116］ Gao J, Yao K. Multifractal features of sea clutter [C]//2002 IEEE Radar Conference. Piscataway: IEEE, 2002: 500-505.

［117］ Haykin S, Li X B. Detection of signals in chaos [J]. Proceedings of the IEEE, 1995, 83 (1): 95-122.

［118］ 刘宁波, 王国庆, 包中华, 等. 海杂波 FRFT 谱的多重分形特性与目标检测 [J]. 信号处理, 2013, 29 (1): 1-9.

［119］ 顾智敏, 张兴敢, 王琼. FRFT 域内的海杂波多重分形特性与目标检测 [J]. 南京

大学学报（自然科学），2017，53（4）：731-737.

[120] 田玉芳，姬光荣，尹志盈，等．基于 FRFT 域空间分形特征差异的海面弱目标检测 [J]．中国海洋大学学报（自然科学版），2013，43（3）：92-97.

[121] 刘宁波，关键，王国庆，等．基于海杂波 FRFT 谱多尺度 Hurst 指数的目标检测方法 [J]．电子学报，2013，41（9）：1847-1853.

[122] Shi S N, Shui P L. Sea-surface floating small target detection by one-class classifier in time-frequency feature space [J]. IEEE Transactions on Geoscience and Remote Sensing, 2018, 56（11）：6395-6411.

[123] 苏宁远，陈小龙，关键，等．基于卷积神经网络的海上微动目标检测与分类方法 [J]．雷达学报，2018，7（5）：565-574.

[124] 苏宁远，陈小龙，陈宝欣，等．雷达海上目标双通道卷积神经网络特征融合智能检测方法 [J]．现代雷达，2019，41（10）：47-52.

[125] 杨勇，冯德军，王雪松，等．低空雷达导引头海面目标检测性能分析 [J]．电子与信息学报，2011，33（8）：1779-1785.

[126] Cao Y, Wang S, Wang Y. Target detection for low angle radar based on multi-frequency order-statistics [J]. Journal of Systems Engineering and Electronics, 2015, 26（2）：267-273.

[127] White W D. Low-angle radar tracking in the presence of multipath [J]. IEEE Transactions on Aerospace and Electronic Systems, 1974（6）：835-852.

[128] 杨勇．雷达导引头低空目标检测理论与方法研究 [D]．长沙：国防科学技术大学，2014.

[129] Yu K B. Recursive super-resolution algorithm for low-elevation target angle tracking in multipath [J]. IEE Proceedings：Radar, Sonar and Navigation, 1994, 141（4）：223-229.

[130] Shi J, Hu G, Lei T. DOA estimation algorithms for low-angle targets with MIMO radar [J]. Electronics Letters, 2016, 52（8）：652-654.

[131] Sen S, Nehorai A. Adaptive OFDM radar for target detection in multipath scenarios [J]. IEEE Transactions on Signal Processing, 2010, 59（1）：78-90.

[132] Zhao J, Yang J. Frequency diversity to low-angle detecting using a highly deterministic multipath signal model [C]//2006 CIE International Conference on Radar. Piscataway：IEEE, 2006：1-5.

[133] Giuli D. Polarization diversity in radars [J]. Proceedings of the IEEE, 1986, 74（2）：245-269.

[134] Valenzuela-Valdés J F, García-Fernández M A, Martínez-González A M, et al. The role of polarization diversity for MIMO systems under Rayleigh-fading environments [J]. IEEE Antennas and Wireless Propagation Letters, 2006, 5：534-536.

[135] Zhang M, Peng L, Liang Y, et al. Radar polarization diversity technology for low-altitude targets [C]//2021 CIE International Conference on Radar. Piscataway：IEEE, 2021：2326-2330.

［136］ Zhang Y, Zeng H, Wei Y, et al. Marine radar antenna height design under multi-path effect ［C］//2013 IET International Radar Conference. London：IET, 2013：1-4.

［137］ 杨勇, 肖顺平, 冯德军, 等. 单发三收天线雷达抗多径散射检测方法：ZL201610190745.8 ［P］. 2018-01-09.

［138］ 杨勇, 肖顺平, 李超, 等. 一种多径条件下雷达目标检测方法：ZL201810082853.2 ［P］. 2020-05-05.

［139］ 夏阳. 基于 OFDM 雷达的低空目标检测跟踪技术研究 ［D］. 长沙：国防科学技术大学, 2016.

［140］ 张容. 基于 OFDM-MIMO 雷达的低空目标检测技术研究 ［D］. 成都：电子科技大学, 2013.

［141］ 李军, 刘红明, 苗江宏. 正交信号 MIMO 雷达动态范围与弱目标检测性能分析 ［J］. 信号处理, 2010, 26 （4）：512-516.

［142］ 周豪, 胡国平, 师俊朋, 等. OFDM-MIMO 雷达低空目标探测性能研究 ［J］. 电波科学学报, 2016, 31 （5）：988-995.

［143］ Wilson S L, Carlson B D. Radar detection in multipath ［J］. IEE Proceedings：Radar, Sonar and Navigation, 1999, 146 （1）：45-54.

［144］ 杨勇, 王雪松, 张文明, 等. 多径环境下海面低空目标检测技术研究 ［J］. 电波科学学报, 2011, 26 （3）：443-449.

［145］ Cao Y, Wang S, Wang Y, et al. Target detection for low angle radar based on multi-frequency order-statistics ［J］. Journal of Systems Engineering and Electronics, 2015, 26 （2）：267-273.

［146］ 刘万萌, 童创明, 彭鹏, 等. 海面掠入射散射特性及布儒斯特效应研究 ［J］. 微波学报, 2017, 33 （3）：37-43.

［147］ Tough R J A, Baker C J, Pink J M. Radar performance in a maritime environment：Single hit detection in the presence of multipath fading and non-Rayleigh sea clutter ［J］. IEE Proceedings, Part F. Communications, Radar and Signal Processing, 1990, 137 （1）：33-40.

［148］ Yang Y, Feng D, Wang X, et al. Effects of K distributed sea clutter and multipath on radar detection of low altitude sea surface targets ［J］. IET Radar, Sonar and Navigation, 2014, 8 （7）：757-766.

［149］ Rabideau D J. Clutter and jammer multipath cancellation in airborne adaptive radar ［J］. IEEE Transactions on Aerospace and Electronic Systems, 2000, 36 （2）：565-583.

［150］ Ngwar M, Wight J. Phase-coded-linear-frequency-modulated waveform for low cost marine radar system ［C］//2010 IEEE Radar Conference. Piscataway：IEEE, 2010：1144-1149.

［151］ Chavanne R, Abed-Meraim K, Medynski D. Target detection improvement using blind channel equalization OTHR communication ［C］//Processing Workshop Proceedings Sensor Array and Multichannel Signal. Piscataway：IEEE, 2004：657-661.

［152］李浩冬，廖桂生，许京伟. 弹载雷达和差通道稳健自适应杂波抑制方法［J］. 系统工程与电子技术，2019，41（2）：273-279.

［153］Biallawons O, Ender J H G. Multipath detection by using space-space adaptive processing（SSAP）with MIMO radar［C］//2018 IEEE International Conference on Radar. Piscataway：IEEE, 2018：1-4.

［154］Kumbul U, Hayvaci H T. Knowledge-aided adaptive detection with multipath exploitation radar［C］//2016 IEEE Sensor Signal Processing for Defence Conference. Piscataway：IEEE, 2016：1-4.

［155］Gulen Yilmaz S H, Taha Hayvaci H. Multipath exploitation radar with adaptive detection in partially homogeneous environments［J］. IET Radar, Sonar and Navigation, 2020, 14（10）：1475-1482.

［156］Wu Z, Peng Y, Wang W. Deep learning-based unmanned aerial vehicle detection in the low altitude clutter background［J］. IET Signal Processing, 2022, 16（5）：588-600.

［157］Fertig L B, Baden J M, Guerci J R. Knowledge-aided processing for multipath exploitation radar（MER）［J］. IEEE Aerospace and Electronic Systems Magazine, 2017, 32（10）：24-36.

［158］Moura J M F, Jin Y. Detection by time reversal：Single antenna［J］. IEEE Transactions on Signal Processing, 2006, 55（1）：187-201.

［159］Jin Y, Moura J M F. Time-reversal detection using antenna arrays［J］. IEEE Transactions on Signal Processing, 2008, 57（4）：1396-1414.

［160］Zhang Z, Chen B, Yang M. Moving target detection based on time reversal in a multipath environment［J］. IEEE Transactions on Aerospace and Electronic Systems, 2021, 57（5）：3221-3236.

［161］Skolnik M, Linde G, Meads K. Senrad：An advanced wideband air-surveillance radar［J］. IEEE Transactions on Aerospace and Electronic Systems, 2001, 37（4）：1163-1175.

［162］袁海锋. 基于 MIMO 雷达的低空动目标检测技术研究［D］. 成都：电子科技大学，2012.

［163］贾鑫，郭桂蓉. 反舰导弹末雷达导引头抗箔干扰的一种方法［J］. 舰船电子对抗，1998, 3：21-23.

［164］冯有前，张善文，宋国乡. 箔条干扰下的一种雷达目标小波识别方法［J］. 西安电子科技大学学报，2003, 30（3）：345-348.

［165］汤广富，陈远征，赵宏钟，等. 一种改进的小波变换抗箔条干扰算法［J］. 雷达与对抗，2005（2）：20-24.

［166］李伟，贾惠波，顾启泰. 识别箔条干扰的一种实用方法［J］. 现代雷达，2000, 22（3）：35-38, 43.

［167］陈俊. 基于支持向量机的多特征目标抗干扰检测技术［J］. 电讯技术，2017（8）：892-895.

[168] 董杰，王法栋，刘宗福．基于多普勒滤波器的多重 MTI 箔条干扰消除技术研究 [J]．舰船电子对抗，2013，36（1）：47-49.

[169] 尚炜，陈伯孝，蒋丽凤．基于频谱展宽效应的一种抗箔条方法 [J]．制导与引信，2006，27（3）：5-9.

[170] 刘世敏．箔条干扰的特征及其实测数据分析 [D]．西安：西安电子科技大学，2009.

[171] 李为民，石志广，付强．舰船目标与舷外干扰的电磁特征分析与鉴别方法研究 [J]．湖南科技大学学报（自然科学版），2004，19（4）：69-73.

[172] Tang G F, Zhao K, Zhao H Z, et al. A novel discrimination method of ship and chaff based on sparseness for naval radar [C]//2008 IEEE Radar Conference. Piscataway: IEEE, 2008: 210-213.

[173] 刘业民．箔条云极化雷达特性及抗干扰技术研究 [D]．长沙：国防科技大学，2019.

[174] 沈允春，谢俊好，刘庆普．识别箔条云新方案 [J]．系统工程与电子技术，1995，17（4）：60-63.

[175] 刘庆普，沈允春．箔条云极化识别方案性能分析 [J]．系统工程与电子技术，1996，18（11）：1-7.

[176] 章力强，李相平，陈信．箔条假目标干扰极化识别与抑制技术 [J]．制导与引信，2012，33（1）：19-23.

[177] 李尚生，付哲泉，于晶，等．基于极化特征的抗箔条干扰方法研究 [J]．雷达科学与技术，2016，14（5）：478-482.

[178] 吴盛源，张小宽，袁俊超，等．全极化信息在箔条假目标鉴别中的应用研究 [J]．现代防御技术，2017，45（3）：45-49.

[179] Shao X H, Xue J H, Du H. Theoretical analysis of polarization recognition between chaff cloud and ship [C]//IEEE International Workshop on Anti-Counterfeiting, Security and Identification. Piscataway: IEEE, 2007: 125-129.

[180] Shao X H, Du H, Xue J H. A recognition method depended on enlarge the difference between target and chaff [C]//2007 International Conference on Microwave and Millimeter Wave Technology. Piscataway: IEEE, 2007: 266-269.

[181] 李金梁．箔条干扰的特性与雷达抗箔条技术研究 [D]．长沙：国防科学技术大学，2010.

[182] 来庆福．反舰导弹雷达导引头抗舷外干扰技术研究 [D]．长沙：国防科学技术大学，2011.

[183] 李金梁，曾勇虎，申绪涧，等．改进的箔条干扰极化识别方法 [J]．雷达科学与技术，2015（4）：350-355.

[184] 倪汉昌．对海雷达抗箔条干扰技术途径探讨 [J]．飞航导弹，1995，8：256-258.

[185] 唐毓燕．对抗箔条云的最佳收发极化方式 [J]．雷达与对抗，2000，2：8-17.

[186] Tang B, Li H, Sheng X. Jamming recognition method based on the full polarisation scat-

tering matrix of chaff clouds [J]. IET Microwave Antennas Propagation, 2012, 6 (13): 1451-1460.

[187] Yang Y, Feng D J, Zhang W M, et al. Detection of chaff centroid jamming aided by GPS/INS [J]. IET Radar Sonar and Navigation, 2013, 7 (2): 130-142.

[188] 蔡天一, 赵峰民, 曾维贵. 基于分形维数的质心干扰对抗方法 [J]. 弹箭与制导学报, 2013, 33 (2): 173-176.

[189] 张洋, 张树森. 用小波实现箔条噪声的消除 [J]. 现代电子技术, 2007, 23: 38-39.

[190] 刘翔. 基于小波变换的抗箔条干扰方法研究 [J]. 战术导弹技术, 2001, 6: 28-31.

[191] 李伟, 贾惠波, 顾启泰. 抗箔条质心干扰的一种方法 [J]. 舰船电子对抗, 2000, 5: 11-13.

[192] 李伟, 贾惠波, 顾启泰. 抗箔条质心干扰的一种实用差分算法 [J]. 航天电子对抗, 2000, 3: 1-4.

[193] 晏行伟, 张军, 谭志国, 等. 一种基于几何推理的匹配抗箔条质心干扰新方法 [J]. 信号处理, 2010, 26 (11): 1657-1662.

[194] 曹司磊, 曾维贵, 刘明刚. 基于区域判别的抗质心式箔条干扰方法 [J]. 兵工自动化, 2017 (6): 75-79, 84.

[195] 李波. RWT 在抑制箔条干扰中的应用 [J]. 电子对抗, 2003, 2: 6-9.

[196] 舒欣. 时频分析技术在抑制箔条干扰中的应用 [J]. 西安电子科技大学学报, 2001, 5: 676-680.

[197] 邹晓华, 刘以安. Wigner-Ville 变换在抗箔条干扰方法中的研究 [J]. 微型机与应用, 2009, 28 (23): 69-72.

[198] 孙迎丰, 曾维贵, 田燕妮, 等. 抗箔条质心干扰新方法研究 [J]. 弹箭与制导学报, 2014, 34 (6): 169-172.

[199] 李金梁, 来庆福, 李永祯, 等. 基于极化对比增强的导引头抗箔条算法 [J]. 系统工程与电子技术, 2011, 33 (2): 268-271.

[200] 来庆福, 赵晶, 冯德军, 等. 斜投影极化滤波的雷达导引头抗箔条干扰方法 [J]. 信号处理, 2011, 27 (7): 1016-1021.

[201] 赵宜楠, 金铭, 乔晓林. 利用极化单脉冲雷达抗质心干扰的研究 [J]. 现代雷达, 2006, 28 (12): 45-46.

[202] Ioannidis G A, Hammers D E. Optimum antenna polarizations for target discrimination in clutter [J]. IEEE Transcations on Antennas and Propagation, 1979, 27 (3): 357-363.

第 2 章

极化雷达目标特性分析与建模

2.1 引　言

不同类型、不同材质、不同结构的目标对电磁波的散射特性不同，从而导致雷达接收到的目标回波信号特性不同。研究分析雷达目标信号特性是充分利用目标回波信息提升雷达目标检测与抗干扰性能的基础。本章将对雷达目标回波特性进行分析与建模，为后面雷达目标检测与抗干扰方法研究奠定基础。

2.2 RCS 模型

RCS 是衡量目标反射电磁波能力的经典参数。目标 RCS 与目标的形状、材质、姿态以及雷达工作参数息息相关，且随着雷达观测时间、观测角度、工作频率的变化而随机变化[1]。因此，通常采用统计分布函数来描述目标 RCS。下面将分别介绍几种常用的统计分布模型。

2.2.1 Swerling 模型

常用的目标 RCS 模型包括 Swerling 起伏模型[2]、χ^2 分布模型[3]、广义伽马分布模型[4]和对数正态分布模型[5]。其中，Swerling 起伏模型包括 Swerling 0、Swerling Ⅰ、Swerling Ⅱ、Swerling Ⅲ、Swerling Ⅳ五种模型。

Swerling 0 模型用一常数来描述目标 RCS，目标 RCS 分布可表示为

$$p(\sigma)=\delta(\sigma-\sigma_m) \tag{2.1}$$

其中，σ_m 为目标 RCS。

Swerling Ⅰ和 Swerling Ⅱ模型均用指数分布来描述目标 RCS 分布，目标 RCS 可表示为

$$p(\sigma) = \frac{1}{\sigma_m} \exp\left(-\frac{\sigma}{\sigma_m}\right), \quad \sigma \geqslant 0 \qquad (2.2)$$

其中，σ_m 为目标平均 RCS。

Swerling Ⅰ 模型为慢起伏模型，Swerling Ⅱ 为快起伏模型。Swerling Ⅰ 模型认为雷达一次扫描周期内多个脉冲对应的目标 RCS 不变，多次扫描之间目标 RCS 起伏变化，且服从指数分布。Swerling Ⅱ 模型认为雷达一次扫描周期内多个脉冲观测的目标 RCS 起伏变化，多个脉冲对应的目标 RCS 服从指数分布。前向观测的小型喷气式飞机 RCS 可用 Swerling Ⅰ 模型表示。喷气式飞机、大型民用客机 RCS 可用 Swerling Ⅱ 模型表示[6]。

Swerling Ⅰ 和 Swerling Ⅱ 模型示意如图 2.1 所示。其中，雷达一次扫描期间在目标上的脉冲驻留数为 3，一次扫描周期为 10 个脉冲重复周期。

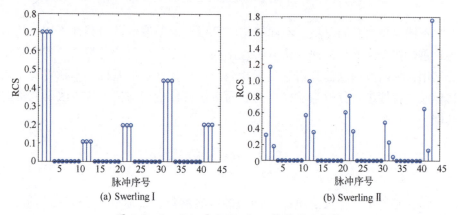

(a) Swerling Ⅰ　　　　　　　　　　(b) Swerling Ⅱ

图 2.1　Swerling Ⅰ 和 Swerling Ⅱ 模型示意图

Swerling Ⅲ 和 Swerling Ⅳ 模型可表示为

$$p(\sigma) = \frac{4\sigma}{\sigma_m^2} \exp\left(-\frac{2\sigma}{\sigma_m}\right), \quad \sigma \geqslant 0 \qquad (2.3)$$

Swerling Ⅲ 为慢起伏模型，Swerling Ⅳ 为快起伏模型。Swerling Ⅲ 模型认为雷达一次扫描周期内多个脉冲对应的目标 RCS 不变，但不同扫描之间的 RCS 起伏变化。Swerling Ⅳ 模型认为雷达一次扫描周期内多个脉冲对应的目标 RCS 起伏变化。螺旋桨飞机、直升机 RCS 可用 Swerling Ⅲ 模型表示。舰船、卫星、侧向观测的导弹、高速飞行体的 RCS 可用 Swerling Ⅳ 模型表示[6]。

Swerling Ⅲ 和 Swerling Ⅳ 模型示意如图 2.2 所示。其中，雷达一次扫描期间在目标上的脉冲驻留数为 3，一次扫描周期为 10 个脉冲重复周期。

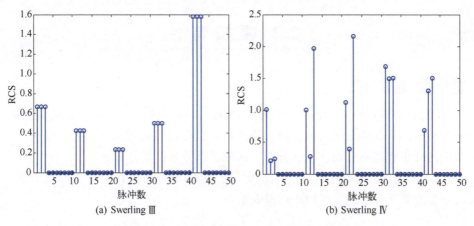

(a) Swerling Ⅲ　　　　　　　　　(b) Swerling Ⅳ

图 2.2　Swerling Ⅲ 和 Swerling Ⅳ 模型示意图

2.2.2　χ^2 分布模型

χ^2 分布模型表示为

$$p(\sigma)=\frac{k}{(k-1)!\sigma_m}\left(\frac{k\sigma}{\sigma_m}\right)^{k-1}\exp\left(-\frac{k\sigma}{\sigma_m}\right),\quad \sigma\geq0 \tag{2.4}$$

其中，k 为双自由度数值，χ^2 取值可以不是正整数。调整 χ^2 分布模型参数可得到不同的分布模型。例如，当 $k=1,2$ 时，χ^2 分布模型分别变为 Swerling Ⅰ 模型和 Swerling Ⅲ 模型。当 $k=\infty$ 时，χ^2 分布模型变为 Swerling 0 模型。值得一提的是，χ^2 分布模型与伽马分布模型表达式一样。

2.2.3　莱斯分布模型

目标 RCS 还可用莱斯分布来表示[6]：

$$p(\sigma)=\frac{1}{\varsigma}\exp\left(-s-\frac{\sigma}{\varsigma}\right)\mathrm{I}_0\left(2\sqrt{\frac{s\sigma}{\varsigma}}\right),\quad \sigma\geq0 \tag{2.5}$$

其中，ς、s 为莱斯分布关键参数，$\mathrm{I}_0(\cdot)$ 表示零阶第一类修正贝塞尔函数。

2.2.4　对数正态分布模型

目标 RCS 起伏也可用对数正态分布来描述[7]：

$$p(\sigma)=\frac{1}{\sqrt{2\pi}\rho\sigma}\exp\left[-\frac{(\ln\sigma-\sigma_m)^2}{2\rho^2}\right] \tag{2.6}$$

其中，σ_m、ρ 为对数正态分布尺度参数和形状参数。

2.3 幅相特性

2.3.1 幅度分布

在获得雷达目标回波实测数据情况下，目标回波幅度分布可根据实测数据分析得到。在缺乏实测数据时，通常假定目标回波幅度服从某种统计分布。常用的分布有高斯分布、瑞利分布、对数正态分布、K 分布等[8-14]。

K 分布模型最早用于描述海杂波[15]，也可用于描述目标回波幅度分布。K 分布的概率密度函数（PDF）可表示为

$$f(A)=\frac{2}{a\Gamma(v+1)}\left(\frac{A}{2a}\right)^{v+1}K_v\left(\frac{A}{a}\right),A\geqslant0,v>-1,a>0 \qquad (2.7)$$

其中，a 为尺度参数，描述目标回波幅度强度；v 为形状参数，描述目标回波幅度起伏剧烈程度。

另外，也可以先假定目标 RCS 服从某种统计分布，然后再采用变量替换方法推导目标幅度分布。具体推导思路如下。

目标 RCS 与目标回波幅度 A 之间的关系满足 $\sigma=kA^2$，其中，k 为一常数，k 的取值不会影响 A 的分布类型。因此，简化起见，令 $k=1$。假定目标 RCS 服从某种分布，记为 $f(\sigma)$，根据变量替换方法[7]，有

$$f(A)=f(\sigma)\left|\frac{\partial\sigma}{\partial A}\right|=2Af(\sigma)\big|_{\sigma=A^2} \qquad (2.8)$$

所以，目标 RCS 分布已知后，即可求得目标回波幅度分布。

2.3.2 相位分布

不同场景下，目标回波相位会呈现不同的分布。在没有先验信息情况下，通常假定目标回波相位服从 $[0,2\pi]$ 均匀分布，其 PDF 可表示为

$$f(\varphi)=\frac{1}{2\pi}, \quad 0\leqslant\varphi\leqslant2\pi \qquad (2.9)$$

另外，也可假定目标回波相位服从截断高斯分布，其 PDF 可表示为

$$f(\varphi)=\frac{1}{\sqrt{2\pi\sigma^2}}\exp\left[-\frac{(\varphi-\varphi_0)^2}{2\sigma^2}\right] \qquad (2.10)$$

其中，φ_0 为相位均值，σ^2 为相位方差。

2.3.3 相位变化率

对于静止目标，理论上，雷达多次观测到的目标回波相位相同。但在实际中，静止目标回波相位也可能会在一定范围内起伏变化。对于动目标，目标的运动会导致目标回波相位周期变化，这种周期变化的频率与目标速度相关。

为了描述雷达多个脉冲回波相位的变化情况，学者们提出了相位平均变化量这一概念[14]。相位平均变化量定义为

$$\varepsilon = \frac{1}{N} \sum_{i=1}^{N-1} |\varphi_{i+1} - \varphi_i| \tag{2.11}$$

其中，N 为观测次数，φ_i 为第 i 次观测的目标回波相位。ε 的取值范围为 $[0, 2\pi]$，该值越小时，表示相位变化越缓慢。

2.4 多普勒谱

目标多普勒谱由雷达多次观测目标回波的离散傅里叶变换得到。它反映了目标回波幅度在频率上的分布情况。描述目标多普勒谱的参数主要有谱分布、多普勒中心频率和谱宽度[15-17]。

对于低速运动目标，目标多普勒谱在零频附近。目标多普勒谱很可能被杂波谱淹没，导致目标多普勒谱不可见。对于高速运动目标，目标多普勒谱远离零频、处于无杂波区，目标多普勒谱清晰可见。

通常情况下，目标多普勒谱建模为高斯分布，表示为

$$S_t(f) = S_0 \exp\left[-\frac{(f-f_{dt})^2}{2\sigma_f^2} \right] \tag{2.12}$$

其中，S_0 描述了目标谱的强度，与目标回波强度有关；f_{dt} 为目标多普勒中心频率；σ_f^2 为多普勒谱方差，描述了多普勒谱宽度。

目标多普勒谱与目标功率谱之间的关系可表示为

$$G_t(f) = \frac{1}{N} |S_t(f)|^2 \tag{2.13}$$

其中，N 为总观测次数。

2.5 极化特性

描述目标极化特性的参量主要有极化散射矩阵、极化相干矩阵、极化比、

极化熵、极化相关系数[18-21]。

2.5.1 极化散射矩阵

极化散射矩阵描述了目标对不同极化方式入射电磁波的散射能力。极化散射矩阵表示为

$$S = \begin{bmatrix} S_{HH} & S_{HV} \\ S_{VH} & S_{VV} \end{bmatrix} \tag{2.14}$$

其中，S_{HH} 表示水平极化电磁波入射产生水平极化散射场的散射系数，S_{HV} 表示水平极化电磁波入射产生垂直极化散射场的散射系数，S_{VH}、S_{VV} 表示的涵义依此类推。理论上 $S_{HV} = S_{VH}$，而实际中 $S_{HV} \neq S_{VH}$，但两者差异不大。

对于飞机、导弹、舰船等复杂形体目标，目标极化散射矩阵的四个元素通常是非零的，且 S_{HH}、S_{VV} 的值大于 S_{HV}、S_{VH} 的值。对于简单形体目标，如球、平板、二面角、三面角等，其极化散射矩阵固定，详见文献 [18]。

2.5.2 极化相干矩阵

目标的极化相干矩阵可表示为[20]

$$T = k_P k_P^H \tag{2.15}$$

其中，

$$k_P = \frac{1}{\sqrt{2}} \begin{bmatrix} S_{HH} + S_{VV} & S_{HH} - S_{VV} & 2S_{HV} \end{bmatrix}^T \tag{2.16}$$

上标 $(\cdot)^H$、$(\cdot)^T$ 分别表示共轭转置和转置。极化相干矩阵主要用于极化分解以解译极化 SAR 图像散射特性。

2.5.3 极化比

目标回波极化比描述了雷达两个不同极化通道接收到的目标信号之间的幅度比值和相位差。根据不同的极化通道之间的比值，目标回波极化比可表示为[21]

$$\begin{cases} r_1 = \dfrac{S_{HV}}{S_{HH}} = \dfrac{A_{HV}}{A_{HH}} e^{j(\phi_{HV} - \phi_{HH})} \\[2mm] r_2 = \dfrac{S_{VH}}{S_{VV}} = \dfrac{A_{VH}}{A_{VV}} e^{j(\phi_{VH} - \phi_{VV})} \\[2mm] r_3 = \dfrac{S_{HH}}{S_{VV}} = \dfrac{A_{HH}}{A_{VV}} e^{j(\phi_{HH} - \phi_{VV})} \end{cases} \tag{2.17}$$

其中，A_{HV}、ϕ_{HV} 分别为水平极化发射、垂直极化接收时的信号幅度和相位，

其他参数的涵义依此类推。由上式可知，极化比为一个复数，包括极化比幅度和极化比相位。上述三种极化比表达式中的分子与分母可交换，交换后仍可视为极化比。

对于常规的军事目标，雷达同极化通道的目标回波强度要比交叉极化通道的强很多，所以，r_1、r_2 通常较小。例如，美国海军 X 波段雷达测得 C-54 飞机在不同方位角下同极化通道的回波比交叉极化通道的回波强 7~12dB[22]。对应的极化比 r_1、r_2 在 0.1 附近。但在海杂波背景下，在某些场景下，交叉极化通道的信杂比要强于同极化通道信杂比。例如，高掠射角下雷达导引头交叉极化通道舰船回波信杂比高于同极化通道信杂比[23]。

目标回波极化比除常规极化比外，还包括差分极化比和线性去极化比。

差分极化比为同极化通道回波功率统计平均的比值，用于表示目标对水平极化和垂直极化电磁波的散射特性差异，可表示为[18]

$$\gamma = \frac{\langle |S_{VV}|^2 \rangle}{\langle |S_{HH}|^2 \rangle} \tag{2.18}$$

其中，$\langle \cdot \rangle$ 表示统计平均。

线性去极化比为单极化发射、双极化方式接收时，交叉极化与同极化通道回波功率统计平均量的比值，可表示为[18]

$$\delta_H = \frac{\langle |S_{HV}|^2 \rangle}{\langle |S_{HH}|^2 \rangle} \tag{2.19}$$

$$\delta_V = \frac{\langle |S_{VH}|^2 \rangle}{\langle |S_{VV}|^2 \rangle} \tag{2.20}$$

其中，δ_H 表示发射电磁波为水平极化方式时的线性去极化比，δ_V 表示发射电磁波为垂直极化方式时的线性去极化比。当线性去极化比越大时，目标变极化效应越强。

2.5.4　极化熵

极化熵描述了雷达目标散射的随机性。极化熵 H 定义为[20]

$$H = -\sum_{i=1}^{3} p_i \log_3 p_i \tag{2.21}$$

$$p_i = \frac{\lambda_i}{\sum_{j=1}^{3} \lambda_j} \tag{2.22}$$

其中，λ_i 为目标的极化相干矩阵的特征值。

极化熵取值在 0 和 1 之间，极化熵取值越大，目标散射随机性越强。

2.5.5 极化相关系数

同极化相关系数可表示为[18]

$$\rho_{\text{co-corr}} = \frac{\langle S_{\text{HH}} S_{\text{VV}}^* \rangle}{\sqrt{\langle |S_{\text{HH}}|^2 \rangle \langle |S_{\text{VV}}|^2 \rangle}} \qquad (2.23)$$

其中，$\langle \cdot \rangle$ 表示统计平均，上标 $(\cdot)^*$ 表示共轭。

交叉极化相关系数定义为

$$\epsilon = \frac{\langle S_{\text{VH}} S_{\text{VV}}^* \rangle}{\sqrt{\langle |S_{\text{VH}}|^2 \rangle \langle |S_{\text{VV}}|^2 \rangle}} \qquad (2.24)$$

通常情况下，交叉极化通道相关性较小。

2.6 极化雷达实测目标回波特性分析

2.6.1 舰船目标

本节结合实测数据分析极化雷达目标回波特性[23]。试验场景如图 2.3 所示，试验雷达为全极化雷达，目标为海面漂浮的舰船。

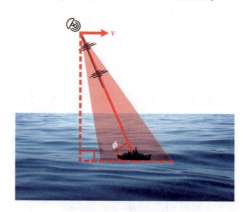

图 2.3　试验场景示意图

实测数据有若干帧，每帧数据存储为一个 32×1024 的矩阵，其中，32 表示脉冲数，1024 表示距离单元采样点数。以雷达某一帧回波数据为例，雷达主波束照射的距离单元范围有 300 个距离单元。舰船位于 60~180 距离单元内，其余距离单元数据为海杂波。下面结合主波束照射的距离单元回波数据，分析雷达目标回波特性。

雷达各极化通道回波幅度如图 2.4 所示。从中可以看到，同极化通道下海杂波幅度大于交叉极化通道，但交叉极化通道信杂比高于同极化通道。经统计，HH、HV、VH、VV 极化通道的信杂比分别为 3.1dB、4.2dB、6dB 和 0.1dB。

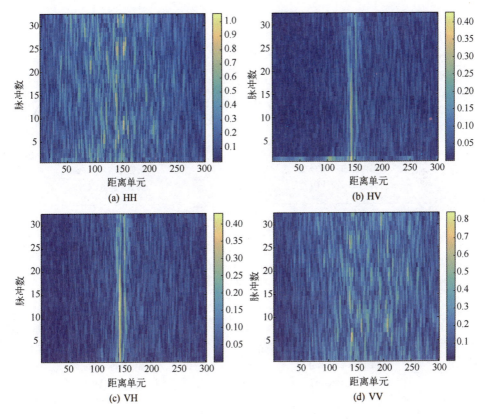

图 2.4　主波束内回波的时间-距离维图像

2.6.1.1　幅度分布

图 2.5 给出了各极化通道下舰船回波 + 海杂波幅度的概率密度函数（PDF）和累积分布函数（CDF）。从整体拟合效果来看，瑞利分布、韦伯分布和 K 分布对 HH/VV 极化通道舰船回波+海杂波幅度分布的拟合效果较好；对数正态分布对 HV/VH 极化通道舰船回波+海杂波幅度分布的拟合效果最好。表 2.1 中 KS（柯尔莫可洛夫-斯米洛夫）检验结果进一步说明了这一点。表 2.1 中 p 表示 p 值，D 表示最大拟合误差。从拖尾部分的拟合效果来看，K 分布和对数正态分布对 HH/HV/VH 极化通道舰船回波+海杂波幅度拖尾部

分的拟合效果较好；K 分布对 VV 极化通道舰船回波+海杂波幅度拖尾部分的拟合效果较好。选取互补累积分布函数（CCDF）为10^{-3}，阈值误差分析结果与上述分析结果一致，如表 2.2 所示。

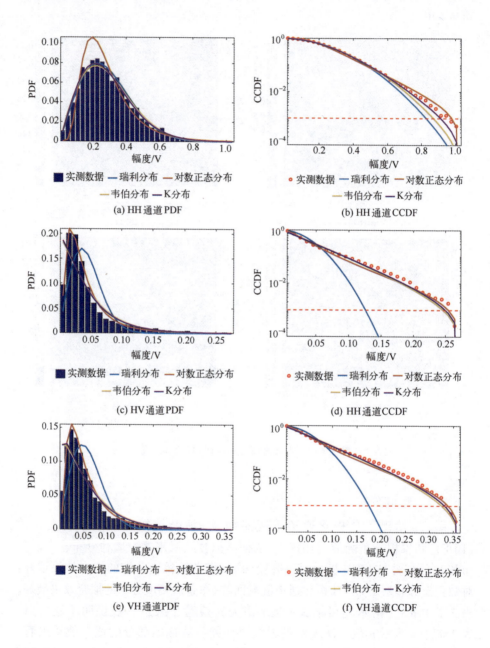

(a) HH 通道 PDF

(b) HH 通道 CCDF

(c) HV 通道 PDF

(d) HH 通道 CCDF

(e) VH 通道 PDF

(f) VH 通道 CCDF

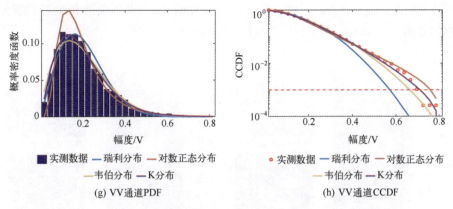

(g) VV通道PDF

(h) VV通道CCDF

图 2.5 各个极化通道下舰船回波+海杂波幅度 PDF 和 CCDF

综合考虑整体和拖尾部分的拟合效果，大掠射角下，HH/VV 极化通道舰船回波+海杂波幅度分布与 K 分布吻合最好，HV/VH 极化通道舰船回波+海杂波幅度分布与对数正态分布吻合最好。

表 2.1 舰船回波+海杂波幅度拟合 KS 检验

分布	HH 通道		HV 通道		VH 通道		VV 通道	
	p	D	p	D	p	D	p	D
瑞利分布	6.6×10^{-5}	0.0364	6×10^{-34}	0.0997	1.3×10^{-37}	0.105	1.1×10^{-6}	0.0431
对数正态分布	3.8×10^{-23}	0.0821	7.3×10^{-33}	0.0981	1.4×10^{-12}	0.06	1×10^{-27}	0.09
韦伯分布	3.6×10^{-9}	0.0509	3×10^{-112}	0.182	4.8×10^{-64}	0.1373	3.4×10^{-19}	0.0746
K 分布	2.4×10^{-9}	0.0514	2×10^{-117}	0.1862	3.8×10^{-67}	0.1407	4.5×10^{-16}	0.0681

表 2.2 舰船回波+海杂波幅度拟合阈值误差（CCDF$=10^{-3}$）

分布	HH 通道	HV 通道	VH 通道	VV 通道
瑞利分布	0.1497	0.1391	0.1593	0.1184
对数正态分布	0	0.0099	0	-0.0592
韦伯分布	0.0898	0.0199	0.01	0.0296
K 分布	0.0599	0.0099	0	-0.0296

2.6.1.2 相位分布

下面结合实测数据分析雷达回波的相位平均变化量。图 2.6 所示为雷达各极化通道回波相位分布图。图 2.6 中左侧为海杂波相位分布，右侧为舰船回波+海杂波相位分布。可见，海杂波和舰船回波+海杂波的相位均近似服从均匀分布。

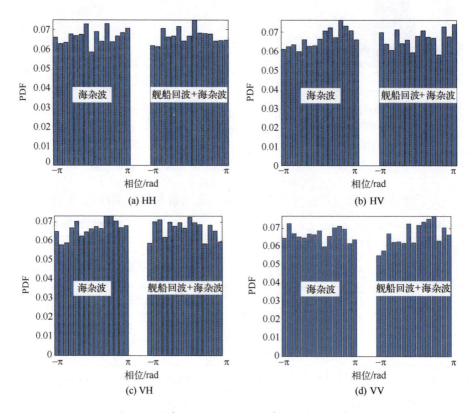

图 2.6 海杂波和舰船回波+海杂波的相位分布图

2.6.1.3 相位平均变化量

为了更好地体现舰船回波和海杂波相位变化的差异性，对相位平均变化量做归一化处理。实测数据的归一化相位平均变化量如图 2.7 所示。在四个极化通道，海杂波对应距离单元的相位平均变化量较大，舰船对应距离单元的相位平均变化量整体较小。

各极化通道海杂波和舰船回波归一化相位平均变化量均值如表 2.3 所示。以 HH 极化通道为例，海杂波的归一化相位平均变化量均值为 0.82，舰船回波+海杂波为 0.43。可见，由于舰船和海面不同的运动特性，雷达回波具有不同的相位特性，海杂波相位变化量较大，舰船的存在会使雷达回波相位变化量减小。

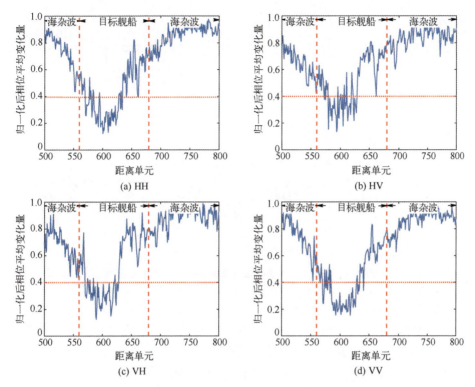

图 2.7　归一化相位平均变化量

表 2.3　归一化相位平均变化量均值

回波类型	极化通道			
	HH 通道	HV 通道	VH 通道	VV 通道
海杂波	0.82	0.78	0.82	0.82
舰船回波+海杂波	0.43	0.51	0.51	0.43

2.6.1.4　极化特性

　　下面结合雷达实测数据，分析舰船回波的差分极化比和线性去极化比分布特性。

　　海杂波和舰船回波+海杂波的差分极化比 γ 分布如图 2.8 所示，海杂波的差分极化比分布范围为 0~2.5，且分布不连续，在 γ = 0.5 处为一凹口，整体呈现双峰分布的特性；舰船回波+海杂波的差分极化比分布范围大致在 0~1.5 之间，且集中在 γ = 0.5 左右。相较于人造目标，海面单元结构复杂，海杂波的差分极化比分布范围更大。可见，对于不同极化方式入射的电磁波，人造舰船目标和海面的散射特性不同。这为后续利用舰船与海杂波极化特性差异提高雷达目标检测性能提供了参考。

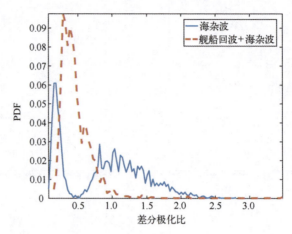

图 2.8　海杂波和舰船回波+海杂波的差分极化比分布

　　海杂波和舰船回波+海杂波的线性去极化比分布如图 2.9 所示。从所处理的实测数据来看，海杂波的线性去极化比并未呈现出有规律的特性。相较于海面，舰船目标的变极化效应更强，舰船回波+海杂波的线性去极化比拖尾更加严重。这是由于交叉极化通道平均信杂比高于同极化通道。

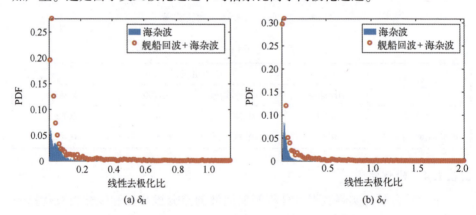

图 2.9　舰船回波+海杂波和海杂波的线性去极化比分布

2.6.2　固定翼无人机

　　本节结合极化雷达暗室测量数据分析无人机回波特性[24]。实验场景和测试设备原理框图如图 2.10 所示。实验中，"开拓者"无人机放置在高度约为5m 的泡沫支架上，支架放置在转台上。转台可进行方位向 360°旋转、俯仰向

±90°旋转。无人机长 2.3m，翼展 2.9m，高 0.66m。无人机重 11kg，无人机由复合材料构成，包括玻璃钢、碳纤维、木材和金属。测试雷达系统包括天线、合成扫频信号源、高频接收机、中频接收与处理器、主控计算机以及转台控制器。

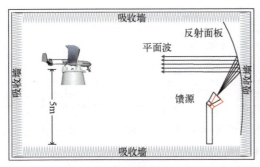

(a) 暗室实验场景

(b) "开拓者"固定翼无人机

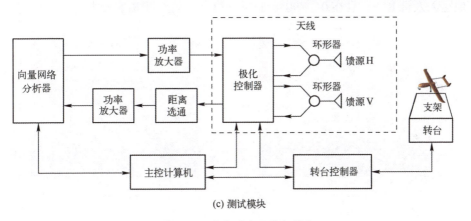

(c) 测试模块

图 2.10　暗室测试环境与模块

　　测试雷达采用收发分置天线，发射接收各用一个馈源，发射接收共用同一个抛物面。紧缩场的两个馈源分别置为水平极化和垂直极化，并分别用一个环形器实现同极化接收，天线末端带有极化控制器，极化控制器用以控制天线发射和接收信号的极化方式。测试雷达系统采用单发双收分时极化方式工作，通过高速射频转换开关切换系统的发射极化方式，两路独立的接收通道分别接收 H 极化和 V 极化的目标回波信号。

　　矢量网络分析仪采用扫频连续波模式工作，用于记录每一个频率点的无人机回波信号的幅度和相位。测量频率范围为 8～15.5GHz，每隔 20MHz 取一个测试频点。在测试过程中，无人机俯仰角为 0°，方位角为 -180°～180°，每隔0.2°测试一次，测试雷达系统参数如表2.4所示。实验中，发射、接收信号实际隔离度在70~90dB。

表2.4　测试系统参数表

参数	取值	参数	取值
测量波形	连续波	频率范围	8~15.5GHz
发射功率	1W	交叉极化隔离度	优于25dB
发射极化方式	H 或 V	接收极化方式	H&V
极化切换时间	10ms	接收灵敏度	−100dBm

利用暗室测量的"开拓者"固定翼无人机数据，对无人机RCS进行分析，结果如图2.11所示。从图2.11中可以看出，无人机RCS随方位和雷达频率变化而随机变化。HH、VV极化通道无人机RCS明显大于HV、VH极化通道无人机RCS，且在0、±90°、180°方位上，无人机RCS较大。

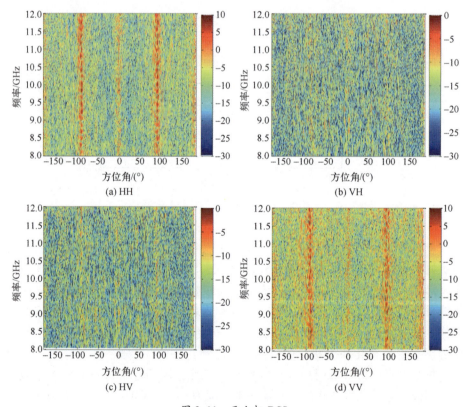

(a) HH

(b) VH

(c) HV

(d) VV

图2.11　无人机RCS

2.6.2.1　RCS 特性分析

固定雷达工作频率，对无人机全方位 RCS 进行统计平均，得无人机 RCS 均值为

$$\overline{\sigma}(f_j) = \frac{1}{1800}\sum_{i=1}^{1800}\sigma(f_j,\theta_i) \tag{2.25}$$

其中，$\sigma(f_j,\theta_i)$ 表示在频率为 f_j、方位角为 θ_i 时无人机的 RCS 值。

同样，无人机全方位 RCS 方差为

$$\Theta(f_j) = \frac{1}{1800}\sum_{i=1}^{1800}\left[\sigma(f_j,\theta_i) - \overline{\sigma}(f_j)\right]^2 \tag{2.26}$$

根据式（2.25）和式（2.26），利用暗室测量数据，得到不同极化状态下无人机 RCS 均值和方差如图 2.12 所示。图 2.12 表明，X 波段 VV 极化方式下，无人机 RCS 均值在 $-5 \sim -3.7$dBsm 之间起伏；HH 极化方式下，无人机 RCS 均值在 $-7.5 \sim -4.9$dBsm 之间起伏；HV 极化方式下，无人机 RCS 均值在 $-15.5 \sim -13.5$dBsm 之间起伏；HV 和 VH 极化方式下，无人机 RCS 基本相同，这证明了 RCS 测量之前极化通道校准的有效性。由此可见，共极化方式下，无人机 RCS 较交叉极化方式下无人机 RCS 高 $8 \sim 10$dBsm，无人机 RCS 均值随着频率的增加呈现出周期振荡现象，振荡周期约为 200MHz，RCS 波峰与波谷间差值约为 2dBsm。而交叉极化方式下，无人机 RCS 均值不随频率的变化而周期振荡。在四种极化方式下，总体上，无人机 RCS 均值随着频率的增加而增加，但增加趋势不明显。在同极化方式下，无人机 RCS 方差也呈现出周期振荡现象。在 $8 \sim 9$GHz 之间，VV 极化方式下无人机 RCS 方差最大；在 $9 \sim 12$GHz，HH 极化方式下无人机 RCS 方差最大。HV 和 VH 极化方式下无人机 RCS 方差非常小。

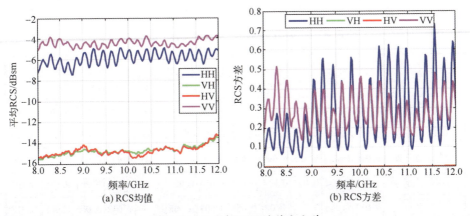

图 2.12　无人机 RCS 均值和方差

　　下面用 Swerling Ⅰ、Swerling Ⅲ、对数正态分布、韦伯分布、伽马分布来对无人机 RCS 分布进行拟合。拟合之前，需对这些分布的关键参数进行估计。选取 10GHz 下无人机全方位 RCS 数据，采用矩估计方法对各种分布关键参数进行估计[25]，得到各分布对应的关键参数，然后利用各种分布对实测 RCS 数据进行拟合。拟合效果如图 2.13 所示，其中，LN、Exp、Gam、Wbl、Sw3 分别表示对数正态分布、指数分布、伽马分布、韦伯分布、Swerling Ⅲ 分布。由图 2.13 可知，不同极化方式下均存在较大 RCS 的情况，其中，在 HH、VV 极化方式下分别有 13、15 个 RCS 值大于 4m^2，在 VH、VH 极化方式下分别有 7、5 个 RCS 值大于 0.2m^2。对数据进一步分析发现：在 HH 极化方式下，较大 RCS 值主要出现在 $\pm90°$ 方位角附近；在 VV 极化方式下，较大 RCS 值主要出现在 $0°$、$\pm90°$ 方位角附近。由此可推测，同极化方式下，较大 RCS 值主要由无人机尾翼反射导致。相对于全方位的 1800 个观测值而言，较大 RCS 值的个数占比小于 0.01，这样，忽略这些大的 RCS 值，不会对雷达检测概率估计带来较大误差，为此，在对无人机全方位 RCS 进行拟合效果评估时，我们将忽略这些较大的 RCS 值。图 2.13 表明，同极化方式下，对数正态分布与实测 RCS 分布拟合效果最好；交叉极化方式下，指数分布、伽马分布、韦伯分布与实测 RCS 分布拟合效果都较好，这是因为估计得到的伽马分布关键参数 $\hat{k}$ 和韦伯分布关键参数 $\hat{c}$ 近似等于 1，此时，两种分布都转化为指数分布。

　　利用均方根误差来评估各种分布的拟合效果，均方根误差表示为

$$\Delta p = \sqrt{\frac{1}{N}\sum_{i=1}^{N}\left[F(x_i)-F_d(x_i)\right]^2} \tag{2.27}$$

其中，N 为总的数据量，$F(x_i)$ 为各种拟合分布的累积分布函数，$F_d(x_i)$ 为实测数据的累积分布函数。在不同频点、各种极化式下各分布的拟合误差如表 2.5 所示。

表 2.5　多种场景下各分布的拟合误差

分布	8GHz				10GHz				12GHz			
	HH	VH	HV	VV	HH	VH	HV	VV	HH	VH	HV	VV
指数分布	0.018	0.006	0.007	0.015	0.025	**0.004**	**0.005**	0.023	0.021	**0.004**	**0.004**	0.017
Swerling Ⅲ/Ⅳ	0.047	0.045	0.044	0.038	0.032	0.035	0.036	0.039	0.027	0.038	0.037	0.040
对数正态分布	**0.008**	0.026	0.025	**0.009**	**0.006**	0.025	0.024	**0.01**	**0.002**	0.023	0.022	**0.009**
韦伯分布	0.012	**0.004**	**0.004**	0.014	0.031	**0.004**	**0.005**	0.021	0.024	**0.004**	**0.004**	0.01
伽马分布	0.014	0.005	0.005	0.02	0.058	**0.004**	**0.005**	0.037	0.042	0.005	0.005	0.018

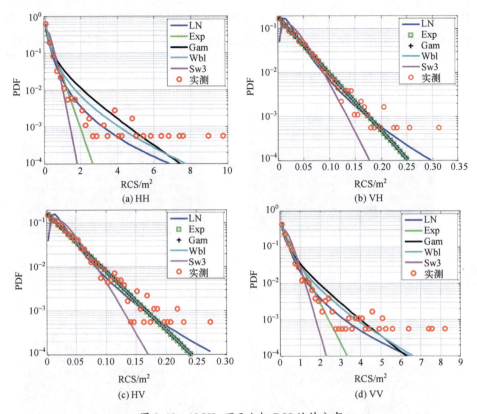

图 2.13　10GHz 下无人机 RCS 统计分布

　　由表 2.5 可以看出，在同极化方式下，对数正态分布拟合误差最小。在交叉极化方式下，韦伯分布拟合误差最小。

2.6.2.2　相位分布

　　10GHz 下，各种极化方式下无人机回波相位分布如图 2.14 所示。从图中可以看出，各种极化方式下无人机回波相位都近似服从均匀分布。

2.6.2.3　极化比幅度分布

　　对式（2.17）中的极化比幅度取对数，可得

$$r'_1 = \log A_{HV} - \log A_{HH}$$
$$r'_2 = \log A_{VH} - \log A_{VV} \tag{2.28}$$
$$r'_3 = \log A_{HH} - \log A_{VV}$$

　　由于同极化方式下无人机 RCS 较交叉极化方式下无人机 RCS 强 8~10dB，因此，A_{HH} 或 A_{VV} 较 A_{HV} 或 A_{VH} 强 4~5dB，这样，r'_1 和 r'_2 的分布主要由 A_{HH} 和 A_{VV} 的分布决定。由前面的分析可知，A_{HH}、A_{VV} 近似服从对数高斯分布，由此可

推测，r_1'、r_2' 和 r_3' 近似服从高斯分布。对 10GHz 下测量数据进行分析，得到 r_1'、r_2' 和 r_3' 分布情况如图 2.15 所示。图 2.15 表明 r_1'、r_2' 和 r_3' 的分布与高斯分布吻合较好。

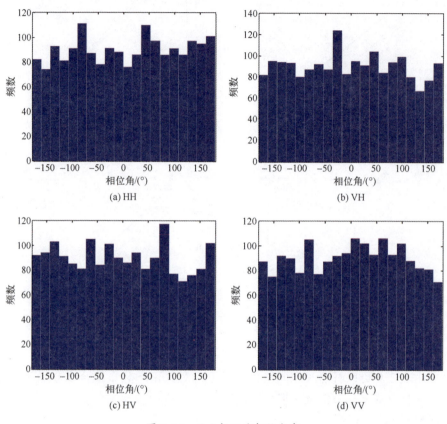

图 2.14　无人机回波相位分布

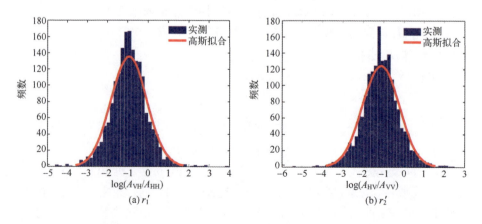

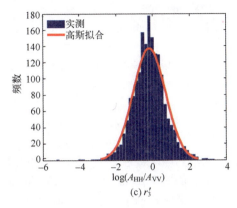

图 2.15　r_1'、r_2' 和 r_3' 分布直方图

2.7　本章小结

　　本章主要介绍了雷达目标特性相关的模型，并结合舰船和无人机回波实测数据，分别分析了舰船和无人机回波特性。在雷达目标特性建模方面，归纳总结了目标 RCS 模型、回波幅度、回波相位、回波多普勒谱等模型，并重点总结了当前常用的目标极化特性模型，主要包括极化散射矩阵、极化相干矩阵、极化比、极化熵和极化相关系数。然后，结合实测数据，分析了舰船和无人机回波特性。舰船回波实测数据分析结果表明，K 分布拟合同极化通道舰船回波幅度分布效果较好；对数正态分布拟合交叉极化通道舰船回波幅度分布效果较好；舰船回波相位服从均匀分布；舰船回波相位平均变化量小于海杂波，且舰船回波去极化比、差分极化比与海杂波有较明显的差别，但目前尚缺乏对这些极化特性建模的工作。固定翼无人机实测数据分析结果表明，X 波段下，无人机 RCS 在同极化通道和交叉极化通道分布不一样。同极化通道近似服从对数正态分布，交叉极化通道近似服从韦伯分布。无人机回波相位服从均匀分布。无人机回波极化比可用对数正态分布描述。

参 考 文 献

[1] 许小剑, 王小谟, 左群声. 雷达目标散射特性测量与处理新技术 [M]. 北京：国防工业出版社, 2017.

［2］Swerling P. Probability of detection for fluctuating targets ［J］. IRE Transactions on Information Theory, 1960, 6 (2): 269-308.

［3］Shnidman D A. Generalized radar clutter model ［J］. IEEE Transactions on Aerospace and Electronic Systems, 1999, 35 (3): 857-865.

［4］Shnidman D A. Expanded Swerling target models ［J］. IEEE Transactions on Aerospace and Electronic Systems, 2003, 39 (3): 1059-1069.

［5］马前阔, 张小宽, 宗彬锋, 等. 基于改进混合对数正态分布模型的隐身飞机动态 RCS 统计特性分析 ［J］. 系统工程与电子技术, 2022, 44 (1): 34-39.

［6］黄培康, 殷红成, 许小剑. 雷达目标特性 ［M］. 北京: 电子工业出版社, 2005.

［7］罗鹏飞, 张文明. 随机信号分析与处理 ［M］. 北京: 清华大学出版社, 2021.

［8］De Maio A, Farina A, Foglia G. Target fluctuation models and their application to radar performance prediction ［J］. IEE Proceedings: Radar, Sonar and Navigation, 2004, 151 (5): 261-269.

［9］Ward K, Tough R, Watts S. Sea clutter: Scattering, the K distribution and radar performance ［M］. 2nd ed. London: The Institution of Engineering and Technology, 2013.

［10］李清亮, 尹志盈, 朱秀芹, 等. 雷达地海杂波测量与建模 ［M］. 北京: 国防工业出版社, 2017.

［11］李重威, 杨勇, 李永祯, 等. 基于实测数据的分时全极化雷达海杂波分布研究 ［J］. 电波科学学报, 2017, 32 (3): 253-260.

［12］Richards M. Fundamentals of radar signal processing ［M］. New York: McGraw-Hill Education, 2014.

［13］Trunk G V. Radar properties of non-Rayleigh sea clutter ［J］. IEEE Transactions on Aerospace and Electronic Systems, 1972, 8 (2): 196-204.

［14］连静, 杨勇, 谢晓霞, 等. 大掠射角对海雷达导引头实测回波特性分析 ［J］. 系统工程与电子技术, 2024, 46 (5): 1535-1543.

［15］Jakeman E, Pusey P N. A model for non-Rayleigh sea echo ［J］. IEEE Transactions on Antennas and Propagation, 1976, 24 (6): 806-814.

［16］沈永欢, 梁在中, 许履瑚, 等. 数学手册 ［M］. 北京: 科学出版社, 1999.

［17］李东宸. 海杂波中小目标的特征检测方法 ［D］. 西安: 西安电子科技大学, 2016.

［18］肖顺平. 雷达极化技术 ［M］. 北京: 清华大学出版社, 2022.

［19］王雪松, 杨勇. 海杂波与目标极化特性研究进展 ［J］. 电波科学学报, 2019, 34 (6): 665-675.

［20］Cloude S R, Pottier E. An entropy based classification scheme for land applications of polarimetric SAR ［J］. IEEE Transactions on Geoscience and Remote Sensing, 1997, 35 (1): 68-78.

［21］Yang Y, Xiao S, Wang X, et al. Statistical distribution of polarization ratio for radar sea clutter ［J］. Radio Science, 2017, 52, 8: 981-987.

［22］Skolnik M I. Radar handbook ［M］. 3rd ed. New York: McGraw-Hill Education, 2008.

［23］连静. 大掠射角下对海雷达导引头目标检测方法研究［D］. 长沙：国防科技大学, 2022.

［24］Yang Y, Bai Y, Wu J N, et al. Experimental analysis of fully polarimetric radar returns of a fixed-wing UAV［J］. IET Radar, Sonar and Navigation, 2020, 14（4）: 525-531.

［25］Kay S. Fundamentals of statistical signal processing, volume I: Estimation theory［M］. New Jersey: Prentice Hall, 1993.

第3章

雷达低空环境特性分析与建模

3.1 引 言

　　雷达检测海面低空目标时，会面临杂波和多径干扰。此外，还可能面临舰船释放的箔条干扰。杂波和多径散射会影响雷达目标检测性能，箔条干扰会影响雷达目标测角和目标识别。分析杂波、多径散射和箔条干扰的特性，建立相应的特性模型，是分析杂波、多径散射以及箔条干扰条件下雷达目标检测性能或测角性能的前提，可为雷达目标检测方法研究、抗箔条干扰方法研究提供重要支撑。为此，本章将分别对雷达海杂波、多径散射、箔条干扰特性进行分析与建模。

3.2 海杂波特性分析与建模

　　海杂波是影响对海雷达低空弱目标检测性能的主要自然环境因素。海杂波的强度与雷达的工作频率、掠射角、极化方式、海况、风速等息息相关。由于试验分析存在成本高、重复性差、样本数少等不利因素，实际中通常借助建模仿真手段来分析雷达低空目标检测性能。这样，就需要对海杂波进行建模仿真。掌握海杂波特性是对其进行逼真建模仿真的基础，而采用一种效率高、效果好的建模仿真方法是仿真分析雷达低空目标检测性能的关键。

　　杂波特性包括杂波幅度分布、杂波时间相关性、杂波空间相关性、杂波多普勒谱、杂波极化特性等。研究分析杂波特性有两种思路：①基于杂波产生物理机理，采用电磁散射计算方法获得杂波信号，进而分析杂波特性；②基于实测数据，从统计学的角度研究杂波特性。本书采用第二种研究思路。杂波建模仿真则是结合杂波特性，产生服从特定分布、特定相关性的随机序列。

本章首先给出了常用的杂波幅度分布、时间相关性、空间相关性、杂波多普勒谱、杂波极化特性等模型，然后提出了一种雷达空时相关相参 K 分布杂波建模方法。

3.2.1 幅度分布

正交解调后，雷达杂波为复信号，可表示为

$$X(t) = x_i(t) + \mathrm{j}x_q(t) = A(t)\exp[\mathrm{j}\theta(t)] \tag{3.1}$$

其中，$x_i(t)$ 和 $x_q(t)$ 分别为杂波的同相分量和正交分量，$A(t)$ 为杂波幅度，$\theta(t)$ 为杂波相位。常用的杂波幅度概率密度函数有瑞利分布、对数正态分布、韦伯分布、K 分布、KK 分布、KA 分布、Pareto 分布等。下面给出了这些分布的表达式与一、二阶矩。

3.2.1.1 瑞利分布

对于低分辨率的雷达，雷达杂波被认为是由大量近似相等的独立单元散射体的回波相互叠加得到的。根据中心极限定理，杂波实部或虚部服从高斯分布，杂波幅度服从瑞利分布，杂波幅度概率密度函数可表示为

$$f(x \mid b) = \frac{x}{b^2}\exp\left(-\frac{x^2}{2b^2}\right), \quad x \geq 0 \tag{3.2}$$

其中，b 为瑞利分布关键参数，它与杂波功率有关。

杂波幅度的均值和方差分别为

$$\mathrm{E}(x) = b\sqrt{\frac{\pi}{2}} \tag{3.3}$$

$$\mathrm{var}(x) = \frac{(4-\pi)b^2}{2} \tag{3.4}$$

其中，$\mathrm{E}(\cdot)$ 表示数学期望，$\mathrm{var}(\cdot)$ 表示方差。

若雷达采用线性检波器，则检波后输出的杂波幅度仍服从瑞利分布；若雷达采用平方律检波器，那么检波后输出的杂波功率将服从指数分布。

3.2.1.2 对数正态分布

对于高分辨雷达，杂波幅度偏离瑞利分布，杂波拖尾比较严重。此时，对数正态分布、韦伯分布、K 分布等非高斯分布被用于描述杂波幅度分布。其中，对数正态分布是较早提出的一类非高斯分布模型，它具有两个调制参数。对数正态分布的概率密度函数为

$$f(x \mid \mu,\sigma) = \frac{1}{\sqrt{2\pi}\,\sigma x}\exp\left[-\frac{(\ln x - \mu)^2}{2\sigma^2}\right], \quad x \geq 0 \tag{3.5}$$

其中，μ 为尺度参数，其为 $\ln x$ 的均值，与杂波功率有关；σ 是形状参数，其

为 $\ln x$ 的标准偏差，与杂波起伏剧烈程度有关。对数正态分布的均值和方差分别为

$$\mathrm{E}(x) = \exp\left(\mu + \frac{\sigma^2}{2}\right) \qquad (3.6)$$

$$\mathrm{var}(x) = \exp(2\mu + 2\sigma^2) - \exp(2\mu + \sigma^2) \qquad (3.7)$$

对数正态分布由两个参数确定，因此，与瑞利分布相比，对数正态分布可以更加灵活地通过调整两个参数来拟合实测杂波幅度分布，但有时也会出现拖尾过拟合的现象。

3.2.1.3 韦伯分布

韦伯分布也具有两个关键参数，它可以拟合处于瑞利和对数正态分布之间的杂波数据，被用于描述海杂波幅度分布[1]。韦伯分布概率密度函数可表示为

$$f(x) = \frac{p}{q}\left(\frac{x}{q}\right)^{p-1} \exp\left[-\left(\frac{x}{q}\right)^p\right], \quad x \geq 0 \qquad (3.8)$$

其中，$q>0$ 为尺度参数，$p>0$ 为形状参数，$p=1$、2 时，韦伯分布分别退化为指数分布和瑞利分布。

韦伯分布的均值和方差分别为

$$\mathrm{E}(x) = q\Gamma(1 + p^{-1}) \qquad (3.9)$$

$$\mathrm{var}(x) = q^2\left[\Gamma\left(1 + \frac{2}{p}\right) - \Gamma\left(1 + \frac{1}{p}\right)\right] \qquad (3.10)$$

3.2.1.4 K 分布

大量研究表明，K 分布能够较好地拟合高分辨雷达低仰角观测下的海杂波数据，且 K 分布能够从散射机理上解释杂波的产生机理，因而被广泛采用[2-4]。K 分布杂波可以理解为一个快速变化的瑞利分布分量被一个慢速变化的伽马分量调制。这两个分量具有不同的物理含义，快速分量的发生是由于"被照射的小块的多重杂波特性"，而慢速分量被认为"与大海的浪涛结构有关"[5]。

K 分布的概率密度函数为

$$f(x) = \frac{2}{a\Gamma(v+1)}\left(\frac{x}{2a}\right)^{v+1} \mathrm{K}_v\left(\frac{x}{a}\right), \quad \begin{matrix} x \geq 0 \\ v > -1 \\ a > 0 \end{matrix} \qquad (3.11)$$

其中，$\mathrm{K}_v(\cdot)$ 为 v 阶第二类修正贝塞尔函数，a、v 分别为杂波尺度参数和形状参数，a 由杂波强度决定，v 与杂波的起伏程度有关。通常情况下，v 的取值范围为 $[0.1, \infty)$，v 越小，杂波起伏越剧烈；$v = \infty$ 时，K 分布即为瑞利

分布。

K 分布对应的均值和方差分别为

$$E(x) = \frac{2a\Gamma\left(v+\frac{3}{2}\right)\Gamma\left(\frac{3}{2}\right)}{\Gamma(v+1)} \tag{3.12}$$

$$\mathrm{var}(x) = 4a^2\left[v+1-\frac{\Gamma^2(v+3/2)\,\Gamma^2(3/2)}{\Gamma^2(v+1)}\right] \tag{3.13}$$

对加拿大 McMaster 大学的 IPIX 雷达实测杂波数据进行分析[6]，得到杂波幅度分布拟合效果如图 3.1 所示。其中，使用的杂波数据文件名为 19931107_135603_starea.cdf，雷达极化方式为 VV 极化。在拟合过程中，瑞利分布、对数正态分布、韦伯分布以及 K 分布关键参数估计方法详见文献 [7]。从图 3.1 中可以看出，K 分布与实测杂波数据幅度分布拟合效果最好。

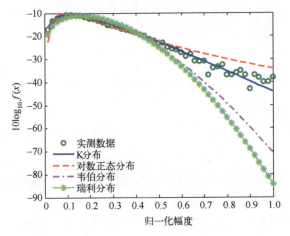

图 3.1　IPIX 雷达杂波数据幅度分布拟合效果图

3.2.1.5　KK 分布

KK 分布是 2007 年由澳大利亚国防科技集团提出，用于描述存在海尖峰时的海杂波幅度分布。KK 分布是两种具有不同参数的 K 分布的加权和，其概率密度函数可表示为

$$f(x) = (1-k)f_1(x,v_1,a_1) + kf_2(x,v_2,a_2) \tag{3.14}$$

其中，$f_1(\cdot)$、$f_2(\cdot)$ 是具有不同关键参数的 K 分布。当 $k=0$、1 时，KK 分布退化为 K 分布。

KK 分布对应的均值和方差分别为

$$E(x) = (1-k) \cdot m_1(1) + k \cdot m_2(1) \tag{3.15}$$

$$\mathrm{var}(x) = (1-k)m_1(2) + km_2(2) - [(1-k)m_1(1) + km_2(1)]^2 \tag{3.16}$$

其中，$m_1(1)$、$m_2(1)$ 分别是 x 服从 $f_1(\cdot)$、$f_2(\cdot)$ 分布时对应的一阶矩，$m_1(2)$、$m_2(2)$ 分别是 x 服从 $f_1(\cdot)$、$f_2(\cdot)$ 分布时对应的二阶矩。

3.2.1.6　KA 分布

KA 分布的 PDF 为

$$f(x) = \int_0^\infty f(x \mid t) f(t) \, \mathrm{d}t \tag{3.17}$$

$$f(x \mid t) = \sum_{n=0}^\infty \frac{2x}{t + \sigma_n + \sigma_{\mathrm{sp}}} \exp\left(-\frac{x^2}{t + \sigma_n + \sigma_{\mathrm{sp}}}\right) f_p(n) \tag{3.18}$$

其中，t 为 Bragg/whitecap 散射分量的平均强度，服从伽马分布，即

$$f(t) = \frac{1}{\Gamma(v)} t^{v-1} \left(\frac{v}{\sigma_{\mathrm{bw}}}\right)^v \exp\left(-\frac{vt}{\sigma_{\mathrm{bw}}}\right) \tag{3.19}$$

$f_p(n)$ 为泊松分布，有

$$f_p(n) = \frac{\overline{N}^n}{n!} \exp(\overline{N}) \tag{3.20}$$

其中，$\overline{N}$ 为单个距离单元内的海尖峰平均数量。

3.2.1.7　Pareto 分布

复合高斯模型将杂波 c 建模为 2 个独立分布的随机过程的乘积：

$$c = \sqrt{\tau}\, u \tag{3.21}$$

其中，u 为一个零均值单位方差的复高斯随机变量，称为散斑分量；τ 为一个非负的随机过程，称为纹理分量。

将该分量的纹理部分建模为逆伽马分布，其概率密度函数定义为

$$f_\tau(\tau; \alpha, \beta) = \frac{1}{\beta^\alpha \Gamma(\alpha)} \tau^{-(\alpha+1)} \mathrm{e}^{-1/\beta\tau} \tag{3.22}$$

可以推导出杂波的幅度概率密度函数为

$$p_A(x) = \frac{2x\alpha\beta}{(1 + \beta x^2)^{\alpha+1}} \tag{3.23}$$

对应的强度即为广义 Pareto 分布，其 PDF 为

$$p_I(x) = \frac{\alpha\beta}{(1 + \beta x)^{\alpha+1}} \tag{3.24}$$

其中，α 为形状参数，β 为尺度参数。

3.2.1.8　混合分布

混合分布是多种分布的加权和，其概率密度函数可表示为

$$f(x, a_1, \cdots, a_N, b_1, \cdots, b_N) = \sum_{i=1}^{N} f_i(x, a_i, b_i) \tag{3.25}$$

其中，N 表示总的分布数，N 个分布形式任意，$f_i(x, a_i, b_i)$ 表示关键参数为 a_i、b_i 的分布 $f_i(\cdot)$，根据具体的分布形式，关键参数可相应增减。

混合分布的实现形式和 KK 分布类似，它是 KK 分布的扩展。在对实测数据进行拟合时，混合分布自由度更大，拟合效果更好。但与此同时，其涉及的关键参数更多，因此，在拟合时，需要估计的参数越多，实现起来越复杂。

3.2.2　相关性

3.2.2.1　时间相关性

海杂波的时间相关性是指同一距离分辨单元内，多个脉冲回波之间的相关性。雷达接收到第 n 个距离单元第 m 个脉冲的杂波复信号为 c_{nm}，则归一化后的杂波时间相关函数可表示为

$$R_t(k) = \frac{\sum_{m=0}^{M-1} c_{nm} c_{n(m+k)}^*}{\sum_{m=0}^{M-1} c_{nm} c_{nm}^*} \tag{3.26}$$

其中，M 表示计算相关时间取的总脉冲数，上标 $(\cdot)^*$ 表示取共轭。

海杂波时间自相关函数与杂波功率谱是傅里叶变换对的关系，因此，在已知海杂波功率谱模型的基础上，可通过对海杂波功率谱进行逆傅里叶变换来获得海杂波时间自相关函数。

海杂波的相关时间可用杂波功率谱 3dB 带宽对应的相关函数时延来定义。杂波相关时间与杂波功率谱 3dB 带宽 f_{3dB} 成反比关系，加拿大国防研究部渥太华中心根据 X、S 波段的实测数据总结出了估计杂波相关时间的经验公式[8]：

$$\tau = \frac{1}{2 f_{3dB}} \tag{3.27}$$

并指出在 X、S 波段，海杂波的相关时间为 10~30ms。

利用加拿大 McMaster 大学 IPIX 雷达观测得到的海杂波，分析得到的不同极化方式下的杂波相关性如图 3.2 所示。在分析过程中，任意选取某一距离单元数据，将该距离单元回波数据分成 512 段，每段包含 256 个采样点，利用式（3.26）对 7 个距离单元相关系数进行求取，然后进行平均，从而得到最终的杂波平均相关系数。

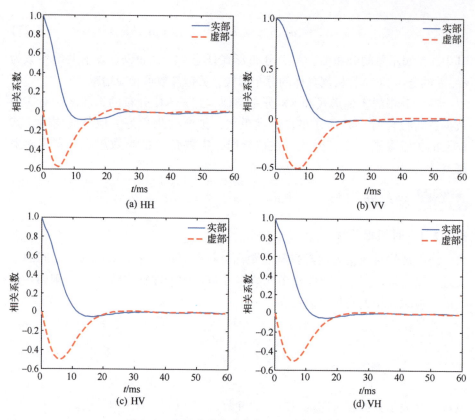

图 3.2　IPIX 雷达杂波各极化通道相关系数

可以看出，各极化通道杂波相关性类似，杂波去相关时间为 10~15ms。

3.2.2.2　空间相关性

杂波的空间相关性主要指两个距离分辨单元杂波之间的相关性。与杂波时间相关函数类似，归一化的空间相关函数可表示为

$$R_s(k) = \frac{\sum\limits_{n=0}^{N-1} c_{nm} c_{(n+k)m}^*}{\sum\limits_{n=0}^{N-1} c_{nm} c_{nm}^*} \tag{3.28}$$

其中，N 为计算相关距离取的总距离分辨单元数。

杂波空间自相关函数可表示为[9]

$$\gamma(d) = \exp\left(-\frac{d\Delta R}{d_r}\right) \tag{3.29}$$

其中，ΔR 为雷达距离分辨率。将杂波空间自相关函数变换到时域，则有

$$\gamma(t) = \exp\left(-\frac{\Delta R}{t_r}|t|\right) \tag{3.30}$$

英国 Racal 雷达防卫系统公司结合实测杂波数据，分析总结出了杂波空间相关距离经验表达式[9]：

$$d_r = \frac{\pi}{2} \cdot \frac{v_w^2}{g}(3\cos^2\theta_w + 1)^{1/2} \tag{3.31}$$

其中，v_w 为风速，g 为重力加速度，θ_w 为风速与雷达视线方向的夹角。由式（3.31）可得对应的空间维杂波的相关时间为

$$t_r = \frac{2d_r}{c} \tag{3.32}$$

以加拿大 McMaster 大学 IPIX 雷达观测到的海杂波数据为例，图 3.3 给出了杂波时间维和空间维的相关系数，其中，ΔN 表示距离单元间隔。可见，同一距离单元多次观测杂波数据之间、同一时间不同距离单元观测杂波以及不同时刻不同距离单元间均具有一定的相关性。

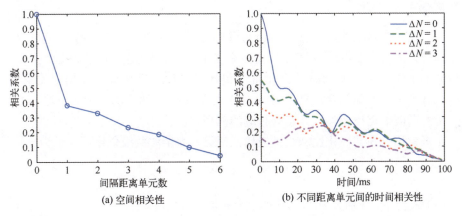

(a) 空间相关性　　　　　　　　(b) 不同距离单元间的时间相关性

图 3.3　实测杂波数据相关系数

3.2.3 功率谱

杂波功率谱主要有高斯型、全极型和指数型三种。其中，高斯型应用最为广泛。

高斯型杂波功率谱可表示为

$$G(f) = \frac{G_0}{\sqrt{2\pi\sigma_c^2}}\exp\left[-\frac{(f-f_d)^2}{2\sigma_c^2}\right] \tag{3.33}$$

其中，G_0 为杂波平均功率；$f_d = 2V/\lambda$ 为杂波谱中心频率，V 为雷达与杂波区中

心之间的径向速度，λ 为波长；$\sigma_c = 2\sigma_v/\lambda$ 为杂波功率谱的标准离差，其决定了杂波谱宽，σ_v 为杂波的标准离差。

全极型杂波功率谱可表示为

$$G(f) = \frac{G_0}{1 + |f-f_d|^n/f_c} \tag{3.34}$$

其中，G_0 与杂波平均功率有关，f_d 为杂波谱中心频率，f_c 与杂波谱宽度有关，n 通常取 2 或者 3。

指数型杂波功率谱可表示为

$$G(f) = G_0 \exp\left(-\frac{|f-f_d|}{f_c}\right) \tag{3.35}$$

其中，G_0 与杂波平均功率有关，f_d 为杂波谱中心频率，f_c 与杂波谱宽度有关。

对于海杂波，常用的功率谱模型还包括 Lee 模型[10]、Walker 模型[11-12]、Ward 模型[13] 和混合高斯模型[13]。

3.2.4 极化比

目前，在海杂波极化特性分析与建模方面，国内外主要工作集中在分析不同极化通道海杂波的幅度分布和功率谱上，真正研究分析海杂波极化参量特性的工作较少。海杂波的极化特性包括极化比、极化熵、极化相关系数、极化散度等。下面结合加拿大 McMaster 大学 IPIX 雷达实测海杂波数据，主要分析海杂波极化比特性，并建立相应的模型。

极化比分为共极化比和交叉极化比两类。海杂波共极化比可表示为

$$\rho_1 = \frac{c_{HH}}{c_{VV}} \tag{3.36}$$

其中，c_{HH}、c_{VV} 分别为 HH、VV 通道海杂波。

海杂波交叉极化比可表示为

$$\rho_2 = \frac{c_{HV}}{c_{HH}}$$
$$\rho_3 = \frac{c_{VH}}{c_{VV}} \tag{3.37}$$

其中，c_{HV}、c_{VH} 分别为 HV、VH 通道海杂波，HV 表示水平极化发射、垂直极化接收。

海杂波极化比是一个复数，分析海杂波极化比统计特性可从海杂波极化比幅度和极化比相位两个方面来分析。由式（3.36）和式（3.37）可见，为了分析极化比幅度、极化比相位的统计分布，首先需要获得各极化通道杂波

幅度和相位的分布。

根据前面分析可知，IPIX 雷达海杂波幅度 x 的分布可用对数正态分布描述。令 $y = \ln(x)$，则 y 的 PDF 可表示为

$$f(y) = \frac{1}{\sqrt{2\pi\alpha^2}} \exp\left[-\frac{(y-\xi)^2}{2\alpha^2}\right] \tag{3.38}$$

其中，ξ、α^2 分别为 y 的均值和方差。

令 $y_1 = \ln(x_1)$，$y_2 = \ln(x_2)$，则 y_1 与 y_2 服从联合高斯分布，其 PDF 可表示为

$$f(y_1, y_2) = \frac{1}{2\pi\alpha_1\alpha_2\sqrt{1-r^2}} \cdot$$

$$\exp\left\{-\frac{1}{2(1-r^2)}\left[\frac{(y_1-\xi_1)^2}{\alpha_1^2} - \frac{2r(y_1-\xi_1)(y_2-\xi_2)}{\alpha_1\alpha_2} + \frac{(y_2-\xi_2)^2}{\alpha_2^2}\right]\right\} \tag{3.39}$$

其中，$r = \mathrm{cov}(y_1, y_2)/(\alpha_1\alpha_2)$ 为 y_1 和 y_2 的相关系数，$\mathrm{cov}(y_1, y_2)$ 表示 y_1 与 y_2 的协方差，ξ_1、ξ_2 分别为 y_1、y_2 的均值，α_1^2、α_2^2 分别为 y_1、y_2 的方差。

对式 (3.39) 进行变量替换，可得 x_1 与 x_2 的联合 PDF 为

$$f(x_1, x_2) = f(y_1, y_2)\left|\frac{\partial(y_1, y_2)}{\partial(x_1, x_2)}\right|$$

$$= \frac{1}{x_1 x_2} \cdot \frac{1}{2\pi\alpha_1\alpha_2\sqrt{1-r^2}} \cdot \exp\left\{-\frac{1}{2(1-r^2)}\left[\frac{(\ln x_1-\xi_1)^2}{\alpha_1^2} - \right.\right. \tag{3.40}$$

$$\left.\left.\frac{2r(\ln x_1-\xi_1)(\ln x_2-\xi_2)}{\alpha_1\alpha_2} + \frac{(\ln x_2-\xi_2)^2}{\alpha_2^2}\right]\right\}$$

根据式 (3.40)，可推导得到极化比幅度 $\rho = x_2/x_1$ 的 PDF 为

$$f(\rho) = \int_0^\infty x_1 f(x_1, x_1\rho)\,\mathrm{d}x_1$$

$$= \int_0^{+\infty} \frac{1}{x_1\rho} \cdot \frac{1}{2\pi\alpha_1\alpha_2\sqrt{1-r^2}} \cdot \exp\left\{-\frac{1}{2(1-r^2)}\left[\frac{(\ln x_1-\xi_1)^2}{\alpha_1^2} - \right.\right.$$

$$\left.\left.\frac{2r(\ln x_1-\xi_1)(\ln x_1\rho-\xi_2)}{\alpha_1\alpha_2} + \frac{(\ln x_1\rho-\xi_2)^2}{\alpha_2^2}\right]\right\}\mathrm{d}x_1$$

$$= \frac{1}{\sqrt{2\pi(\alpha_1^2 - 2r\alpha_1\alpha_2 + \alpha_2^2)}}\, \rho^{\frac{\xi_2-\xi_1}{\alpha_1^2-2r\alpha_1\alpha_2+\alpha_2^2}-1} \exp\left[-\frac{(\xi_1-\xi_2)^2 + \ln^2\rho}{2(\alpha_1^2 - 2r\alpha_1\alpha_2 + \alpha_2^2)}\right] \tag{3.41}$$

当 $r=0$ 时，y_1 与 y_2 无关，ρ 的 PDF 可简化为

$$f(\rho) = \frac{1}{\sqrt{2\pi(\alpha_1^2+\alpha_2^2)}} \rho^{\frac{\xi_2-\xi_1}{\alpha_1^2+\alpha_2^2}-1} \exp\left[-\frac{(\xi_1-\xi_2)^2+\ln^2\rho}{2(\alpha_1^2+\alpha_2^2)}\right] \tag{3.42}$$

令 δ_1、δ_2 分别为水平和垂直极化通道海杂波相位，通常假定 δ_1、δ_2 分别服从 $[-\pi,\pi]$ 均匀分布，这种情况下，若 δ_1、δ_2 相互独立，容易证明极化相差 $\Delta\delta=\delta_2-\delta_1$ 也服从 $[-\pi,\pi]$ 均匀分布。

下面结合 IPIX 雷达实测数据分析海杂波极化比幅度和极化比相位的统计分布。本节采用的数据文件为 19931107_135603_starea.cdf。图 3.4 为理论和实测海杂波极化比幅度统计分布对比结果。其中，理论极化比分布由式 (3.40) 得到，式 (3.40) 中的关键参数可分别估计为

$$\hat{\xi}_1 = \frac{1}{N}\sum_{i=1}^{N} y_1(i)$$

$$\hat{\xi}_2 = \frac{1}{N}\sum_{i=1}^{N} y_2(i)$$

$$\hat{\alpha}_1^2 = \frac{1}{N}\sum_{i=1}^{N} y_1^2(i) - \hat{\xi}_1^2 \tag{3.43}$$

$$\hat{\alpha}_2^2 = \frac{1}{N}\sum_{i=1}^{N} y_2^2(i) - \hat{\xi}_2^2$$

$$\hat{r} = \frac{\text{cov}(Y_1,Y_2)}{\hat{\alpha}_1\,\hat{\alpha}_2}$$

其中，$\boldsymbol{Y}_1 = [y_1(1) \quad y_1(2) \quad \cdots \quad y_1(N)]$、$\boldsymbol{Y}_2 = [y_2(1) \quad y_2(2) \quad \cdots \quad y_2(N)]$，$y_1(i)$、$y_2(i)$ 分别为水平、垂直极化通道第 i 次观测数据。估计值分别为 $\hat{\xi}_1 = -1.8636$，$\hat{\xi}_2 = -1.0538$，$\hat{\alpha}_1^2 = 1.0228$，$\hat{\alpha}_2^2 = 0.4854$，$\hat{r} = 0.3632$。为了对比，图 3.4 还给出了相关系数 $r=0$ 和 $r=0.3$ 时理论极化比幅度的分布情况。

由图 3.4 可以看出，实测海杂波数据的极化比幅度分布与式 (3.40) 描述的理论极化比幅度分布吻合较好。但是，由于水平和垂直极化通道的实测海杂波幅度分布并不是严格服从对数正态分布，导致实际海杂波极化比幅度分布与理论极化比幅度分布之间存在一定误差。有趣的是，实测海杂波极化比幅度分布与 $r=0.3$ 时的理论极化比幅度分布更为贴近。

水平和垂直极化通道中的海杂波相位分布如图 3.5 所示。图 3.5 表明，水平和垂直极化通道中的海杂波相位均不服从 $[-\pi,\pi]$ 均匀分布，因此，海杂波极化相差将不会服从 $[-\pi,\pi]$ 均匀分布。

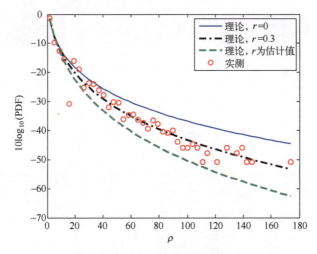

图 3.4　理论和实测海杂波极化比幅度统计分布

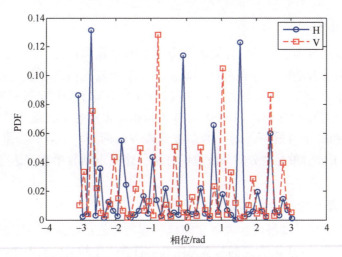

图 3.5　水平、垂直极化通道海杂波相位统计分布

　　对于实测海杂波极化相差分布，我们采用 MATLAB 自带的 kernel smoothing 方法来估计其 PDF。有趣的是，估计得到的极化比相位 PDF 类似高斯分布，为此，我们用高斯分布对实测海杂波极化相差分布进行拟合，其中，根据实测海杂波数据通过矩估计方法得到的高斯分布均值和方差分别为 0.3259、6.3871。海杂波极化相差统计分布拟合效果如图 3.6 所示，对应的拟合 p 值和拟合最大误差分别为 0.9541、0.1。图 3.6 表明，实测海杂波极化比相位分布与高斯分布拟合效果较好。

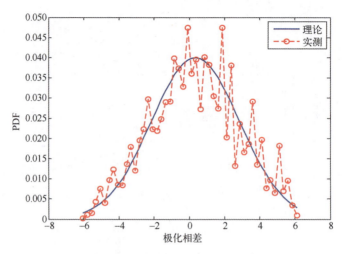

图 3.6　海杂波极化相差统计分布

3.2.5 海杂波建模仿真

杂波建模分为杂波功能级建模和杂波信号级建模两种。其中，杂波功能级建模只对杂波的幅度分布进行建模，不考虑杂波的相位信息。杂波功能级建模方法主要有零记忆非线性变换法（ZMNL）和球不变随机过程法（SIRP）两种。杂波信号级建模同时对杂波幅度和相位进行建模，建模方法主要有 SIRP 方法和基于散射单元划分的杂波建模方法两种。本节联合采用 ZMNL、SIRP 和基于散射单元划分的杂波建模方法，建立末制导相参雷达空时相关杂波模型。

3.2.5.1　基于统计分布的杂波建模方法

零记忆非线性变换法和球不变随机过程法均能产生服从一定概率分布的相关随机序列。ZMNL 方法的基本思路是：首先产生相关的高斯随机序列，然后经某种非线性变换得到需要的相关非高斯随机序列。使用 ZMNL 方法产生相关随机序列的先决条件是必须知道非线性变换输入序列与输出序列相关函数之间的关系。SIRP 方法的基本思路是：先产生一个相关的高斯随机序列，然后用另一概率密度函数对该高斯随机序列进行调制，以获得特定分布的相关随机序列。两种方法各有优缺点。

ZMNL 方法理论推导简单、运算量小，但不能直接产生相参雷达的杂波数据，只能产生实序列，无相位信息。而 SIRP 方法全部采用线性变换，可以保留相位信息，且概率分布和功率谱分布可以进行独立的控制，因此，对相干时频信号仿真较为合适。但 SIRP 方法由于要进行相关矩阵的 Cholesky 分解，计算量大，不易形成快速算法。同时，由于 SIRP 方法基于信号调制理论，仅适用于产生复合高斯分布的杂波。

1）零记忆非线性变换法

ZMNL 方法的原理框图如图 3.7 所示。图 3.7 中，$G_v(\omega)$、$G_w(\omega)$、$G_z(\omega)$ 分别为随机序列 $\{v_i\}$、$\{w_i\}$、$\{z_i\}$ 的功率谱，$H(\omega)$ 为滤波器响应，$g(\cdot)$ 为非线性变换函数。

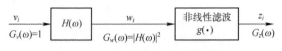

图 3.7　零记忆非线性变换原理框图

ZMNL 方法实现流程为：首先，高斯白噪声序列 $\{v_i\}$ 通过某一滤波器 $H(\omega)$，生成具有特定相关性的有色高斯序列 $\{w_i\}$。然后，$\{w_i\}$ 再经过一系列非线性变换，得到具有指定幅度分布统计特性和相关特性的杂波序列 $\{z_i\}$。可以看到，ZMNL 方法的关键之处在于滤波器 $H(\omega)$ 的设计、非线性变换的选择以及非线性变换前后杂波序列自相关系数的变换关系的求取。

以产生相关 K 分布杂波序列为例，ZMNL 方法产生相关 K 分布杂波的原理框图如图 3.8 所示。其中，$\mathcal{N}(0,a^2)$ 表示均值为 0、方差为 a^2 的高斯分布，$K(z,a,v)$ 表示变量 z 服从尺度参数为 a、形状参数为 v 的 K 分布。取两个独立的随机变量 x_s、y，其中，x_s 对应的随机序列为 $\{x_{si}\}$，$\{x_{si}\}$ 是相关系数为 q_{ij}^2 的指数分布序列；y 对应的随机序列为 $\{y_i\}$，$\{y_i\}$ 是相关系数为 r_{ij}^2 的 θ 阶 χ^2 分布序列，随机变量 $z=\sqrt{x_s y}$ 服从 K 分布。

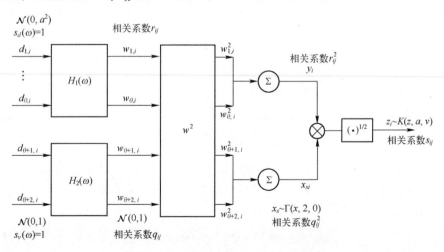

图 3.8　相关 K 分布杂波序列产生框图

图 3.8 中的伽马分布表示为

$$\Gamma(x,\alpha,\beta) = \frac{x^{\beta}}{\alpha^{\beta+1}\Gamma(\beta+1)}\exp\left(-\frac{x}{\alpha}\right) \tag{3.44}$$

K 分布杂波形状参数

$$v = \frac{\theta}{2} - 1 \tag{3.45}$$

w_{ki}（$i=1,2,\cdots,N$，N 为 K 分布杂波数据个数）之间的相关系数为

$$r_{ij} = \frac{\mathrm{E}(w_{k,i}w_{k,j}) - \mathrm{E}(w_{k,i})\mathrm{E}(w_{k,j})}{\sqrt{\mathrm{var}^2(w_{k,i})\mathrm{var}^2(w_{k,j})}}, \quad k=1,2,\cdots,\theta \tag{3.46}$$

同理，可按照式（3.46）的方法定义相关系数 q_{ij}，其中 $k=\theta+1$、$\theta+2$。即同一序列的任意两项 $w_{k,i}$、$w_{k,j}$ 的相关系数为 $r_{ij}(k=1,2,\cdots,\theta)$ 或 $q_{ij}(k=\theta+1,\theta+2)$，$i,j=1,2,\cdots,N$。

相关系数 s_{ij} 和 r_{ij}、q_{ij} 之间的关系式可表示为

$$s_{ij} = \frac{\Lambda^2\left[{}_2F_1(-1/2;-1/2;v+1;r_{ij}^2)\cdot{}_2F_1(-1/2;-1/2;1;q_{ij}^2)-1\right]}{v+1-\Lambda^2} \tag{3.47}$$

其中，${}_2F_1(\cdot)$ 为超几何函数，$\Lambda = \Gamma(v+3/2)\Gamma(3/2)/\Gamma(v+1)$。由式（3.47）可见，$s_{ij}$ 与参数对 (r_{ij},q_{ij}) 存在一对多的关系，为此，本节考虑以下两种情形：①$r_{ij}=q_{ij}$，即所有高斯分布序列的相关系数均相等，此时 $s\sim r$ 关系曲线随 v 变化不大；②$r_{ij}=q_{ij}^{10}$，即构成指数分布的两个高斯分布序列的相关系数远小于构成伽马分布的 θ 个高斯分布序列的相关系数，瑞利分布序列$\{\sqrt{x_{si}}\}$几乎是不相关的，此时 $s\sim r$ 关系曲线随 v 而变化。

令

$$\begin{aligned} R(\omega) &= \mathrm{FFT}(r) \\ Q(\omega) &= \mathrm{FFT}(q) \end{aligned} \tag{3.48}$$

得到归一化传输函数的幅值为

$$|H_1(\omega)| = \sqrt{R(\omega)/r(0)} \tag{3.49}$$

$$|H_2(\omega)| = \sqrt{Q(\omega)/q(0)} \tag{3.50}$$

通过上述方法仿真产生 K 分布杂波数据，统计得到仿真产生的杂波幅度与功率谱如图 3.9 所示。其中，杂波尺度参数和形状参数分别为 $a=1$、$v=1$、$r_{ij}=q_{ij}$，杂波功率谱服从高斯分布，即

$$G(\omega) = \exp(-\alpha\omega/\omega_{3\mathrm{dB}})^2 \tag{3.51}$$

其中，$\alpha=1.665$，$\omega_{3\mathrm{dB}}=50$。

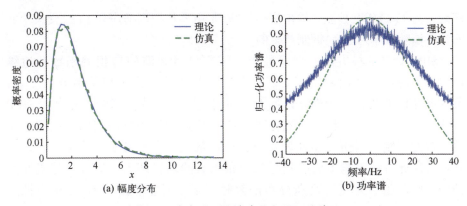

图 3.9　生成的 K 分布杂波数据统计特性

由图 3.9 （a） 可以看出，仿真产生的杂波幅度分布与理论 K 分布吻合较好。同时，图 3.9 （b） 说明，相对于理论杂波功率谱，采用 ZMNL 方法仿真得到的杂波功率谱有所展宽，这是由 ZMNL 方法中的非线性变换导致。

虽然 ZMNL 方法可以生成相关 K 分布杂波，但是由此方法生成的杂波均是实信号，其功率谱关于零频对称分布，因此，ZMNL 方法仅能用于产生非相参雷达杂波[14]。对于维纳过程模型来说，输出序列 $X(k)$ 的相关函数是建立在与 $Y(k)$ 非线性表达式基础上的，因此，并不是具有任意相关函数的 $X(k)$ 都能通过 ZMNL 方法产生。此外，采用 ZMNL 方法对杂波进行建模时，杂波尺度参数和形状参数均假定已知。在实际中，这些参数需根据雷达工作场景进行估计。

2）球不变随机过程法

SIRP 方法既能产生非相参雷达杂波，也能产生相参雷达杂波。SIRP 方法的基本思想是：用满足一定分布的随机序列对一个相关的高斯随机过程进行调制，从而产生特定分布的随机数。SIRP 方法产生相关杂波的原理框图如图 3.10 所示。

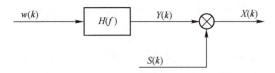

图 3.10　SIRP 方法产生相关杂波原理框图

图 3.10 中，$w(k)$ 为一高斯白噪声随机序列，$Y(k)$ 为零均值复高斯序列，线性滤波器的频率响应 $H(f)$ 由 $Y(k)$ 的自相关函数决定。$S(k)$ 为非负实平稳

序列，与 $Y(k)$ 相互独立。输出序列 $X(k)$ 是由零均值高斯序列 $Y(k)$ 受一个实非负平稳随机序列 $S(k)$ 调制产生的。

SIRP 杂波建模方法有两个特点：①它可对杂波的自相关函数和边缘 PDF 独立控制，从而避免了 ZMNL 方法中非线性变换对相关函数的影响；②它能够模拟杂波的高阶统计特性。在相关雷达杂波仿真中，可以用 SIRP 方法仿真瑞利、韦伯和 K 分布杂波。它的缺点是受仿真序列的阶数和自相关函数的限制，当仿真序列较长时，计算量很大，不易实现快速算法。另外，采用此方法不能生成服从任意分布函数的随机序列。只有当随机序列的概率密度函数是复合高斯分布函数时，该序列才能由 SIRP 方法模拟产生，如韦伯分布、K 分布。而对于对数正态分布杂波，就不能采用 SIRP 方法产生。

3.2.5.2 基于散射单元划分的杂波建模方法

基于散射单元划分的杂波建模方法是一种简化的电磁散射杂波建模方法。该方法的主要思想是先将地/海面划分为多个散射单元，且不考虑散射面的起伏特性，在对多个散射单元回波功率进行建模的基础上，将各个散射单元的回波功率进行叠加来得到杂波功率[15]。地/海面划分方法有两种：一种是基于距离-多普勒散射单元划分的方法，一种是基于等距离环散射单元划分的方法。前一种方法模型较严格，但是用数学公式表示这些散射单元较复杂，且计算杂波功率需计算双重积分，实现起来比较困难；后一种方法实现起来则相对简单。下面基于等距离环散射单元划分方法，结合雷达工作场景，对雷达杂波进行建模仿真。在建模之前，首先对建模过程中涉及的坐标系进行定义。

1）坐标系的定义及转换关系

惯性参考坐标系（下标为 i）：原点为质心，O_iX_i 轴指向正东，O_iY_i 轴在该法线平面内，指向正北；O_iZ_i 轴与 O_iX_i、O_iY_i 构成右手系。

雷达载体坐标系（下标为 b）：原点为雷达载体质心，O_bX_b 轴沿载体横轴指向右，O_bY_b 轴沿载体纵轴方向指向前，O_bZ_b 轴与 O_bX_b、O_bY_b 构成右手系。

天线坐标系（下标为 a）：O_aX_a 轴与天线轴向一致，向前为正，O_aZ_a 轴与 O_aX_a 轴通过弹体坐标系进行相应旋转得到。

则从惯性参考坐标系到天线坐标系的转换矩阵为

$$C_i^a = R_X(\beta_A) \cdot R(\alpha_A) \cdot R_Y(\varepsilon) \cdot R_X(\beta) \cdot R_Z(\alpha) \tag{3.52}$$

其中，

$$R_Y(\varepsilon) = \begin{bmatrix} \cos\varepsilon & 0 & -\sin\varepsilon \\ 0 & 1 & 0 \\ \sin\varepsilon & 0 & \cos\varepsilon \end{bmatrix}$$

$$R_X(\beta) = \begin{bmatrix} 1 & 0 & 0 \\ 0 & \cos\beta & \sin\beta \\ 0 & -\sin\beta & \cos\beta \end{bmatrix} \qquad (3.53)$$

$$R_Z(\alpha) = \begin{bmatrix} \cos\alpha & \sin\alpha & 0 \\ -\sin\alpha & \cos\alpha & 0 \\ 0 & 0 & 1 \end{bmatrix}$$

α、β、ε 分别为载体在惯性参考坐标系下的方位角、俯仰角和横滚角，α_A、β_A 为天线在载体坐标系下的方位角和俯仰角。通常，天线安装在惯导平台上，因此，$\varepsilon_A = 0$。

2）散射单元划分

散射单元的划分应使得散射单元内每个散射点对应的天线增益、多普勒频率、距离、入射角、散射系数等分别近似相同。本节采用等距离环散射单元划分方法，首先按照雷达距离分辨率，将雷达视线范围内的地/海面划分为多个距离环，然后结合雷达频率分辨率，在方位上把每个距离环划分成多个小面元[15]。这样，每个小面元对应于一个距离-多普勒分辨单元，在整个雷达可视范围内，地/海面被分成多 $\Delta R \times \Delta\theta$ 的栅格单元（其中 ΔR 和 $\Delta\theta$ 分别为雷达的距离分辨率和角度分辨率）。以末制导雷达为例，雷达地/海面散射单元划分示意如图 3.11 所示。

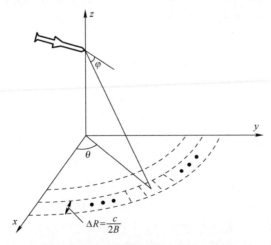

图 3.11　地海面散射单元划分示意图

雷达距离分辨率可表示为

$$\Delta R = \frac{c}{2B} \tag{3.54}$$

其中，c 为光速，B 为雷达工作带宽。

根据图 3.11 中散射单元与雷达之间的几何关系，可推出在惯性坐标系下，位于 (θ, φ) 处的散射单元对应的多普勒频率为

$$f_d = \frac{2V}{\lambda}(\cos\omega\cos\delta\cos\varphi\cos\theta + \cos\omega\sin\delta\cos\varphi\sin\theta + \sin\omega\sin\varphi) \tag{3.55}$$

其中，V 为雷达的绝对速度，ω、δ 分别为惯性参考坐标系下导弹速度的俯仰角和方位角。

式（3.55）两边分别关于 θ 进行微分，得

$$\Delta f_d = \frac{2V\cos\omega\cos\varphi\sin(\delta-\theta)}{\lambda}\Delta\theta \tag{3.56}$$

于是有

$$\Delta\theta = \frac{\Delta f_d \lambda}{2V\cos\omega\cos\varphi\sin(\delta-\theta)} \tag{3.57}$$

假设雷达的相干处理间隔内的脉冲数为 N，脉冲重复周期为 T_r，则雷达的多普勒频率分辨率为

$$\Delta f = \frac{1}{NT_r} \tag{3.58}$$

为了保证散射单元内多个散射点的多普勒频率近似相等，Δf_d 需满足 $\Delta f_d \leqslant \Delta f$，且当 $\delta - \theta = \pi/2$ 时，$\Delta\theta$ 最小，因此，令 $\Delta f_d = f_s$、$\delta - \theta = \pi/2$，将式（3.58）代入式（3.57），得[15]

$$\Delta\theta = \frac{f_s\lambda}{2V\cos\omega\cos\varphi} \tag{3.59}$$

由此可得一个距离环可划分的单元数为

$$N_\theta = \mathrm{ceil}\left(\frac{2\pi}{\Delta\theta}\right) \tag{3.60}$$

其中，$\mathrm{ceil}(\cdot)$ 表示向上取整。

散射单元中心在惯性参考坐标系中的俯仰角为

$$\varphi = \arcsin\left[\frac{H}{R_i} + \frac{R_i^2 - H^2}{2R_i(R_e + H)}\right] \tag{3.61}$$

其中，H 为雷达高度，R_i 为雷达到第 i 个散射单元中心的距离，R_e 为 4/3 倍地球半径。

在惯性参考坐标系下，某散射单元方向的单位向量可表示为

$$\begin{bmatrix} \cos\varphi\cos\theta \\ \cos\varphi\sin\theta \\ \sin\varphi \end{bmatrix} \tag{3.62}$$

其中，φ 为散射单元在惯性参考坐标系下的俯仰角，θ 为散射单元在惯性参考坐标系下的方位角。

根据天线坐标系和惯性参考坐标系的转换关系，可得

$$\begin{bmatrix} \cos\varphi_a\cos\theta_a \\ \cos\varphi_a\sin\theta_a \\ \sin\varphi_a \end{bmatrix} = \boldsymbol{C}_i^a \cdot \begin{bmatrix} \cos\varphi\cos\theta \\ \cos\varphi\sin\theta \\ \sin\varphi \end{bmatrix} \tag{3.63}$$

其中，φ_a、θ_a 分别为散射单元在天线坐标系下的俯仰角和方位角。

令式（3.63）右边列向量为 $\begin{bmatrix} a_1 & a_2 & a_3 \end{bmatrix}^T$，则散射单元在天线坐标系中的方位角 θ_a 和俯仰角 φ_a 分别为

$$\theta_a = \arctan(a_2/a_1) \tag{3.64}$$

$$\varphi_a = \arctan(a_3/\sqrt{a_1^2 + a_2^2}) \tag{3.65}$$

3）散射单元的回波信号

位于天线坐标系下 (θ_a, φ_a) 处散射单元的回波功率可计算为

$$P(\theta_a, \varphi_a) = \frac{P_t G^2(\theta_a, \varphi_a)\lambda^2\sigma(\varphi_a)}{(4\pi)^3 R^4 L_s} \tag{3.66}$$

其中，P_t 为雷达发射机峰值功率；L_s 为雷达综合损耗，λ 为发射信号波长，R 为散射单元与雷达之间的距离，$G(\theta_a, \varphi_a)$ 为 (θ_a, φ_a) 处雷达天线增益。在此，本节假定雷达收发共用同一天线，$\sigma(\varphi_a)$ 为散射单元对应的雷达截面积，具体计算方法详见文献 [16]。

(θ_a, φ_a) 处散射单元回波相位为

$$\psi(\theta_a, \varphi_a) = \frac{4\pi V_d t}{\lambda} \tag{3.67}$$

其中，V_d 为雷达与散射单元之间的径向速度。

在中、高重频情况下，雷达存在距离模糊，雷达接收到的俯仰角为 φ_a 的距离单元的回波信号实质是下列距离单元回波的叠加信号

$$R_i = R_0 + iR_u, i = 0, 1, \cdots, N_u \tag{3.68}$$

其中，R_i 为散射单元的实际距离，R_0 为不模糊距离，R_u 为最大不模糊距离，N_u 为最大模糊数。

最终，雷达杂波信号可表示为

$$c(t) = \sum_{n=0}^{N_u} c_n = \sum_{n=0}^{N_u} \sqrt{P_n}\exp(\mathrm{j}\psi_n) \tag{3.69}$$

其中，$c_n = \sqrt{P_n}\exp(j\psi_n)$ 为距离模糊数为 n 时对应的距离单元回波，P_n、ψ_n 分别为距离模糊数为 n 时对应的距离单元回波功率和回波相位。

4）仿真结果与分析

结合制导雷达具体工作场景，本节对雷达杂波进行仿真，仿真流程如图 3.12 所示。

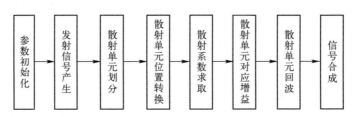

图 3.12　雷达杂波建模仿真流程图

仿真过程中，雷达参数设置如表 3.1 所示。

表 3.1　雷达杂波仿真相关参数

参数	取值	参数	取值
雷达高度/m	3000	波长/m	0.03
雷达方位角/(°)	0	脉冲宽度/μs	0.5
雷达横滚角/(°)	0	天线最大增益/dB	33
雷达俯仰角/(°)	0	半功率波束宽度/(°)	2
雷达速度/m	400	天线轴向方位角/(°)	−30
速度方位角/(°)	80	天线轴向俯仰角/(°)	−10/−30
速度俯仰角/(°)	0	天线探测方位角范围/(°)	45~135
发射峰值功率/kW	20	天线俯仰角范围/(°)	−10~10
收发损耗/dB	10	海况	2

按照上述流程和参数，仿真得到雷达中重频和高重频工作模式下的杂波谱如图 3.13 所示。

雷达脉冲重复频率（PRF）为 20kHz，脉冲积累数为 64，天线轴向俯仰角为 −10° 时，雷达天线轴线方向照射到的散射单元对应的多普勒频率和距离分别为 24.678kHz、17.101km。当 PRF = 20kHz 时，最大不模糊距离为 7.5km，杂波在距离维和频率维均存在混叠。主瓣杂波中心对应的多普勒频率和距离分别对脉冲重复频率和最大不模糊距离取模，得到主瓣杂波中心在杂波时频图上的位置为 4.678kHz 处和 2.101km 处，如图 3.13（a）所示。

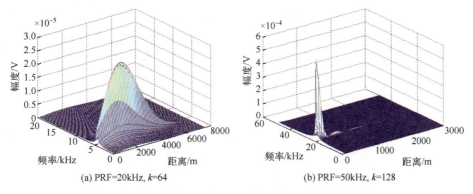

图 3.13　仿真产生的弹载雷达杂波谱

　　雷达 PRF＝50kHz，脉冲积累数为 128，天线轴向俯仰角为−30°时，雷达天线轴线方向照射到的散射单元对应的多普勒频率和距离分别为 21.701kHz、6km。由于脉冲重复频率足够高，杂波在频率上不存在重叠现象，同时，脉冲重复频率过高导致最大不模糊距离较小，杂波在距离上存在着严重重叠。经取模后，得主瓣杂波中心位置在 24.678kHz 和 0m 处，如图 3.13（b）所示。

　　基于距离单元划分的杂波建模方法，能够较好地反映杂波强度以及杂波在距离维和频率维的模糊情况，但该方法没有体现杂波的随机性。因此，在实际杂波仿真时，基于距离单元划分的杂波建模方法需与 ZMNL 或 SIRP 方法联合使用。

3.2.5.3　末制导相参雷达空时相关杂波建模方法

　　雷达杂波建模不仅要反映杂波平均功率的大小，还需反映杂波的起伏特性、时空相关性或者多普勒谱特性。为此，在 3.2.5.1 节和 3.2.5.2 节的基础上，下面以末制导雷达为例，介绍末制导雷达空时相关杂波建模方法。

　　对于末制导雷达恒虚警率（CFAR）检测，各距离参考单元到雷达之间的距离差远小于弹目距离，各距离参考单元的杂波平均功率近似相等。同时，根据文献［12］给出的杂波形状参数估算公式可以看出，杂波形状参数与末制导雷达掠射角、末制导雷达距离分辨率、浪涛方向以及末制导雷达极化方式有关，而各距离参考单元相应的这些参数均可认为近似相等，由此可进一步认为各距离单元的杂波形状参数近似相同。在此基础上，根据式（3.96），可得各距离单元对应的杂波尺度参数相同。由于各距离单元对应的杂波关键参数均相等，各距离单元时间维杂波可认为相同。但事实上，同一时刻各距离单元杂波是不同的，且它们之间存在一定的相关性，为了解决这一问题，考虑对同一时间维杂波序列进行调制，调制分量服从一定的分布，每一距离单元对应调制序列中的一个元素，由此产生空时相关相参、服从某种分布的杂波。以空时相关相参 K 分布杂波为例，其产生原理框图如图 3.14 所示。

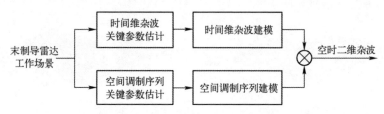

图 3.14　空时相关相参 K 分布杂波建模原理框图

按此思路，下面对末制导雷达空时相关 K 分布杂波进行建模。

1）尺度参数估计

在对杂波进行建模之前，首先要根据末制导雷达工作场景估算出 K 分布杂波的形状参数与尺度参数。基于实测杂波数据，学者们提出了一些杂波关键参数的估计方法。其中，英国皇家信号与雷达研究所给出了分辨率为 4.2m 时的雷达杂波形状参数估算公式[13]；英国泰勒斯公司基于实测数据和电磁计算，分析了 K 分布杂波形状参数随雷达工作参数和工作环境的变化关系[17]。但目前，尚没有一个较为通用的模型能够用来估算 K 分布杂波形状参数，如何根据末制导雷达工作场景来估计 K 分布杂波形状参数尚有待研究。为此，本节假定 K 分布杂波形状参数已知，重点对杂波尺度参数进行估计。为了估计单个距离单元杂波的尺度参数，需要首先计算单个距离单元的杂波平均功率。下面先对距离单元进行散射面元划分，在对各散射面元回波功率进行建模的基础上，计算得到单个距离单元的杂波平均功率。

假定弹目距离为 R_t，则 CFAR 检测第 i 个距离参考单元与末制导雷达之间的距离为

$$R_i = R_t + \left(i - \frac{M}{2} - 1 \right) \Delta R, \quad i = 1, 2, \cdots, M+1 \qquad (3.70)$$

其中，M 为距离参考单元数，目标处于 $\frac{M}{2}+1$ 个距离单元，ΔR 为末制导雷达距离分辨率（简化起见，在此没有考虑 CFAR 保护单元）。以第 i 个距离参考单元为例，末制导雷达距离散射单元划分方法如图 3.15 所示。

图 3.15 中，惯性坐标系 $ox_i y_i z_i$ 下的末制导雷达速度向量可表示为

$$V = \begin{bmatrix} V\cos\beta^i \cos\alpha^i & V\cos\beta^i \sin\alpha^i & V\sin\beta^i \end{bmatrix}^\mathrm{T} \qquad (3.71)$$

其中，V 为末制导雷达绝对速度，α^i、β^i 分别为末制导雷达速度方位角和俯仰角，上标 $(\cdot)^\mathrm{T}$ 表示转置。

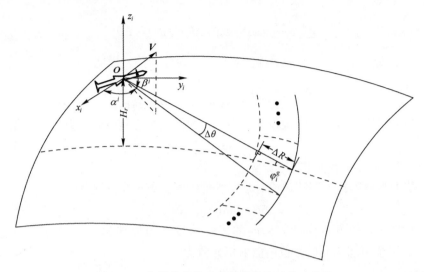

图 3.15　末制导雷达距离散射单元划分示意图

天线坐标系在惯性坐标系下的方位角、俯仰角和横滚角分别为 θ_a、φ_a、ε_a，则雷达速度向量在天线坐标系下可表示为

$$\boldsymbol{V}^a = \boldsymbol{C}_i^a \boldsymbol{V} = \begin{bmatrix} V\cos\beta^a\cos\alpha^a & V\cos\beta^a\sin\alpha^a & V\sin\beta^a \end{bmatrix}^{\mathrm{T}} \tag{3.72}$$

其中，α^a、β^a 分别为末制导雷达速度在天线坐标系下的方位角和俯仰角，

$$\boldsymbol{C}_i^a = \boldsymbol{T}_Y(\varepsilon_a) \cdot \boldsymbol{T}_X(\varphi_a) \cdot \boldsymbol{T}_Z(\theta_a) \tag{3.73}$$

$$\boldsymbol{T}_Y(\varepsilon_a) = \begin{bmatrix} \cos\varepsilon_a & 0 & -\sin\varepsilon_a \\ 0 & 1 & 0 \\ \sin\varepsilon_a & 0 & \cos\varepsilon_a \end{bmatrix} \tag{3.74}$$

$$\boldsymbol{T}_X(\varphi_a) = \begin{bmatrix} 1 & 0 & 0 \\ 0 & \cos\varphi_a & \sin\varphi_a \\ 0 & -\sin\varphi_a & \cos\varphi_a \end{bmatrix} \tag{3.75}$$

$$\boldsymbol{T}_Z(\theta_a) = \begin{bmatrix} \cos\theta_a & \sin\theta_a & 0 \\ -\sin\theta_a & \cos\theta_a & 0 \\ 0 & 0 & 1 \end{bmatrix} \tag{3.76}$$

天线坐标系下 (θ^a, φ^a) 处散射面元的多普勒频率为

$$f_d = \frac{2}{\lambda} \left(V_x^a \cos\varphi^a \cos\theta^a + V_y^a \cos\varphi^a \sin\theta^a + V_z^a \sin\varphi^a \right) \tag{3.77}$$

其中，λ 为波长。式（3.77）两侧分别对 θ^a 作微分，可得末制导雷达频率分辨率为

$$\Delta f_d = \frac{2V}{\lambda}\cos\beta^a\cos\varphi^a\sin(\alpha^a-\theta^a)\cdot\Delta\theta^a \tag{3.78}$$

由于 $\Delta f_d = 1/NT_r$，N 为脉冲积累数，T_r 为脉冲重复周期，则

$$\Delta\theta^a = \frac{\lambda}{2NT_r(V_y^a\cos\theta^a-V_x^a\sin\theta^a)\cos\varphi^a} \tag{3.79}$$

若末制导雷达采用时域检测，则方位向散射单元划分时，方位角间隔为

$$\Delta\theta = \theta_{0.5} \tag{3.80}$$

其中，$\theta_{0.5}$ 为天线半功率波束宽度。

若末制导雷达采用频域或时频二维检测时，方位角间隔为

$$\Delta\theta = \min(\theta_{0.5},\Delta\theta^a) \tag{3.81}$$

设雷达天线方位向和俯仰向的接收信号范围分别为 $[\theta_{\min},\theta_{\max}]$，$[\varphi_{\min},\varphi_{\max}]$，单个距离单元的方位向散射单元数为

$$N_\theta = \frac{\theta_{\max}-\theta_{\min}}{\Delta\theta} \tag{3.82}$$

因此，各距离环的杂波功率为

$$P_i^c = \sum_{j=1}^{N_\theta}\frac{P_tG_t(\theta_{ij}^a,\varphi_i^a)G_r(\theta_{ij}^a,\varphi_i^a)\lambda^2\sigma_{ij}}{(4\pi)^3R_i^4L_s} \tag{3.83}$$

其中，L_s 为末制导雷达系统综合损耗，P_t 为末制导雷达发射峰值功率，$G_t(\theta_{ij}^a,\varphi_i^a)$、$G_r(\theta_{ij}^a,\varphi_i^a)$ 分别为末制导雷达在 $(\theta_{ij}^a,\varphi_i^a)$ 处的发射、接收天线增益，

$$\theta_{ij}^a = \left(j-\frac{1}{2}\right)\Delta\theta, \quad j=1,2,\cdots,N_\theta \tag{3.84}$$

$$\varphi_{ij}^a = \varphi_i-\varphi_a, \quad j=1,2,\cdots,N_\theta \tag{3.85}$$

其中，φ_i 为第 i 个距离单元在惯性坐标系下的俯仰角，有

$$\varphi_i = \frac{\pi}{2}-\arccos\left[\frac{R_i^2+H_r^2+2R_eH_r}{2R_i(R_e+H_r)}\right] \tag{3.86}$$

H_r 为末制导雷达高度，R_e 为 4/3 倍地球半径，式（3.83）中的 σ_{ij} 为散射面元散射截面积，有

$$\sigma_{ij} = \sigma_i^0\cdot\Delta R\cdot R_i\Delta\theta/\cos\varphi_i^g, \quad j=1,2,\cdots,N_\theta \tag{3.87}$$

其中，σ_i^0 为第 i 个距离单元对应的散射系数，σ_i^0 的具体计算方法详见文献 [16]；φ_i^g 为第 i 个距离参考单元对应的末制导雷达掠射角，有

$$\varphi_i^g = \arccos\left[\frac{R_i^2-H_r^2-2R_eH_r}{2R_iR_e}\right]-\frac{\pi}{2} \tag{3.88}$$

中、高重频下，末制导雷达可能存在距离模糊。考虑距离混叠效应，待检测距离单元回波实际上是下列多个距离单元回波的叠加：

$$R_n = R_0 + nR_u, \quad n = N_{\min}, N_{\min}+1, \cdots, N_{\max} \tag{3.89}$$

其中，$R_0 = \mathrm{rem}\,[\,R_i, R_u\,]$ 表示 R_i/R_u 的余数，$R_u = cT_r/2$ 为最大不模糊距离，$N_{\min}$、$N_{\max}$ 分别为最小、最大距离模糊数，

$$N_{\min} = \mathrm{fix}(R_{\min}/R_u) \tag{3.90}$$

其中，$\mathrm{fix}(\cdot)$ 表示向下取整运算，$R_{\min}$ 为方程

$$R_{\min}^2 + (R_e + H_r)^2 - R_e^2 = 2(R_e + H_r)R_{\min}\cos(\pi/2 + \varphi_{\min}) \tag{3.91}$$

的小于 R_{hoz} 的根，

$$R_{\mathrm{hoz}} = \sqrt{H_r^2 + 2H_r R_e} \tag{3.92}$$

$$N_{\max} = \begin{cases} \mathrm{fix}(R_{\mathrm{hoz}}/R_u), & \varphi_{\max} > \varphi_{\mathrm{hoz}} \\ \mathrm{fix}(R_{\max}/R_u), & \varphi_{\max} < \varphi_{\mathrm{hoz}} \end{cases} \tag{3.93}$$

其中，φ_{hoz} 为末制导雷达视线与海面相切时切点在雷达天线坐标系下的俯仰角，$R_{\max}$ 为方程

$$R_{\max}^2 + (R_e + H_r)^2 - R_e^2 = 2(R_e + H_r)R_{\max}\cos(\pi/2 + \varphi_{\max}) \tag{3.94}$$

的小于 R_{hoz} 的根。

最终，第 i 个距离散射单元的回波平均功率为

$$P_i^{\mathrm{tot}} = \sum_{n=N_{\min}}^{N_{\max}} P_i^c(n) \tag{3.95}$$

其中，$P_i^c(n)$ 是距离模糊数为 n 的距离单元的回波平均功率。

在计算得到杂波回波平均功率的基础上，第 i 个距离单元的杂波尺度参数可估计为

$$b_i = \frac{1}{2}\sqrt{P_i^{\mathrm{tot}}/v_i} \tag{3.96}$$

其中，v_i 为第 i 个距离单元对应的杂波形状参数。

2）时间维杂波建模

相关相参 K 分布杂波 $\tilde{z}(k)$ 可表示为一相关复高斯序列 $\tilde{x}(k)$ 被一个实非负平稳随机序列 $y(k)$ 所调制，其中，$\tilde{x}(k)$ 的实部或虚部方差为 $\sigma^2 = 2b^2 v$（b，v 分别为某一距离单元对应的杂波尺度和形状参数），$y^2(k)$ 服从均值为 1 的伽马分布，即

$$f(y^2) = \frac{v^v}{\Gamma(v)} y^{2(v-1)} \exp(-vy^2) \tag{3.97}$$

由于 $y^2(k)$ 均值为 1，相参 K 分布杂波幅度均值完全由复高斯序列决定，$\tilde{x}(k)$ 与调制分量 $y(k)$ 无关。时间维相关相参 K 分布杂波产生原理框图如图 3.16 所示。图 3.16 中，$\mathcal{CN}(0,\sigma^2)$、$\mathcal{N}(0,\sigma^2)$ 分别表示均值为 0、方差为 σ^2 的复高斯分布和高斯分布。

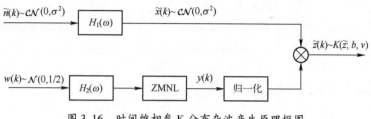

图 3.16　时间维相参 K 分布杂波产生原理框图

由于

$$\tilde{z}(k) = \tilde{x}(k) y(k) \tag{3.98}$$

容易推导得到

$$\Phi_{\tilde{z}}(n) = \Phi_{\tilde{x}}(n) \Phi_y(n), n = 0, 1, \cdots \tag{3.99}$$

其中，$\Phi_{\tilde{z}}(n)$、$\Phi_{\tilde{x}}(n)$、$\Phi_y(n)$ 分别为 $\tilde{z}(k)$、$\tilde{x}(k)$ 和 $y(k)$ 的自相关函数。由式（3.99）可以看出，最终产生的杂波的相关性由 $\tilde{x}(k)$ 和 $y(k)$ 的相关性共同决定，在杂波产生过程中，如何分配这种相关性，使得 $\tilde{x}(k)$、$y(k)$ 的生成均较方便，是建模过程中必须要解决的问题。在此，采用外因建模方法，令 $\Phi_y(n) \approx 1$，此时，$\Phi_{\tilde{z}}(n)$ 基本不受 $\Phi_y(n)$ 的影响，完全由 $\Phi_{\tilde{x}}(n)$ 决定。这样，随机序列 $\tilde{x}(k)$ 与 $y(k)$ 的生成相互独立，便于实现。

通常，时间维杂波功率谱可近似为高斯分布[17]

$$G_t(\omega) = \frac{1}{\sqrt{2\pi\sigma_c^2}} \exp\left[-\frac{(\omega-\omega_0)^2}{2\sigma_c^2}\right] \tag{3.100}$$

其中，ω_0 为杂波中心角频率，$\omega_0 = 2\pi f_{d0}$，$f_{d0} = 2v_0/\lambda$，v_0 为距离分辨单元散射中心相对于末制导雷达的绝对速度，σ_c^2 为方差。K 分布杂波相关函数可表示为

$$\Phi_{\tilde{z}}(n) = \text{IFFT}[G_c(\omega)] \tag{3.101}$$

其中，$\text{IFFT}[\cdot]$ 表示逆快速傅里叶变换。相关性为 $\Phi_{\tilde{z}}(n)$ 的随机序列 $\tilde{x}(k)$ 可由一独立的复高斯随机序列 $\tilde{n}(k)$ 通过一个滤波器后产生，如图 3.16 所示，图 3.16 中滤波器 1 的频率响应为

$$H_1(\omega) = \sqrt{\frac{2\pi G_c(\omega)}{\int_{-\infty}^{\infty} G_c(\omega)\,\mathrm{d}\omega}} \tag{3.102}$$

为了产生随机序列 $y(k)$，首先采用 ZMNL 方法产生服从伽马分布的随机序列 $y^2(k)$，然后对其进行开方，从而得到 $y(k)$（本节中，伽马分布的形状参数取为整数或半整数，形状参数为任意取值的伽马分布随机数，产生方法详见文献 [18]）。根据文献 [19] 可得，具有特定相关性的服从伽马分布的

随机序列 $y(k)$ 可由高斯序列 $w(k)$ 经过非线性滤波得到。这里，$\Phi_y(n) \approx 1$，调制分量 $y(k)$ 对应的功率谱应为 $2\pi\delta(\omega)$，则图 3.16 中滤波器 2 的频率响应为

$$H_2(\omega) = \sqrt{2\pi\delta(\omega)} \tag{3.103}$$

而实际中，上述滤波器难以实现。为了解决这一问题，可以用一低通滤波器来对其进行近似。由于非线性变换会使随机序列的功率谱展宽，所以该低通滤波器的带宽应足够窄，以保证非线性变换后输出的随机序列的功率谱宽度适当。此外，高斯序列 $w(k)$ 在通过低通滤波器时存在能量损失，因此，为了满足 $E(y^2) = 1$，在得到随机序列 $y(k)$ 后还需对其幅度归一化。

3）空间调制序列建模

研究表明：同一时刻，多个距离分辨单元杂波幅度同样服从 K 分布[9,20]，因此，空间维相关相参 K 分布杂波产生方法与时间维杂波产生方法类似，只是幅度均值、相关性不同。

若风速为 v_w，风向与末制导雷达视线夹角为 θ_w，则空间上，杂波相关距离为[8]

$$d_r = \frac{\pi}{2} \cdot \frac{v_w^2}{g}(3\cos^2\theta_w + 1)^{1/2} \tag{3.104}$$

由式（3.104）可计算得到相关距离对应的相关时间为 $t_r = 2d_r/c$。

考虑对海探测场景，末制导雷达海杂波空间相关函数可表示为

$$\gamma(d) = \exp\left(-\frac{d\Delta R}{d_r}\right) \tag{3.105}$$

将式（3.105）转换到时间维，则空间维杂波相关函数可表示为

$$\gamma(t) = \exp\left(-\frac{\Delta R}{t_r}|t|\right) \tag{3.106}$$

对式（3.106）作傅里叶变换，可得空间维杂波的功率谱为

$$G_s(\omega) = \frac{2\zeta}{\omega^2 + \zeta^2} \tag{3.107}$$

其中，$\zeta = \Delta R/t_r$。

与 3.2.2 节产生 $\tilde{x}(k)$ 类似，具有自相关函数为 $\gamma(t)$ 的序列 $\tilde{s}(k)$ 可由白高斯随机序列通过一滤波器产生，该滤波器响应为

$$H_3(\omega) = \sqrt{\frac{2\pi G_s(\omega)}{\sqrt{\int_{-\infty}^{\infty} G_s(\omega)\,d\omega}}} \tag{3.108}$$

在获得杂波功率谱基础上，可采用 3.2.2 节的方法生成空间相关相参 K 分布调制序列。但需要强调的是，为了保证经空间调制序列调制后的时间维 K 分布杂波功率一定，在生成空间维 K 分布调制序列时，调制序列的均方值应为 1，由此可推得空间维 K 分布调制序列的尺度参数和形状参数应满足

$$b_s = \frac{1}{2\sqrt{v_s}} \tag{3.109}$$

同样，空间维调制序列的形状参数估计暂无通用方法，不失一般性，下文中，假定空间维 K 分布调制序列的形状参数与时间维 K 分布杂波的形状参数相等。

在分别得到时间维杂波和空间维调制序列之后，采用空间维调制序列对时间维杂波进行调制，最终得到空时相关相参 K 分布杂波。对上述建模方法进行归纳总结，得到空时二维相关相参 K 分布杂波产生原理框图如图 3.17 所示。

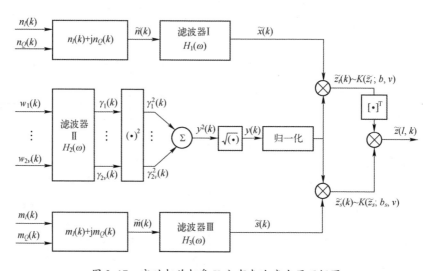

图 3.17　空时相关相参 K 分布杂波产生原理框图

4）仿真结果与分析

本节采用 3.2.5.3 节的杂波建模方法，仿真生成空时相关相参 K 分布杂波，并检验生成杂波的二维幅度统计特性和相关性。首先，建立仿真场景如表 3.2 所示。

表 3.2　末制导雷达参数

类型	参数	取值	参数	取值
运动参数	速度	300m/s	高度	200m
	惯性坐标系下速度方位和俯仰角	（90°，0°）	弹目距离	20km
工作参数	发射峰值功率	20kW	综合损耗	−10dB
	波长	0.03m	脉宽	20ns
	距离分辨单元数	32	脉冲积累数	64
天线参数	天线最大增益	33dB	3dB 波束宽度	2°
	方位角观测范围	［45°，135°］	俯仰角观测范围	［−30°，30°］
	惯性坐标系下天线姿态角	（0°，−0.4°，0°）		

　　根据上述场景，仿真分别得到末制导雷达在低、中、高重频模式下的杂波幅度如图 3.18 所示。

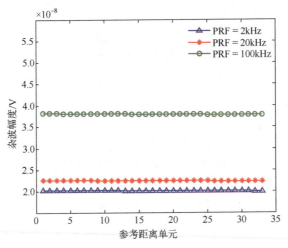

图 3.18　CFAR 参考距离单元杂波平均功率

　　从图 3.18 中可以看出，在低、中、高三种重频模式下，各距离单元的杂波幅度近似相等，从而证明了各距离单元杂波尺度参数近似相等这一假定的合理性。假定空时二维 K 分布杂波形状参数为 2，末制导雷达脉冲重复频率为 20kHz，仿真得到 33 个距离分辨单元、5000 次观测下的杂波幅度如图 3.19 所示。

　　不失一般性，任意选取某一距离单元时间维的 5000 点杂波数据幅度进行统计，得到时间维杂波幅度累积分布函数（CDF）如图 3.20（a）所示。同时，采用蒙特卡洛仿真方法，对单个距离分辨单元多次观测的杂波平均幅度和杂波功率谱分别进行统计和平均，得到的杂波统计特性如图 3.20（b）、（c）所示，其中，蒙特卡洛仿真次数为 1000 次。图 3.20（a）说明，仿真产生的单个距离分辨单元时间维杂波幅度统计分布与理论上的 K 分布吻合较好。而且多次仿真的杂波幅度均值均在理论值附近，如图 3.20（b）所示。除了杂波时域特性与理论相符外，图 3.20（c）说明，杂波频域特性也与理论特性吻合较好。因此，图 3.20 说明仿真产生的时间维杂波复信号逼真度高。

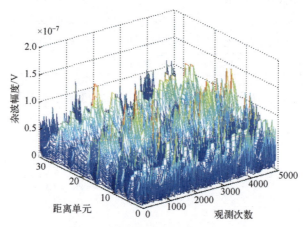

图 3.19　多个距离单元多次观测杂波幅度图

　　图 3.21 为空间维杂波统计特性图，其中，图 3.21（a）为仿真得到的空间 K 分布调制序列幅度累积分布函数。为了真实地反映生成的空间调制序列幅度统计特性，在此，将距离单元数从 33 扩展到 5000。同样进行 1000 次蒙特卡洛仿真，统计得到了各次仿真中的杂波幅度均值，如图 3.21（b）所示。同时，对多次仿真得到的空间调制序列的功率谱进行平均，得到了空间调制序列的功率谱如图 3.21（c）所示。图 3.21（a）说明，仿真得到的空间调制序列幅度分布与理论 K 分布吻合较好。同时，图 3.21（b）表明各次仿真中调制序列幅度均值与理论值近似相等。在空间调制序列建模时，设定风速为10m/s，末制导雷达视线方向与风速一致。理论上，空间调制序列归一化功率谱为趋近于 1 的常数，而仿真得到的调制序列归一化功率谱在 0.94 附近轻微起伏，如图 3.21（c）所示。这是由于仿真得到的调制序列功率谱具有随机起伏特性，在利用最大值进行归一化过程中，会导致绝大部分频点对应的功率谱幅度值小于 1，但明显可以看出，整体上空间调制序列的功率谱幅度基本保持恒定，与理论相符。

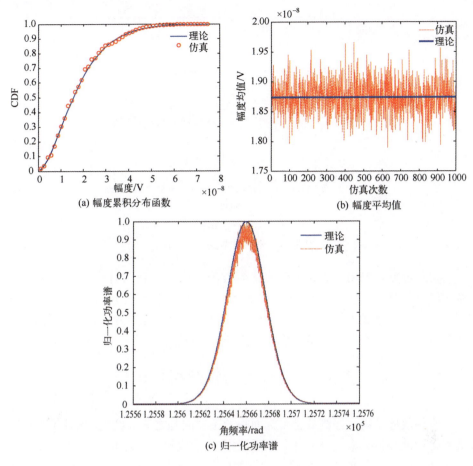

图 3.20　时间维杂波统计特性

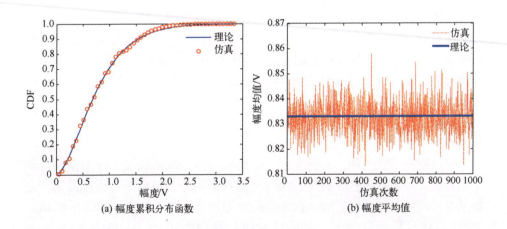

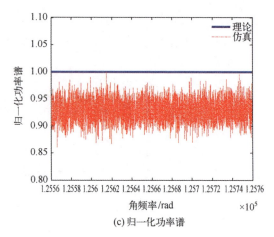

图 3.21　空间维杂波统计特性

　　由此可见，采用 3.2.5.3 节的建模方法，仿真得到的时间维杂波和空间调制序列的时、频特性均与理论特性相一致，因此，用仿真得到的空间调制序列对时间维杂波进行调制，即可得到我们所需的空时相关相参 K 分布杂波，该杂波可直接用于末制导雷达检测性能分析与评估。

3.3　多径散射特性分析与建模

　　多径效应是雷达探测低空目标面临的主要问题之一。经地/海面散射回来的目标回波与目标直达波几乎同时到达雷达接收机，多路信号相互叠加，产生干涉效应，导致雷达接收信号的振幅、相位发生变化，从而影响雷达目标检测与跟踪性能。

　　对雷达多径散射特性进行分析，并对其进行合理建模，是研究多径条件下雷达检测、跟踪性能的基础。雷达检测低空目标时多径效应明显，镜反射与漫反射同时存在，且以镜反射为主。本节结合雷达低空目标检测工作场景，分别对雷达镜反射、漫反射进行详细建模，然后分析镜、漫反射下雷达目标回波特性。

3.3.1　镜反射特性与模型

　　镜反射模型有两种：一种考虑一路反射信号，地球表面为一平面，地面平坦并有良好的导电性；另一种考虑三路反射信号，地球表面为一曲面，地面具有一定粗糙度。镜反射示意如图 3.22 所示，一路反射信号模型考虑 *ABA*、*ABOA* 两路目标回波信号，三路反射信号模型考虑 *ABA*、*ABOA*、*AOBA* 和

$AOBOA$ 四路目标回波信号，因此，后种模型比前种模型多考虑两路目标回波信号，两种模型得到的目标回波信号是不同的。针对雷达检测环节，目标回波幅度大小直接影响着雷达的检测性能，采用一路反射模型并不能真实反映雷达接收的目标回波信号，因此，本书采用第二种镜面反射模型。

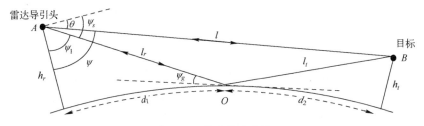

图 3.22　镜反射示意图

采用三路反射信号镜反射模型，雷达接收的目标回波信号可表示为

$$s = \sqrt{\frac{P_t G^2(\theta)\lambda^2\sigma}{(4\pi)^3 L_s R^4}} \left[1 + 2\sqrt{\frac{\rho_s G(\psi_s)}{G(\theta)}} e^{j\alpha} + \rho_s \frac{G(\psi_s)}{G(\theta)} e^{j2\alpha} \right] \qquad (3.110)$$

其中，P_t 为雷达发射峰值功率，λ 为发射信号波长，σ 为目标 RCS，L_s 为收发损耗，R 为雷达与目标之间的距离，$G(\theta)$、$G(\psi_s)$ 分别为目标和反射点方向的天线增益，ρ_s 为镜反射系数，α 为反射路径与直达路径的相位差。

考虑地球曲率和地面粗糙度，镜反射系数可表示为

$$\rho_s = \rho_0 D \rho_1 \qquad (3.111)$$

其中，ρ_0 为菲涅耳反射系数[21]，

$$\rho_0 = \begin{cases} \left| \dfrac{\sin\theta_1 - \sqrt{\varepsilon_r - \cos^2\theta_1}}{\sin\theta_1 + \sqrt{\varepsilon_r - \cos^2\theta_1}} \right| & ，\text{水平极化} \\[4mm] \left| \dfrac{\varepsilon_r\sin\theta_1 - \sqrt{\varepsilon_r - \cos^2\theta_1}}{\varepsilon_r\sin\theta_1 + \sqrt{\varepsilon_r - \cos^2\theta_1}} \right| & ，\text{垂直极化} \end{cases} \qquad (3.112)$$

其中，θ_1 为入射波掠射角，ε_r 为反射面相对介电常数。10GHz、水平和垂直极化方式下，地、海面反射系数如图 3.23 所示。

式（3.111）中，D 为发散因子，

$$D \approx \left[1 + \frac{2d_1 d_2}{R_e(d_1 + d_2)\sin\psi_g} \right]^{-1/2} \qquad (3.113)$$

其中，R_e 为 4/3 倍的地球半径，d_1、d_2 分别为镜反射点到雷达和目标之间的地面距离，ψ_g 为镜反射点处的掠射角。

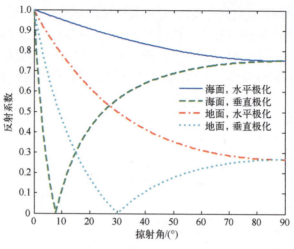

图 3.23　菲涅耳反射系数

式（3.111）中，ρ_1 为粗糙表面反射系数的均方根值，表示为[22]

$$\rho_1 = \begin{cases} \exp\left[-2(2\pi\Lambda)^2\right] & 0<\Lambda<0.1 \\ \dfrac{0.81254}{1+8\pi^2\Lambda^2} & \Lambda \geqslant 0.1 \end{cases} \tag{3.114}$$

其中，$\Lambda = \dfrac{\sigma_h \sin\psi_g}{\lambda}$，$\sigma_h$ 为浪高的均方根值（$\sigma_h = H/4$，H 为有效浪高）。

反射波与直达波的相位差为

$$\alpha = \frac{2\pi\delta_0}{\lambda} + \phi_r \tag{3.115}$$

其中，

$$\delta_0 = l_r + l_t - l \tag{3.116}$$

ϕ_r 为反射系数的相位，l_r、l_t 分别为反射点到雷达、目标的距离，l 为雷达与目标间的距离。

随着雷达的运动，镜反射点在不断变化。镜反射点的精确求解是计算目标回波信号的基础，反射点的位置可通过求解下列方程组得到：

$$\begin{cases} l_t(2R_e h_r + h_r^2 - l_r^2) = l_r(2R_e h_t + h_t^2 - l_t^2) \\ R_e^2\left[(l_r+l_t)^2 - l^2\right] = (2R_e h_r + h_r^2 - l_r^2) \cdot (2R_e h_t + h_t^2 - l_t^2) \end{cases} \tag{3.117}$$

在已知天线高度 h_r、目标高度 h_t 和它们之间距离 l 的前提下，式（3.117）唯一确定了反射路径 l_r 和 l_t 的长度，即确定了镜反射点的位置。

假定雷达以高度 h_r 朝着目标飞行，速度为 v_r，雷达与目标间的初始距离为 R_0，目标高度和位置固定不变。以地球中心为圆心，雷达与目标之间的初

始距离对应的圆周角为

$$\theta_0 = \arccos\left[\frac{(R_e+h_r)^2+(R_e+h_t)^2-R_0^2}{2(R_e+h_r)(R_e+h_t)}\right] \tag{3.118}$$

目标与雷达之间的距离随时间不断变化。假定目标静止，雷达随着载机运动，则 t 时刻雷达飞过的圆周角为

$$\theta_1 = \frac{v_r t}{R_e+h_r} \tag{3.119}$$

t 时刻雷达与目标间距离对应的圆周角为

$$\theta_2 = \theta_0 - \theta_1 \tag{3.120}$$

则 t 时刻雷达与目标间距离为

$$R = \left[(R_e+h_t)^2+(R_e+h_r)^2-2(R_e+h_t)(R_e+h_r)\cos\theta_2\right]^{\frac{1}{2}} \tag{3.121}$$

于是，图 3.22 中

$$\psi = \arccos\left[\frac{R^2+(R_e+h_r)^2-(R_e+h_t)^2}{2R(R_e+h_r)}\right] \tag{3.122}$$

则目标俯仰角

$$\theta = \begin{cases} \psi - \dfrac{\pi}{2}, & \psi \geqslant \dfrac{\pi}{2} \\ \dfrac{\pi}{2} - \psi, & \psi < \dfrac{\pi}{2} \end{cases} \tag{3.123}$$

反射点处的掠射角可表示为

$$\psi_g = \arcsin\left(\frac{2R_e h_r+h_r^2-l_r^2}{2R_e l_r}\right) \tag{3.124}$$

镜像目标的俯仰角为

$$\psi_s = \frac{\pi}{2} - \psi_1 \tag{3.125}$$

其中，

$$\psi_1 = \arccos\left[\frac{(R_e+h_r)^2+l_r^2-R_e^2}{2(R_e+h_r)l_r}\right] \tag{3.126}$$

下面建立具体场景，研究镜反射条件下雷达目标回波特性。

末制导雷达发射简单脉冲串信号，发射峰值功率为 20kW，波长为 3cm，脉冲重复频率为 2kHz，脉宽为 1μs，天线最大增益为 33dB，半功率波束宽度为 2°，雷达综合损耗为 3dB，雷达在距离目标 50km 处开机，并以恒定高度朝目标方向飞行，雷达高度为 100m，速度为 300m/s，海面目标高度为 10m，目标固定不动。雷达接收到的目标回波信号如图 3.24 所示。

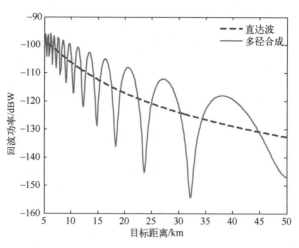

图 3.24 镜反射下雷达接收信号功率

由图 3.24 可以看出，镜反射回波功率强，导致雷达接收信号起伏较大，随着雷达与目标间距离的变化，接收信号规律性地呈现出被衰减和被增强交替出现的现象，雷达接收信号被增强的距离段长度是被衰减的距离段长度的两倍。接收信号功率增强最高可达 10dB，衰减最大可达 27dB。可见，雷达低空探测时镜反射对雷达接收的目标信号功率影响十分明显。

3.3.2 漫反射特性与模型

漫反射随机性较高，漫反射建模通常先获得实验数据，然后基于数据拟合出近似模型。漫反射模型分为三种：一种将漫反射视为高斯-马尔可夫过程，该模型对实验数据的依赖性较高；另一种认为漫反射集中在一闪烁面，建模时，先对闪烁面边界进行确定，然后将闪烁面划分为 10 块左右的距离单元，最后将生成各距离单元回波信号进行叠加，从而得到漫反射回波信号；第三种模型认为漫反射集中在一扩展的闪烁面，该闪烁面较第二种的大，其将闪烁面细分为 60×32 个网格，然后将各散射单元回波信号叠加，得到漫反射回波信号。澳大利亚国防科技集团对各种漫反射模型分别进行了建模分析，并将各种模型应用于导弹性能评估仿真系统中，通过对比发现：第一种模型只适用于海况较低的情况；第二种模型能够较好地适应各种海况，与实验数据吻合较好；第三种模型与第二种模型效果相当，但计算量大，运行效率较低[23]。结合实际背景，本节将采用第二种漫反射模型。

闪烁面的形状、大小由天线高度、目标高度、雷达目标之间的距离、雷达波长以及反射面的高度分布共同决定。以末制导雷达探测海面舰船为例,漫反射闪烁面示意如图 3.25 所示。

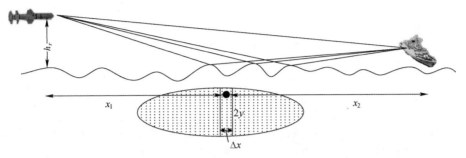

图 3.25 漫反射及闪烁面示意图

闪烁面被划分为若干个距离单元,各距离单元的横向边界可表示为[24]

$$y = \pm \frac{x_1 x_2}{x_1 + x_2} \left(\frac{h_r}{x_1} - \frac{h_t}{x_2} \right) \sqrt{\tan^2 \beta_0 - \frac{1}{4} \left(\frac{h_r}{x_1} - \frac{h_t}{x_2} \right)^2} \qquad (3.127)$$

其中,x_1、x_2 分别为某一距离单元到雷达和目标的地面距离,β_0 为闪烁面内坡度的均方根值。

令目标俯仰角为 θ_t,低掠射角情况下,$\theta_t < \beta_0 \ll 1$,当 $h_t < h_r \ll R$ 时,闪烁面的径向范围为 $[x_a, x_b]$,其中,$x_a = \dfrac{h_r}{2\beta_0}$,$x_b = R - \dfrac{h_r}{2\beta_0}$。则闪烁面内的距离单元数为

$$N = \frac{x_b - x_a}{\Delta x} \qquad (3.128)$$

其中,Δx 为距离单元的径向宽度,取值范围通常为 $[200, 1000]$。

若根据雷达位置计算得到的闪烁面超过了雷达的视线范围,则闪烁面内的距离单元数为

$$N = \frac{x_h - x_a}{\Delta x} \qquad (3.129)$$

其中,x_h 为雷达的视线距离,

$$x_h = \sqrt{(R_e + h_r)^2 - R_e^2} \qquad (3.130)$$

当闪烁面非常粗糙时,$\rho_s \approx 0$,镜反射信号非常弱,经地/海面反射回的多径回波几乎全是漫反射回波,这种情况下,闪烁面的前向散射系数可近似为

$$\sigma^0 = \begin{cases} \cot^2\beta_0, & \beta \leqslant \beta_0 \\ 0, & \beta > \beta_0 \end{cases} \tag{3.131}$$

实际中，镜反射和漫反射同时存在，此时，可用一粗糙度因子将闪烁面的前向散射系数修正为

$$\overline{\sigma}^0 = \sigma^0 F_d^2 \tag{3.132}$$

其中，粗糙度因子

$$F_d^2 = 1 - \rho_s^2 = 1 - \exp\left[-\left(\frac{4\pi\sigma_h\sin\psi}{\lambda}\right)^2\right] \tag{3.133}$$

其中，ψ 为反射点对应的掠射角。考虑到漫反射入射、反射路径对应的掠射角不同，需对粗糙度因子进行平均，平均后的粗糙度因子为[24]

$$F_d^2 = \sqrt{(1-\rho_{s1}^2)(1-\rho_{s2}^2)} \tag{3.134}$$

其中，ρ_{s1}、ρ_{s2} 分别为入射、反射路径的镜反射系数均方根值。

经第 i 个距离单元单次反射后的目标回波幅度可表示为

$$A_i' = \sqrt{\frac{2P_tG(\theta)G(\psi_i)\lambda^2 F_d^2\sigma\overline{\sigma}^0(i)\,|\,y(i)\,|}{(4\pi)^4 L_s R^2 (R-x(i))^2 x^2(i)}\Delta x} \tag{3.135}$$

其中，$x(i)$ 为第 i 个距离单元与雷达之间的距离，$\overline{\sigma}^0(i)$ 为第 i 个距离单元的前向散射系数，ψ_i 为第 i 个距离单元对应的掠射角。漫反射信号的相位具有较强的随机性，通常假定经闪烁面反射的回波信号相位 φ_i' 服从 $[0,2\pi]$ 的均匀分布。

经第 i 个距离单元两次反射后的目标回波幅度可表示为

$$A_i'' = \sqrt{\frac{2P_tG^2(\psi_i)\lambda^2\sigma F_d^4\,\overline{\sigma}^0(i)\,|\,y(i)\,|}{(4\pi)^5 L_s [R-x(i)]^4 x^4(i)}\Delta x} \tag{3.136}$$

同样，经闪烁面两次反射的回波信号相位 φ_i'' 仍认为服从 $[0,2\pi]$ 的均匀分布。

漫反射下雷达接收到的信号可表示为

$$s_m = s_d + \sum_{i=1}^{N}\left(2A_i' e^{j\varphi_i'} + A_i'' e^{j\varphi_{ii}''}\right) \tag{3.137}$$

其中，s_d 为目标直达波。

结合 3.2.5 节中的仿真场景，采用上述建模方法，仿真得到雷达漫反射回波功率如图 3.26 所示。

图 3.26 说明，漫反射对雷达接收信号的增强或衰减效果随机性较强，漫反射对雷达接收信号的影响效果小于镜反射对雷达接收信号的影响效果，漫反射对雷达接收信号功率的增强或衰减效果大多保持在 3dB 以内。

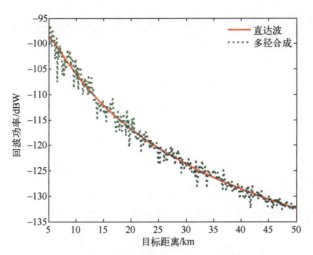

图 3.26　漫反射下雷达接收信号回波功率

3.4　箔条干扰特性分析与建模

3.4.1　幅度分布

单根箔条偶极子的雷达截面积为[25]

$$\sigma_1 = 0.86\lambda^2\cos^4\theta \tag{3.138}$$

其中，λ 为雷达波长，θ 为箔条与入射波电场向量的夹角。

在箔条云中，偶极子相对于雷达照射是随机取向的，则随机取向的半波长偶极子在谐振时的平均 RCS 为[26]

$$\overline{\sigma}_1 = \int_0^{2\pi}\frac{1}{4\pi}\mathrm{d}\varphi\int_0^\pi\sigma_1\sin\theta\mathrm{d}\theta = 0.172\lambda^2 \tag{3.139}$$

若基本箔条单元之间的间隔大于两个雷达波长，则由 N 根箔条偶极子组成的箔条云的平均 RCS 为

$$\overline{\sigma} = N\overline{\sigma}_1 = 0.172N\lambda^2 \tag{3.140}$$

假设箔条云偶极子平均间距大于 2λ，则可以忽略偶极子间的互耦，箔条云 RCS 服从指数分布[27-29]

$$f(\sigma) = \frac{2\sigma}{\sigma_m}\mathrm{e}^{-\sigma^2/\sigma_m} \tag{3.141}$$

其中，σ_m 为箔条云平均 RCS。

由于 $\sigma \propto A^2$，采用变量替换，可推得箔条云回波幅度 A 服从瑞利分布，即

$$f(A) = \frac{A}{A_0^2}\exp\left(-\frac{A^2}{2A_0^2}\right), \quad A>0 \tag{3.142}$$

通常情况下，假定箔条云回波的相位服从均匀分布，即

$$f(\varphi) = \frac{1}{2\pi}, \quad -\pi \leqslant \theta < \pi \tag{3.143}$$

3.4.2 功率谱

箔条回波的功率谱通常建模为高斯分布[30]，即

$$S(f) = \frac{a\lambda}{2\sqrt{2}\,\pi}\exp\left[-\left(\frac{a\lambda f}{2\sqrt{2}}\right)^2\right] \tag{3.144}$$

其中，a 是与箔条偶极子质量、玻耳兹曼常数和绝对温度有关的常数。

3.4.3 极化比

由文献 [31-38] 可知，箔条的回波幅度 A 服从瑞利分布，则其 PDF 为

$$p(A) = \frac{A}{A_0^2}\exp\left(-\frac{A^2}{2A_0^2}\right), \quad A>0 \tag{3.145}$$

其中，$\bar{\sigma} = 2A_0^2$。同理，箔条干扰在两个接收通道的回波幅度的 PDF 分别为

$$p(A_{\mathrm{VV}}) = \frac{A_{\mathrm{VV}}}{A_{\mathrm{VV0}}^2}\exp\left(-\frac{A_{\mathrm{VV}}^2}{2A_{\mathrm{VV0}}^2}\right), \quad A_{\mathrm{VV}}>0 \tag{3.146}$$

$$p(A_{\mathrm{HV}}) = \frac{A_{\mathrm{HV}}}{A_{\mathrm{HV0}}^2}\exp\left(-\frac{A_{\mathrm{HV}}^2}{2A_{\mathrm{HV0}}^2}\right), \quad A_{\mathrm{HV}}>0 \tag{3.147}$$

其极化比为 $\rho_c = A_{\mathrm{VV}}/A_{\mathrm{HV}}$，$a_c = \bar{\sigma}_{\mathrm{VV}}/\bar{\sigma}_{\mathrm{HV}} = A_{\mathrm{VV0}}^2/A_{\mathrm{HV0}}^2$，则 ρ_c 的 PDF 为

$$
\begin{aligned}
f(\rho_c) &= f\left(\frac{A_{\mathrm{VV}}}{A_{\mathrm{HV}}}\right) \\
&= \int_0^\infty u\,\frac{\rho_c u}{a_c A_{\mathrm{HV0}}^2}\exp\left[-\frac{(\rho_c u)^2}{2a_c A_{\mathrm{HV0}}^2}\right]\frac{u}{A_{\mathrm{HV0}}^2}\exp\left(-\frac{u^2}{2A_{\mathrm{HV0}}^2}\right)\mathrm{d}u \\
&= \frac{\rho_c}{a_c}\int_0^\infty \frac{u^3}{A_{\mathrm{HV0}}^4}\exp\left[-\frac{u^2}{2A_{\mathrm{HV0}}^2}\left(\frac{\rho_c^2}{a_c}+1\right)\right]\mathrm{d}u \\
&\overset{\diamond y=\frac{u^2}{2A_{\mathrm{HV0}}^2}}{=} \frac{2\rho_c}{a_c}\int_0^\infty y\exp\left[-\left(\frac{\rho_c^2}{a_c}+1\right)y\right]\mathrm{d}y
\end{aligned}
\tag{3.148}
$$

$$\text{令}x=\left(\frac{\rho_c^2}{a_c}+1\right)y \\ =\frac{2\rho_c a_c}{(\rho_c^2+a_c)^2}\int_0^\infty x\exp(-x)\,\mathrm{d}x$$

$$=\frac{2\rho_c a_c}{(\rho_c^2+a_c)^2},\quad \rho_c>0$$

通过计算可以得到 ρ_c 的数学期望为

$$E(\rho_c)=\frac{\pi}{2}\sqrt{a_c} \tag{3.149}$$

3.5　本 章 小 结

　　本章分别对雷达海杂波、镜反射、漫反射以及箔条干扰进行了特性分析与建模。其中，海杂波特性分析主要结合实测数据，对海杂波幅度分布、时间相关性、空间相关性、功率谱、极化比等特性进行了分析。然后，归纳总结了两种海杂波建模仿真方法。在此基础上，提出了一种末制导相参雷达空时相关杂波建模与仿真方法。在镜反射与漫反射建模方面，主要归纳总结了国内外几种经典建模方法。由于缺乏实测数据，未对镜反射、漫反射特性进行验证。在箔条干扰特性分析与建模方面，主要对箔条干扰的幅度分布、功率谱以及极化比等特性进行了建模。海杂波、镜反射、漫反射以及箔条干扰特性分析与建模工作将为后续章节进行雷达低空目标检测性能分析、检测方法与抗干扰方法研究奠定基础。

参 考 文 献

[1] Farina A, Russo A, Scannapieco F. Radar detection in coherent Weibull clutter [J]. IEEE Transactions on Acoustics, Speech, and Signal Processing, 1987, 35(6): 893-895.

[2] Ward K, Tough R, Watts S. Sea clutter: Scattering, the K distribution and radar performance [M]. 2nd ed. London: The Institution of Engineering and Technology, 2013.

[3] Jakeman E, Pusey P N. A model for non-Rayleigh sea echo [J]. IEEE Transactions on Antennas and Propagation, 1976, 24(6): 806-814.

[4] Gini F, Greco M. Texture modelling, estimation and validation using measured sea clutter data [J]. IEE Proceedings: Radar, Sonar and Navigation, 2002, 149(3): 115-124.

[5] Baker C J. K-distributed coherent sea clutter [J]. IEE Proceedings, Part F, 1991, 138: 89-92.

[6] Rembrandt B, Brian C. The McMaster IPIX radar sea clutter database, [EB/OL]. [2001-07-01]. Available: http://soma. ece. mcmaster. ca/ipix/dartmouth/datasets. html.

［7］ 石志广. 基于统计与复杂性理论的杂波特性分析及信号处理方法研究［D］. 长沙：国防科学技术大学，2007.

［8］ Chan H C. Radar sea-clutter at low grazing angles［J］. IEE Proceedings, Part F：Communications, Radar and Signal Processing, 1990, 137：102-112.

［9］ Watts S. Cell-averaging CFAR gain in spatially correlated K-distributed clutter［J］. IEE Proceedings：Radar, Sonar and Navigation, 1996, 143：321-327.

［10］ Lee P H Y, Barter J D, Beach K L, et al. Power spectral lineshapes of microwave radiation backscattered from sea surfaces at small grazing angles［J］. IEE Proceedings：Radar, Sonar and Navigation, 1995, 142（5）：252-258.

［11］ Walker D. Doppler modelling of radar sea clutter［J］. IEE Proceedings：Radar, Sonar and Navigation, 2001, 148：73-80.

［12］ Walker D. Experimentally motivated model for low grazing angle radar Doppler spectra of the sea surface［J］. IEE Proceedings：Radar, Sonar and Navigation, 2000, 147：114-120.

［13］ Ward K D, Baker C, Watts S. Maritime surveillance radar Part I：Radar scattering from the ocean surface［J］. IEE Proceedings, Part F, 1990, 137(2)：51-62.

［14］ Wise G, Traganitis A, Thomas J. The effect of a memoryless nonlinearity on the spectrum of a random process［J］. IEEE Transactions on Information Theory, 2006, 23(1)：84-89.

［15］ 刘建成，王雪松，施龙飞，等. 机载雷达相干杂波模型研究［J］. 系统工程与电子技术，2005, 7：1222-1225, 1317.

［16］ Long M W. Radar reflectivity of land and sea［M］. 3rd ed. London：Artech House, 1998.

［17］ Watts S, Ward K, Tough R. Modelling the shape parameter of sea clutter［C］//2009 IEEE International Radar Conference. Piscataway：IEEE, 2009：1-6.

［18］ Conte E, Longo M, Lops M. Modelling and simulation of non-Rayleigh radar clutter［J］. IEE Proceedings, Part F：Radar and Signal Processing, 1991, 138(2)：121-130.

［19］ Tough R, Ward K. The correlation properties of gamma and other non-Gaussian processes generated by memoryless nonlinear transformation［J］. Journal of Physics D：Applied Physics, 1999, 32(23)：3075.

［20］ Watts S, Ward K. Spatial correlation in K-distributed sea clutter［J］. IEE Proceedings, Part F：Radar and Signal Processing, 1987(6)：526-532.

［21］ 焦培南，张忠治. 雷达环境与电波传播特性［M］. 北京：电子工业出版社，2007.

［22］ Daeipour E, Blair W D, Bar-Shalom Y. Bias compensation and tracking with monopulse radars in the presence of multi path［J］. IEEE Transactions on Aerospace and Electronic Systems, 1997, 33(3)：863-882.

［23］ Bucco D, Hu Y. A comparative assessment of various multipath models for use in missile simulation studies［C］//Modeling and Simulation Technologies Conference. Reston：The American Institute of Aeronautics and Astronautics, 2000：4286.

［24］ Barton D K. Low-angle radar tracking［J］. Proceedings of the IEEE, 1974, 62（6）：687-704.

［25］陈静．雷达箔条干扰原理［M］．北京：国防工业出版社，2007．

［26］吴振森，张龚．非均匀分布的箔条云团的 RCS［J］．光电对抗与无源干扰，1996，2：
38-44．

［27］旷志高，孙卫东，刘鼎臣．主动雷达末制导反舰导弹多目标选择技术［J］．制导与引
信，2003，24(4)：19-23．

［28］Bloch F, Hamermesh M, Phillops M. Return cross sections from random oriented resonant
half-wave length chaff［R］. Cambridge：Harvard University, 1944.

［29］Borison S L. Probability density for the randomly-oriented dipoles［R］. Lexington：MIT
Lincoln Laboratory, 1964.

［30］Michael M. Mitigating the effects of chaff in ballistic missile defense［C］//Proceedings of
the 2003 IEEE Radar Conference. Piscataway：IEEE, 2003：19-22.

［31］杨祖快，张春．反舰导弹面临的电磁环境及抗干扰措施［J］．电子对抗技术，2004，
19(6)：34-37．

［32］瓦金 C A, 舒斯托夫 Л H. 无线电干扰和无线电技术侦察基础［M］．北京：科学出版
社，1977．

［33］Schleher D C. Electronic warfare in the information age［M］. Norwood：Artech
House, 1999.

［34］Marcus S W. Dynamics and radar cross section density of chaff clouds［J］. IEEE Transac-
tions on Aerospace and Electronic Systems, 2004, 40(1)：93-102.

［35］李金梁．箔条干扰的特性与雷达抗箔条技术研究［D］．长沙：国防科学技术大
学，2010．

［36］Brunk J, Mihora D, Jaffe P. Chaff aerodynamics［R］. Santa Barbara：Alpha Research
Inc. , 1975.

［37］Butters B C. Chaff［J］. IEE Proceedings, Part F：Communications Radar and Signal Pro-
cessing, 1983, 129(3)：197-201.

［38］Seo D W, Nam H J, Kwon O J, et al. Dynamic RCS estimation of chaff clouds［J］. IEEE
Transactions on Aerospace and Electronic Systems, 2012, 48(3)：2114-2127.

第 4 章

雷达低空目标检测性能分析

4.1 引　言

对海场景下，雷达探测低空目标时面临着多径散射和杂波双重自然环境干扰。杂波和多径给雷达目标检测带来了不利影响。雷达有效检测出目标是后续跟踪的前提。结合雷达低空目标检测面临的实际环境，分析雷达检测性能，可为雷达目标检测方法研究提供重要指导。

本章针对雷达低空目标检测面临的杂波和多径散射，在分别分析杂波、镜反射条件下雷达检测性能的基础上，进一步分析杂波+多径散射下雷达目标检测性能。最后，对比分析五种雷达极化检测器的检测性能。

4.2　K 分布杂波下雷达对 Swerling 目标检测性能分析

强烈的杂波给雷达低空目标检测带来了不利影响，基于杂波特性，分析杂波环境下的雷达目标检测性能，是后续研究如何提高强杂波背景下雷达目标检测性能的基础。

本节结合实际雷达信号处理流程，假定雷达低仰角观测下的杂波幅度近似服从 K 分布[1-5]，考虑导引头检测阶段依次采用匹配滤波、平方律检波、脉冲积累、检测、双门限检测等处理方法，推导得到了 K 分布杂波和瑞利分布热噪声混合背景下的雷达虚警概率和检测概率表达式，仿真给出了多种场景下雷达对四类 Swerling 目标的检测性能，分析了杂波形状参数、杂噪比、目标起伏类型对雷达检测性能的影响效果，得出了雷达检测各类目标所需信杂噪比的规律。

4.2.1 信号模型

雷达检测阶段常用的信号处理方法包括匹配滤波、平方律检波、非相参积累、单元平均恒虚警率（CA-CFAR）检测、双门限检测等[6]，处理流程如图 4.1 所示。

图 4.1　雷达检测阶段信号处理流程图

雷达匹配滤波后的输出信号可表示为

$$H_0: x = c + n$$
$$H_1: x = s + c + n$$

(4.1)

其中，H_0 表示无目标存在，H_1 表示有目标存在，s、c、n 分别为目标、杂波和热噪声信号。在此，考虑热噪声幅度服从瑞利分布，杂波幅度 $\bar{c} = |c|$ 服从 K 分布，即

$$f(\bar{c}) = \int_0^\infty f(\bar{c} | y_c) f(y_c) \, \mathrm{d}y_c$$

(4.2)

其中，

$$f(\bar{c} | y_c) = \frac{\bar{c}}{y_c} \exp\left(-\frac{\bar{c}^2}{2y_c}\right)$$

(4.3)

$$f(y_c) = \frac{1}{b^v \Gamma(v)} y_c^{v-1} \exp\left(-\frac{y_c}{b}\right)$$

(4.4)

b、v 分别为 K 分布杂波尺度参数和形状参数，分别表征杂波的强度和起伏程度，$\Gamma(\cdot)$ 表示伽马函数。

由式（4.2）可见，K 分布杂波可理解为一幅度服从瑞利分布的快变化分量，其功率被一服从伽马分布的慢变化分量所调制。K 分布杂波的实部和虚部均服从高斯分布，均值为零，方差服从伽马分布。实测数据表明，K 分布杂波快变化分量相关时间在 10ms 左右，慢变化分量相关时间在秒量级[1,5]。对于雷达而言，假定其脉冲重复周期为 1ms，脉冲积累数为 64，则雷达相干处理时间远小于杂波慢变化分量的相关时间，在一次相干处理时间内，杂波慢变化分量可近似为一常数。因此，在 H_0 假设下，匹配滤波输出信号的实部 x_I 的概率密度函数可表示为

$$f(x_I | y_c) = \frac{1}{\sqrt{2\pi(y_c + y_n)}} \exp\left[-\frac{x_I^2}{2(y_c + y_n)}\right]$$

(4.5)

其中，y_c、y_n 分别为快变化分量和热噪声的实部方差。于是，经平方律检波后的输出 $z = |x|^2$ 服从指数分布

$$f(z | y_c) = \frac{1}{2y_z} \exp\left(-\frac{z}{2y_z}\right)$$

(4.6)

其中，$y_z = y_c + y_n$。

4.2.2 虚警概率

雷达对平方律检波后的信号进行非相参积累，积累后的输出信号可表示为

$$T = z_1 + z_2 + \cdots + z_N \tag{4.7}$$

其中，z_i 为第 i 个脉冲回波经平方律检波后的输出，$i = 1, 2, \cdots, N$，N 为脉冲积累数。假定各脉冲回波信号的快变化分量相互独立，则在 H_0 假设下，T 关于 y_c 的条件概率密度函数为[7]

$$f(T \mid y_c) = f(z_1 \mid y_c) * f(z_2 \mid y_c) * \cdots * f(z_N \mid y_c) \tag{4.8}$$

其中，$*$ 表示卷积。将式（4.6）代入式（4.8），可得

$$f(T \mid y_c) = \frac{T^{N-1}}{2^N (N-1)! y_z^N} \exp\left(-\frac{T}{2y_z}\right) \tag{4.9}$$

于是，T 的概率密度函数可表示为

$$f(T) = \int_0^\infty f(T \mid y_c) f(y_c) \, \mathrm{d}y_c \tag{4.10}$$

当参考距离单元足够多时，CA-CFAR 检测器通过参考距离单元电平平均，估计得到的杂波平均功率趋近于理论值，杂波平均功率理论值为

$$
\begin{aligned}
T_m &= \int_0^\infty T f(T) \, \mathrm{d}T \\
&= \int_0^\infty \int_0^\infty \frac{T^N \exp[-T/(2y_z)]}{(N-1)!(2y_z)^N} \frac{1}{b^v \Gamma(v)} y_c^{v-1} \exp\left(-\frac{y_c}{b}\right) \mathrm{d}y_c \mathrm{d}T \\
&= 2N \left[y_n + \frac{\Gamma(v+1)}{b^2 \Gamma(v)} \right]
\end{aligned}
\tag{4.11}
$$

而实际中，杂波平均功率估计值 $\bar{T}$ 与理论值 T_m 之间会存在一定误差。假定杂波平均功率估计值 $\bar{T}$ 的概率密度函数为 $f(\bar{T})$，则 CA-CFAR 检测器单次检测的虚警概率为

$$
\begin{aligned}
P_f &= \int_0^\infty \left\{ \int_{\alpha \bar{T}}^\infty f(T) \, \mathrm{d}T \right\} f(\bar{T}) \, \mathrm{d}\bar{T} \\
&= \int_0^\infty \int_{\alpha \bar{T}}^\infty \int_0^\infty f(T \mid y_c) f(y_c) f(\bar{T}) \, \mathrm{d}y_c \mathrm{d}T \mathrm{d}\bar{T}
\end{aligned}
\tag{4.12}
$$

其中，α 为门限因子。由于

$$
\begin{aligned}
\int_\eta^\infty f(T \mid y_c) \, \mathrm{d}T &= \int_\eta^\infty \frac{T^{N-1}}{2^N (N-1)! y_z^N} \exp\left(-\frac{T}{2y_z}\right) \mathrm{d}T \\
&= \sum_{i=0}^{N-1} \frac{\eta^i}{i!(2y_z)^i} \exp\left(-\frac{\eta}{2y_z}\right)
\end{aligned}
\tag{4.13}
$$

其中，$\eta = \alpha\bar{T}$，将式（4.13）代入式（4.12），可得单次检测的虚警概率为

$$P_f = \int_0^\infty \int_0^\infty \sum_{i=0}^{N-1} \frac{(\alpha\bar{T})^i}{i!\,(2y_z)^i} \exp\left(-\frac{\alpha\bar{T}}{2y_z}\right) f(y_c) f(\bar{T}) \, \mathrm{d}y_c \mathrm{d}\bar{T} \tag{4.14}$$

最终，经双门限检测后的虚警概率为

$$P_F = \sum_{i=M}^{Q} C_i^Q P_f^i [1 - P_f]^{Q-i} \tag{4.15}$$

其中，C_i^Q 为 i 组合，Q 为总的检测次数，M 为第二门限值。

4.2.3　检测概率

目标检测概率由检测门限、检验统计量在 H_1 假设下的概率密度函数共同决定。在虚警概率一定时，检测门限可通过式（4.14）、式（4.15）求得，下面主要推导 H_1 假设下检验统计量的概率密度函数。

为了得到 H_1 假设下起伏目标对应的检验统计量的概率密度函数，首先来研究 H_1 假设下非起伏目标对应的检验统计量的概率密度函数。设非起伏目标幅度 A_m 已知，目标回波功率 $p = A_m^2$，在 H_1 假设下，令 $\bar{x} = |x|/\sqrt{y_z}$，则 $\bar{x}^2$ 服从自由度为 2、非中心量为 p/y_z 的非中心 χ^2 分布：

$$f(\bar{x}^2 \mid y_c, p) = \frac{1}{2} \exp(-\bar{x}^2 - p) \mathrm{I}_0(\sqrt{p}\,\bar{x}) \tag{4.16}$$

其中，$\mathrm{I}_n(\cdot)$ 表示 n 阶第一类修正贝塞尔函数。

由式（4.16）容易证明，在 H_1 假设下，$T' = \sum_{i=1}^{N} \bar{x}_i^2 = T/y_z$ 服从自由度为 $2N$ 的非中心 χ^2 分布，其概率密度函数为

$$f(T' \mid y_c, p) = \frac{1}{2}\left(\frac{T'}{\lambda}\right)^{\frac{N-1}{2}} \exp\left(-\frac{T'+\lambda}{2}\right) \mathrm{I}_{N-1}(\sqrt{\lambda T'}) \tag{4.17}$$

其中，非中心量 $\lambda = Np/y_z$。因此，检验统计量 T 在假设 H_1 下的概率密度函数为

$$\begin{aligned} f(T \mid y_c, p) &= f(T' \mid y_c, p) \cdot \left|\frac{\partial T'}{\partial T}\right| \\ &= \frac{1}{2y_z}\left(\frac{T}{\lambda y_z}\right)^{\frac{N-1}{2}} \exp\left(-\frac{T/y_z + \lambda}{2}\right) \mathrm{I}_{N-1}(\sqrt{\lambda T/y_z}) \end{aligned} \tag{4.18}$$

由式（4.18）可得雷达对非起伏目标的单次检测概率为

$$P_d = \int_\eta^\infty \int_0^\infty f(T \mid y_c, p) f(y_c) \, \mathrm{d}y_c \mathrm{d}T \tag{4.19}$$

实际中，检测门限 η 由门限因子 α 与杂波平均功率估计值 $\bar{T}$ 相乘得到。由于 $\bar{T}$ 为一随机变量，式（4.19）可改写为

$$P_d = \int_0^\infty \int_0^\infty \int_{\alpha\bar{T}}^\infty f(T \mid y_c, p) f(y_c) f(\bar{T}) \, \mathrm{d}T \mathrm{d}y_c \mathrm{d}\bar{T} \tag{4.20}$$

对于 Swerling 起伏目标，目标回波功率 p 的概率密度函数可统一表示为

$$f(p) = \left(\frac{k}{p_m}\right)^k \frac{p^{k-1}}{\Gamma(k)} \exp\left(-\frac{kp}{p_m}\right) \tag{4.21}$$

其中，p_m 为目标回波平均功率，$k=1$、2 分别对应于 Swerling Ⅰ 和 Swerling Ⅲ 型目标，$k=N$、$2N$ 分别对应于 Swerling Ⅱ 和 Swerling Ⅳ 型目标，$k\to\infty$ 对应于非起伏目标。

根据式（4.20）、式（4.21）可得，雷达对起伏目标的单次检测概率为

$$P_d = \int_0^\infty \int_{\alpha\bar{T}}^\infty \int_0^\infty \int_0^\infty f(T \mid y_c, p) f(y_c) f(p) f(\bar{T}) \, \mathrm{d}p \mathrm{d}y_c \mathrm{d}T \mathrm{d}\bar{T}$$

$$= \int_0^\infty \int_0^\infty \left(1 + \frac{N\gamma}{k}\right)^{-k} \sum_{r=0}^\infty \frac{\Gamma(k+r)}{\Gamma(k)\Gamma(r+1)} \left(1 + \frac{k}{N\gamma}\right)^{-r} \cdot \tag{4.22}$$

$$[1 - P(\bar{\eta}, N+r)] f(y_c) f(\bar{T}) \, \mathrm{d}y_c \mathrm{d}\bar{T}$$

其中，$\gamma = p_m/2y_z$，$\bar{\eta} = \eta/2y_z$，

$$P(\zeta, \beta) = \frac{1}{\Gamma(\beta)} \int_0^\zeta u^{\beta-1} \exp(-u) \, \mathrm{d}u \tag{4.23}$$

经双门限检测后，雷达对起伏目标的检测概率为

$$P_D = \sum_{i=M}^Q \mathrm{C}_i^Q P_d^i (1 - P_d)^{Q-i} \tag{4.24}$$

4.2.4 仿真结果与分析

由式（4.14）、式（4.24）可知，影响雷达检测性能的因素主要包括目标类型、杂波强度和起伏度、杂噪比以及雷达信号处理相关参数等。在此，令杂噪比 CNR=10dB 固定不变，脉冲积累数 $N=8$，双门限检测采用 6/10 准则，根据式（4.14）、式（4.15），通过插值方法来得到多种场景下的门限因子如图 4.2 所示，在计算过程中，假定 $\bar{T} = T_m$。

由图 4.2 可以看到，虚警概率确定时，门限因子随着杂波形状参数的减小而增大。这是因为杂波形状参数越小，杂波起伏越剧烈，为了保持虚警概率恒定，检测门限需相应提高，从而使得门限因子增大。随着杂波形状参数的减小，门限因子增大的幅度越来越大。随着虚警概率的增大，不同形状参数下的门限因子差异越来越小。

图 4.3 给出了不同杂波形状参数下雷达对不同起伏类型目标的检测性能曲线。

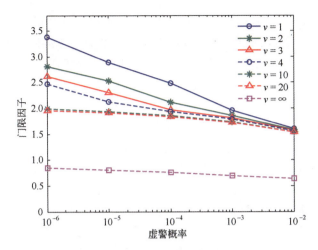

图 4.2 不同杂波形状参数下的门限因子与虚警概率的关系曲线

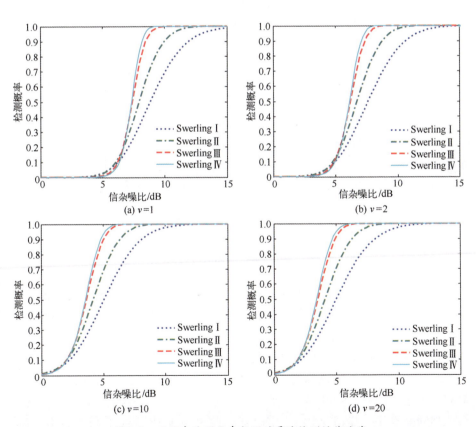

图 4.3 不同杂波形状参数下的雷达检测性能曲线

　　图 4.3 说明，在相同的 K 分布杂波与瑞利分布热噪声混合背景下，Swerling Ⅳ型目标最易检测，Swerling Ⅱ型目标次之，Swerling Ⅰ型目标最难检测。这与瑞利分布杂波下的结论一致。对比图 4.3（a）、（b）、（c）、（d）中各曲线，结果表明，对于四类 Swerling 型起伏目标，雷达目标检测概率均随着杂波形状参数的增大而增大。此外，在杂波形状参数一定时，雷达检测概率越大，检测各类型目标所需的信杂噪比差异性越明显。当 $P_D > 0.5$ 时，可以发现，图 4.3（a）、（b）、（c）、（d）中四条曲线间的间隙近似相同。由此说明，检测概率较高时，检测各类型目标所需的信杂噪比差异受杂波与热噪声混合背景起伏度的影响并不明显。

　　为了更加清晰地说明杂波形状参数对雷达检测性能的影响，我们抽取图 4.3（a）、（b）、（c）、（d）中 Swerling Ⅳ目标检测性能曲线放入同一幅图中进行对比，结果如图 4.4 所示。图 4.4 表明，随着杂波形状参数的逐渐增大，雷达目标检测概率增加量越来越小。

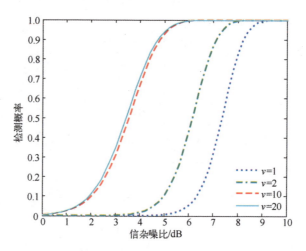

图 4.4　雷达对 Swerling Ⅳ 型目标检测性能曲线

　　K 分布杂波、K 分布杂波与瑞利分布热噪声、瑞利分布热噪声三种背景下的雷达检测性能对比如图 4.5 所示。其中，K 分布杂波形状参数 $v = 10$。

　　实际上，K 分布杂波、瑞利分布热噪声是 K 分布杂波与瑞利分布热噪声混合背景的两种特例，其 CNR 分别对应于 ∞ 和 0。从图 4.5 可以看出，随着 CNR 的增大，雷达检测概率逐渐降低，CNR 从 0 变化到 10 过程中，雷达检测概率下降速度较快，CNR 从 10 变化到 ∞ 过程中，雷达检测概率下降速度较慢。相同概率下，CNR = 10 与 CNR = ∞ 两种场景下所需的信杂噪比相差约 0.2dB。

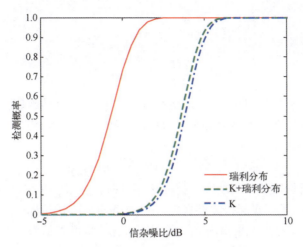

图 4.5　不同背景下雷达检测性能对比

4.3　K 分布杂波下雷达对伽马分布目标检测性能分析

4.2 节分析了雷达对 Swerling 目标的检测性能，其中，假定多次观测间的目标回波信号相互独立。而在实际中，多次观测目标回波之间通常是具有一定相关性的，且伽马分布也广泛用于描述目标 RCS 分布。为此，本节假定目标 RCS 服从伽马分布，分析 K 分布杂波下雷达对相关伽马起伏目标的检测性能。首先根据雷达观测信号模型，推导得到雷达虚警概率和检测概率数学表达式，然后采用仿真方法验证理论推导的正确性，进而调整杂波、目标等参数，分析不同场景下雷达对伽马分布目标的检测性能。

4.3.1　信号模型

雷达接收信号可表示为

$$\begin{cases} z_i = c_i, & H_0 \\ z_i = s_i + c_i, & H_1 \end{cases}, \quad i = 1, 2, \cdots, N \tag{4.25}$$

其中，H_0、H_1 表示目标不存在和存在。s_i、c_i 表示第 i 次观测的目标信号和杂波，N 为总的观测次数。

假定杂波幅度 $x_i = |c_i|$ 服从 K 分布，概率密度函数可表示为

$$f(x_i) = \int_0^\infty f(x_i \mid g) f(g) \mathrm{d}g \tag{4.26}$$

其中，

$$f(x_i \mid g) = \frac{x_i}{g^2 \sigma^2} \exp\left(-\frac{x_i^2}{2g^2\sigma^2}\right) \tag{4.27}$$

$$f(g) = \frac{2\Omega^\Omega}{\Gamma(\Omega)} g^{2\Omega-1} \exp(-\Omega g^2) \tag{4.28}$$

$2\sigma^2$ 为杂波平均功率，Ω 为杂波形状参数，$\Gamma(\cdot)$ 表示伽马函数。

假定目标 RCS 服从伽马分布，目标回波功率 p_i 概率密度函数可表示为[8]

$$f(p_i) = \left(\frac{\alpha}{p_m}\right)^\alpha \frac{p_i^{\alpha-1}}{\Gamma(\alpha)} \exp\left(-\frac{\alpha p_i}{p_m}\right) \tag{4.29}$$

其中，p_m 为目标回波平均功率，$\alpha=1$ 表示 Swerling Ⅰ、Ⅱ起伏类型目标，$\alpha=2$ 表示 Swerling Ⅲ、Ⅳ起伏类型目标，$\alpha=\infty$ 表示非起伏目标。

雷达采用非相参积累检测器，雷达检验统计量可表示为

$$\begin{cases} T = \displaystyle\sum_{i=0}^{N-1} |c_i|^2 \quad\quad, \quad H_0 \\ T = \displaystyle\sum_{i=0}^{N-1} |s_i + c_i|^2, \quad H_1 \end{cases} \tag{4.30}$$

4.3.2 虚警概率

K 分布杂波下雷达虚警概率可表示为[9]

$$P_f = \frac{2}{\Gamma(\Omega)} \sum_{k=0}^{N-1} \frac{1}{k!} \left(\frac{\Omega\eta}{2\sigma^2}\right)^{(\Omega+k)/2} K_{\Omega-k}\left(\frac{\sqrt{2\Omega\eta}}{\sigma}\right) \tag{4.31}$$

其中，$\Omega=\infty$ 表示杂波服从瑞利分布，此时雷达虚警概率可简化为

$$P_f = \sum_{k=0}^{N-1} \frac{\eta^k}{k!(2\sigma^2)^k} \exp\left(-\frac{\eta}{2\sigma^2}\right) \tag{4.32}$$

在给定虚警概率条件下，根据上面两式可获得雷达检测门限。下面推导雷达检测概率数学表达式。

4.3.3 检测概率

为了推导得到雷达检测概率表达式，首先需获得 H_1 条件下检验统计量 T 的概率密度函数。由于 c_i、s_i 分别服从 K 分布和伽马分布，H_1 条件下检验统计量 T 的概率密度函数难以推导得到。在此，先将 T 用 $g^2\sigma^2$ 归一化，然后，可推导得到在 H_1 条件下 $\zeta = T/(g^2\sigma^2)$ 服从自由度为 $2N$、非中心参数为 $\mu = q/(g^2\sigma^2)$ 的非中心 χ^2 分布，其中，$q = \displaystyle\sum_{i=0}^{N-1} p_i$。在 g、q 已知条件下，ζ 的概率密度函数可表示为

$$f(\zeta \mid g,q) = \frac{1}{2}\left(\frac{\zeta}{\mu}\right)^{\frac{N-1}{2}} \exp\left(-\frac{\zeta+\mu}{2}\right) I_{N-1}(\sqrt{\mu\zeta}) \tag{4.33}$$

其中，$I_\chi(\cdot)$ 为 χ 阶第一类修正贝塞尔函数。对式（4.33）采用雅可比变量替换，可得 T 的条件概率密度函数为

$$f(T \mid g,q) = \frac{1}{2g^2\sigma^2}\left(\frac{T}{q}\right)^{(N-1)/2} \exp\left(-\frac{T+q}{2g^2\sigma^2}\right) I_{N-1}\left(\frac{\sqrt{qT}}{g^2\sigma^2}\right) \tag{4.34}$$

上式关于 g、q 积分后，再关于 T 积分，可得雷达检测概率为

$$\begin{aligned}
P_d &= \int_\eta^\infty \int_0^\infty \int_0^\infty f(T \mid g,q) f(g) f(q)\, \mathrm{d}g\mathrm{d}q\mathrm{d}T \\
&= \int_\eta^\infty \int_0^\infty \int_0^\infty \frac{1}{2g^2\sigma^2}\sqrt{\frac{T}{q}}^{(N-1)/2} \exp\left(-\frac{T+q}{2g^2\sigma^2}\right) \\
&\quad I_{N-1}\left(\frac{\sqrt{qT}}{g^2\sigma^2}\right) \cdot f(g)f(q)\, \mathrm{d}g\mathrm{d}q\mathrm{d}T
\end{aligned} \tag{4.35}$$

其中，$f(q)$ 表示 q 的概率密度函数。

上式交换积分顺序，先对 T 进行积分，可得雷达检测概率表达式为

$$P_d = \int_0^\infty \int_0^\infty Q_N\left(\frac{\sqrt{q}}{g\sigma}, \frac{\sqrt{\eta}}{g\sigma}\right) f(g)f(q)\, \mathrm{d}g\mathrm{d}q \tag{4.36}$$

其中，

$$Q_N(\varepsilon, h) = \int_h^\infty x\left(\frac{x}{\varepsilon}\right)^{N-1} \exp\left(-\frac{x^2+\varepsilon^2}{2}\right) I_{N-1}(\varepsilon x)\, \mathrm{d}x \tag{4.37}$$

由此可见，式（4.36）是瑞利分布杂波下雷达检测概率数学表达式的扩展。

q 的概率密度函数可表示为[10]

$$f(q) = \prod_{i=0}^{N-1}\left(\frac{\lambda_0}{\lambda_i}\right)^\alpha \sum_{j=0}^\infty \frac{\delta_j q^{N\alpha+j-1}\exp(-q/\lambda_0)}{\lambda_0^{N\alpha+j}\Gamma(N\alpha+j)} \tag{4.38}$$

其中，$\lambda_0 = \min(\lambda_i)$，$\{\lambda_i\}_{i=0}^{N-1}$ 为 $\boldsymbol{B} = \boldsymbol{\Lambda\Theta}$ 的特征值，$\boldsymbol{\Lambda}$ 为 $N\times N$ 的对角矩阵，元素为 $\beta = p_m/\alpha$，$\boldsymbol{\Theta}$ 为相关矩阵，表示为

$$\boldsymbol{\Theta} = \begin{bmatrix} 1 & \sqrt{\rho_{0,1}} & \cdots & \sqrt{\rho_{0,N-1}} \\ \sqrt{\rho_{1,0}} & 1 & \cdots & \sqrt{\rho_{1,N-1}} \\ \vdots & \vdots & \ddots & \vdots \\ \sqrt{\rho_{N-1,0}} & \cdots & \cdots & 1 \end{bmatrix} \tag{4.39}$$

其中，ρ_{il} 为相关系数，可建模为

$$\rho_{il} = \rho^{|i-l|}, \quad i,l = 0,1,\cdots,N-1 \tag{4.40}$$

其中，ρ 为一步相关系数。式（4.38）中的系数 δ_j 可通过式（4.41）计算获得

$$\begin{cases} \delta_0 = 1 \\ \delta_{j+1} = \dfrac{\alpha}{j+1} \sum_{i=1}^{j+1} \left[\sum_{r=0}^{N-1} \left(1 - \dfrac{\lambda_0}{\lambda_r}\right)^i \right] \delta_{j+1-i}, \quad j = 0,1,2,\cdots \end{cases} \quad (4.41)$$

将式（4.38）代入式（4.36）可得雷达检测概率表达式为

$$P_d = \int_0^\infty \int_0^\infty Q_N\left(\frac{\sqrt{q}}{g\sigma}, \frac{\sqrt{\eta}}{g\sigma}\right) f(g) f(q) \,\mathrm{d}g\mathrm{d}q$$

$$= \sum_{j=0}^\infty \prod_{i=0}^{N-1} \left(\frac{\lambda_0}{\lambda_i}\right)^\alpha \delta_j \cdot \int_0^\infty \int_0^\infty Q_N\left(\frac{\sqrt{q}}{g\sigma}, \frac{\sqrt{\eta}}{g\sigma}\right) \frac{q^{N\alpha+j-1}\exp(-q/\lambda_0)}{\lambda_0^{N\alpha+j}\Gamma(N\alpha+j)} f(g) \,\mathrm{d}g\mathrm{d}q \quad (4.42)$$

$$= \sum_{j=0}^\infty d_j P_j$$

其中，$d_j = \displaystyle\prod_{i=0}^{N-1}(\lambda_0/\lambda_i)^\alpha \delta_j$，

$$P_j = \int_0^\infty \int_0^\infty Q_N\left(\frac{\sqrt{q}}{g\sigma}, \frac{\sqrt{\eta}}{g\sigma}\right) \frac{q^{N\alpha+j-1}\exp(-q/\lambda_0)}{\lambda_0^{N\alpha+j}\Gamma(N\alpha+j)} f(g) \,\mathrm{d}g\mathrm{d}q \quad (4.43)$$

对比式（4.36）、式（4.43）可得，P_j 为 K 分布杂波下雷达对伽马起伏类型目标的检测概率。其中，形状参数为 $N\alpha+j$，尺度参数为 λ_0。

为了简化式（4.43），将 Q 函数表示为积分形式，然后先对 q 进行积分，于是可得

$$P_j = \int_0^\infty \int_\eta^\infty \frac{T^{N-1}}{\lambda_0^{N\alpha+j}\Gamma(N)(2g^2\sigma^2)^N}\left(\frac{1}{2g^2\sigma^2} + \frac{1}{\lambda_0}\right)^{-N\alpha-j}$$

$$\exp\left(-\frac{T}{2g^2\sigma^2}\right) {}_1\mathrm{F}_1\left(N\alpha+j; N; \frac{T\lambda_0}{4g^4\sigma^4 + 2g^2\sigma^2\lambda_0}\right) f(g) \,\mathrm{d}T\mathrm{d}g \quad (4.44)$$

其中，${}_1\mathrm{F}_1(a;\theta;\tau)$ 为合流超几何函数，

$${}_1\mathrm{F}_1(a;\theta;\tau) = \sum_{n=0}^\infty \frac{(a)_n \tau^n}{(\theta)_n n!} \quad (4.45)$$

其中，$(a)_n = a(a+1)\cdots(a+n-1)$，$(a)_0 = 1$。

将式（4.45）代入式（4.44）可得

$$P_j = \int_0^\infty \left(\frac{2g^2\sigma^2}{2g^2\sigma^2 + \lambda_0}\right)^{N\alpha+j} \sum_{n=0}^\infty \frac{(N\alpha+j)_n}{\Gamma(N+n)n!}\left(\frac{\lambda_0}{2g^2\sigma^2 + \lambda_0}\right)^n$$

$$\Gamma_{\mathrm{inc}}\left(N+n, \frac{\eta}{2g^2\sigma^2}\right) f(g) \,\mathrm{d}g \quad (4.46)$$

其中，$\Gamma_{\mathrm{inc}}(\cdot,\cdot)$ 表示不完全伽马函数。当 $N\alpha+j \geq N$，上式中的无限求和可用有限求和等效，即

$$P_j = \int_0^\infty \sum_{n=0}^M C_M^n \frac{\left(\dfrac{\lambda_0}{2g^2\sigma^2}\right)^n}{\Gamma(N+n)\left(1+\dfrac{\lambda_0}{2g^2\sigma^2}\right)^M} \Gamma_{\mathrm{inc}}\left(N+n,\frac{\eta}{\lambda_0+2g^2\sigma^2}\right) f(g)\,\mathrm{d}g \quad (4.47)$$

其中，$M=N\alpha+j-N$，C_M^n 表示从 M 个元素里取 n 个元素的组合运算。令 $H=\max\{0,N-N\alpha\}$，雷达检测概率可表示为

$$\begin{aligned}
P_d = &\sum_{j=0}^{H-1} d_j \cdot \int_0^\infty \left(\frac{2g^2\sigma^2}{2g^2\sigma^2+\lambda_0}\right)^{N\alpha+j} \\
&\sum_{n=0}^\infty \frac{(N\alpha+j)_n}{\Gamma(N+n)n!}\left(\frac{\lambda_0}{2g^2\sigma^2+\lambda_0}\right)^n \Gamma_{\mathrm{inc}}\left(N+n,\frac{\eta}{2g^2\sigma^2}\right) f(g)\,\mathrm{d}g\ + \\
&\sum_{j=H}^\infty d_j \cdot \int_0^\infty \sum_{n=0}^M C_M^n \frac{\left(\dfrac{\lambda_0}{2g^2\sigma^2}\right)^n}{\Gamma(N+n)\left(1+\dfrac{\lambda_0}{2g^2\sigma^2}\right)^M} \\
&\Gamma_{\mathrm{inc}}\left(N+n,\frac{\eta}{\lambda_0+2g^2\sigma^2}\right) f(g)\,\mathrm{d}g
\end{aligned} \quad (4.48)$$

在上面的推导中，假定两次观测的目标回波之间具有一定相关性。在极端情况下，两次观测信号之间相互独立或者完全相关。当两次观测信号之间相互独立时，$\rho_{il}=0$，$i\neq l$。此时，q 的概率密度函数为

$$f(q) = \frac{q^{\alpha-1}}{(N\beta)^\alpha \Gamma(\alpha)} \exp\left(-\frac{q}{N\beta}\right) \quad (4.49)$$

将式（4.49）代入式（4.36），可得雷达检测概率为

$$\begin{aligned}
P_d = &d_0 \cdot \int_0^\infty \left(\frac{2g^2\sigma^2}{2g^2\sigma^2+\lambda_0}\right)^{N\alpha} \sum_{n=0}^\infty \frac{(N\alpha)_n}{\Gamma(N+n)n!}\left(\frac{\lambda_0}{2g^2\sigma^2+\lambda_0}\right)^n \cdot \\
&\Gamma_{\mathrm{inc}}\left(N+n,\frac{\eta}{2g^2\sigma^2}\right) f(g)\,\mathrm{d}g
\end{aligned} \quad (4.50)$$

当两次观测信号之间完全相关时，$\rho_{il}=1$。q 的概率密度函数为

$$f(q) = \frac{q^{\alpha-1}}{(N\beta)^\alpha \Gamma(\alpha)} \exp\left(-\frac{q}{N\beta}\right) \quad (4.51)$$

此时，雷达检测概率可表示为

$$P_d = \int_\eta^\infty \int_0^\infty \int_0^\infty \frac{1}{2g^2\sigma^2}\left(\frac{T}{q}\right)^{(N-1)/2} \exp\left(-\frac{T+q}{2g^2\sigma^2}\right)$$
$$I_{N-1}\left(\frac{\sqrt{qT}}{g^2\sigma^2}\right)f(q)f(g)\,\mathrm{d}q\mathrm{d}g\mathrm{d}T \tag{4.52}$$

如果 $\alpha > (N-1)/2$，上式可表示为

$$P_d = \int_0^\infty \frac{1}{\Gamma(N)}\left(\frac{2g^2\sigma^2}{N\beta + 2g^2\sigma^2}\right)^\alpha \sum_{n=0}^\infty \frac{(\alpha)_n}{(N)_n n!} \cdot$$
$$\left(\frac{N\beta}{N\beta + 2g^2\sigma^2}\right)^n \Gamma_{\mathrm{inc}}\left(N+n, \frac{\eta}{2g^2\sigma^2}\right)f(g)\,\mathrm{d}g \tag{4.53}$$

4.3.4 仿真结果与分析

本节首先通过仿真验证理论推导的正确性，然后，再分析雷达在不同场景下对相关伽马起伏目标的检测性能。

根据式（4.48）可知，在计算雷达检测概率时存在截断误差。假定选取的 j 的最大值记为 $j_{\max}$，则截断误差可表示为

$$\Delta P_d = \sum_{j=0}^\infty d_j P_j - \sum_{j=0}^{j_{\max}} d_j P_j = \sum_{j=j_{\max}+1}^\infty d_j P_j \tag{4.54}$$

由于 $0 \leqslant P_j \leqslant 1$、$\sum_{j=0}^\infty d_j = 1$，于是有

$$\Delta P_d \leqslant \Delta d_j = \sum_{j=j_{\max}+1}^\infty d_j = 1 - \sum_{j=0}^{j_{\max}} d_j \tag{4.55}$$

由式（4.42）可见，Δd_j 是 ΔP_d 的上限。在此，合理选择 $j_{\max}$ 确保在仿真过程中 $\Delta d_j \leqslant 10^{-3}$。

仿真中，$P_f = 10^{-3}$，杂波平均功率 $2\sigma^2 = 1$，脉冲积累数 $N = 8$，$\rho = 0.6$，蒙特卡洛仿真次数为 10000。在蒙特卡洛仿真中，相关伽马分布随机数通过多个相关高斯随机数的平方和产生，K 分布杂波通过文献 [11] 中的方法产生。图 4.6 给出了理论推导和仿真的雷达检测概率随 SCR 的变化曲线，其中，$\Omega = 1$。从图 4.6 中可以看到，理论推导的检测性能与仿真得到的检测性能吻合较好，由此验证了上述理论推导的正确性。

下面分析不同场景下雷达对相关伽马起伏目标的检测性能。令 $P_f = 10^{-6}$，不同杂波形状参数下雷达检测性能随 SCR 的变化曲线如图 4.7 所示。其中，$\rho = 0.6$，$\alpha = 0.5$，$N = 8$。$\Omega = \infty$ 表示杂波服从瑞利分布。

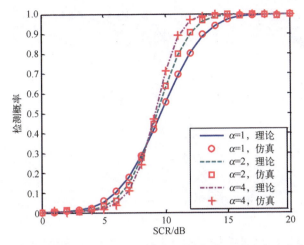

图 4.6　理论推导和仿真的雷达检测概率随 SCR 的变化曲线

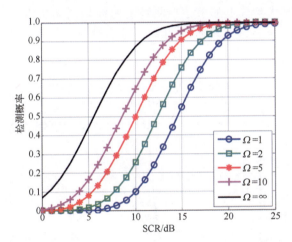

图 4.7　不同杂波形状参数下雷达检测性能随 SCR 的变化曲线

　　图 4.7 表明，SCR 一定时，雷达检测概率随杂波形状参数 Ω 的减小而减小。通过几条曲线间的间距可见，随着 Ω 的减小，雷达检测性能下降得越来越快。为了达到 $P_d = 0.9$，$\Omega = 1$、$\Omega = \infty$ 所需的信杂比相差约 9dB。

　　图 4.8 给出了不同脉冲积累数下雷达检测概率随 SCR 的变化曲线。其中，$\rho = 0.6$，$\alpha = 1$，$\Omega = 1$。雷达检测性能随着脉冲积累数的增加而提高。对于检测概率较高时，通过脉冲积累获得的 SCR 增益较高；对于检测概率较低时，通过脉冲积累获得 SCR 增益较低。例如，对于 $P_d = 0.9$，脉冲积累数从 1 增加到 16 后，所需的 SCR 减低了约 12dB。但是对于 $P_d = 0.5$，所需的 SCR 降低了约 6dB。

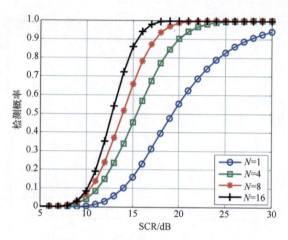

图 4.8　不同脉冲积累数下雷达检测概率随 SCR 的变化曲线

不同目标形状参数下的雷达检测性能曲线如图 4.9 所示。其中，$N=8$，$\Omega=1$，$\rho=0.6$，$\alpha=\infty$ 表示非起伏目标。雷达对非起伏目标的检测概率可表示为

$$P_d = \int_0^\infty Q_N\left(\frac{\sqrt{N}A}{g\sigma}, \frac{\sqrt{\eta}}{g\sigma}\right) f(g)\,\mathrm{d}g \qquad (4.56)$$

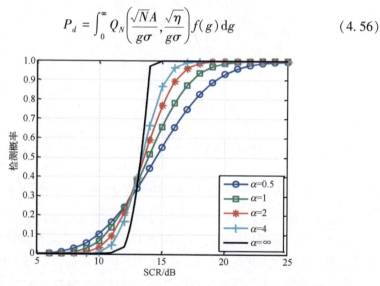

图 4.9　不同目标形状参数下的雷达检测性能曲线

图 4.9 表明，雷达检测概率随着 α 的增大而增大，雷达对非起伏目标的检测性能最好。在低 SCR 和高 SCR 下，目标形状参数的变化对雷达检测概率的影响效果相反。影响效果过渡区域在 SCR = 12dB 到 SCR = 13.5dB 之间。当 $P_d = 0.9$ 时，雷达检测 Swerling Ⅱ 和 Swerling Ⅳ 目标所需的 SCR 相差约 1dB。

　　不同相关系数下雷达目标检测性能曲线如图 4.10 所示。其中，$N = 8$，$\Omega = 1$，$\alpha = 1$。在低 SCR 和高 SCR 情况下，相关系数的变化对雷达检测性能的影响相反。在低 SCR 下，相关系数增大使得雷达检测概率增大，但是，增大后的检测概率仍较小；在高 SCR 下，相关系数增大使得雷达检测概率减小，相关系数越大，雷达检测概率减小越明显。总体上，多次观测的目标信号之间相关独立时，雷达检测性能最好。当 $P_d = 0.9$，多次观测的目标信号独立时雷达所需的 SCR 比多次观测的信号完全相关时所需的 SCR 低 7.5dB。

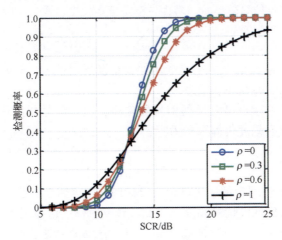

图 4.10　不同相关系数下雷达目标检测性能曲线

4.4　镜反射条件下雷达检测性能分析

　　雷达探测低空或超低空目标时，多径散射回来的多路信号相互干涉，给雷达检测、跟踪都带来一定影响。为了消除多径散射给雷达跟踪测角造成的不利影响，诸多学者在这方面开展了大量研究[12-14]，而在研究分析多径散射对雷达检测性能影响方面，相关研究报道相对较少。美国麻省理工学院（MIT）林肯实验室分别针对起伏目标与非起伏目标，推导了多径环境下的雷达接收信号的概率密度函数，仿真得到了特定场景下针对不同目标的最佳检测方案[15]，但该文只考虑了镜反射的一路反射信号；在此基础上，国防科技大学考虑三路反射信号，对比分析了雷达在多径和自由空间中的检测性能[16]；圣路易斯华盛顿大学首先建立了多径散射的参数化模型，然后通过大量检测试验和分析评估，提出了具有最佳检测性能的频率分集算法[17]；加拿大 Dawon 公司研究了天基雷达利用多径效应检测机载目标的方法，其巧妙地利用多径干扰对天基雷达接收信号的幅度调制这一现象，通过测量幅度调制频率，从而检测出目标[18]。

从现有研究成果可见，在分析多径条件下雷达目标检测性能时，由于漫反射随机性较强，理论分析较困难，诸多学者仅针对镜反射对雷达检测性能的影响展开了相关研究。下面将结合 3.3.1 节的镜反射模型，通过理论推导和仿真，分析镜反射下雷达目标检测性能。

4.4.1 传播因子概率分布

在对雷达接收信号建模时，考虑三路镜反射模型，雷达接收信号可表示为

$$s(t) = s_d(t) + \sum_{i=1}^{3} s_{ri}(t) + n(t) \tag{4.57}$$

其中，$s_d(t)$ 为直达波信号，$s_{ri}(t)$ 表示第 i 路镜反射信号，$n(t)$ 为复高斯分布热噪声。镜反射示意见图 3.22。

镜反射建模的重点是对反射信号的建模，反射信号幅度主要由传播因子决定。定义镜反射幅度传播因子为[19]

$$v = \frac{E_1}{E_0} \tag{4.58}$$

其中，E_0 为自由空间中雷达接收到的目标回波信号幅度，E_1 为镜反射条件下雷达接收到的目标回波信号幅度。为此，镜反射幅度传播因子可表示为

$$v = \left| 1 + \sqrt{\frac{G_r(\theta_r)}{G_r(\theta_d)}} |\rho| e^{j\alpha} + \sqrt{\frac{G_t(\theta_r)}{G_t(\theta_d)}} |\rho| e^{j\alpha} + \sqrt{\frac{G_t(\theta_r) G_r(\theta_r)}{G_t(\theta_d) G_r(\theta_d)}} |\rho|^2 e^{j2\alpha} \right| \tag{4.59}$$

其中，θ_d、θ_r 分别为直达波、镜面反射波与波束最大方向的夹角，$G_t(\theta)$、$G_r(\theta)$ 分别为发射和接收天线在 θ 方向的增益，$\alpha = \alpha_1 + \alpha_2$，$\alpha_1$ 为一次反射路径与直达路径的相位差，α_2 为镜反射系数相位，镜反射系数 ρ 的具体计算方法详见 3.3.1 节。

低掠射角观测下，$\theta_r \approx \theta_d$，同时，考虑雷达收发共用同一天线，这样，式（4.59）可简化为

$$v = \left| (1 + |\rho| e^{j\alpha})^2 \right| = 1 + \rho^2 + 2\rho \cos\alpha, \quad v \in \left[(1-\rho)^2, (1+\rho)^2 \right] \tag{4.60}$$

由于实际中，目标高度和目标距离未知，在此，假定 α_1 服从 $[0, 2\pi]$ 均匀分布，那么 α 也服从 $[0, 2\pi]$ 均匀分布，则传播因子 v 的概率密度函数为

$$f(v) = f(\alpha) \left| \frac{\partial \alpha}{\partial v} \right| = \frac{1}{\pi \sqrt{4|\rho|^2 - (v - 1 - |\rho|^2)^2}} \tag{4.61}$$

同理，可定义镜反射功率传播因子 μ 为镜反射条件下与自由空间中雷达接收到的目标回波功率之比，则 $\mu = v^2$，其概率密度函数为

$$f(\mu) = \frac{1}{2\pi \sqrt{4\mu|\rho|^2 - \mu(\sqrt{\mu} - 1 - |\rho|^2)^2}}, \quad \mu \in [\mu_{min}, \mu_{max}] \tag{4.62}$$

其中，$\mu_{min} = (1-|\rho|)^4 \mu_{max} = (1+|\rho|)^4$。

4.4.2 检测概率计算

在计算得到自由空间中雷达检测概率的基础上，结合镜反射功率传播因子概率密度函数，可进一步计算得到镜反射条件下的雷达检测概率。下面将理论推导镜反射条件下雷达对起伏目标的检测概率。首先来推导分析自由空间中非起伏目标的雷达检测概率。

对于自由空间中复高斯白噪声环境下非起伏目标，雷达接收信号可表示为

$$y = m + w \tag{4.63}$$

其中，$m = \tilde{m}\exp(j\theta)$ 为目标回波信号，w 为复高斯白噪声，功率为 β^2。易得，信噪比 $S = \tilde{m}^2/\beta^2$。

在假设 H_0 下，目标不存在，$y = w$，雷达接收信号幅度 $z = |y|$ 服从瑞利分布，即

$$f(z | H_0) = \frac{2z}{\beta^2}\exp\left(-\frac{z^2}{\beta^2}\right), \quad z \geqslant 0 \tag{4.64}$$

在假设 H_1 下，目标存在，z 服从莱斯分布[20]，即

$$f(z | H_1) = \frac{2z}{\beta^2}\exp\left(-\frac{z^2 + \tilde{m}^2}{\beta^2}\right) I_0\left(\frac{2\tilde{m}z}{\beta^2}\right) \tag{4.65}$$

其中，$I_N(\cdot)$ 表示 N 阶第一类修正贝塞尔函数。

对雷达接收信号用噪声功率归一化，归一化后的接收信号功率 $t = (z/\beta)^2$。容易证明，归一化后的接收信号功率是关于信噪比的函数，接收信号功率关于信噪比的条件概率密度函数可表示为

$$f(t | S, H_1) = \exp(-t - S) I_0(2\sqrt{tS}) \tag{4.66}$$

式（4.66）关于 t 积分，可得单次检测概率

$$p_D = \int_\eta^\infty f(t | S, H_1)\,\mathrm{d}t = \int_\eta^\infty \exp(-t - S) I_0(2\sqrt{tS})\,\mathrm{d}t \tag{4.67}$$

其中，η 为检测门限。

通过以上推导得到了自由空间中雷达单次检测概率。对于镜反射条件下的起伏目标检测，由于存在镜面反射信号、目标 RCS 起伏等特点，雷达接收信号功率与功率传播因子、目标瞬时 RCS 有关，因此，检测概率与功率传播因子、平均信噪比、瞬时信噪比有关。为了得到镜反射条件下雷达对起伏目标的检测概率，首先需要推导镜反射条件下雷达接收信号功率的概率密度函数。

假定目标为 Swerling Ⅰ/Ⅲ 型起伏目标，自由空间中，目标信噪比均值为 S，瞬时信噪比为 σ，则

$$f(\sigma \mid S) = \frac{1}{S}\exp\left(-\frac{\sigma}{S}\right) \tag{4.68}$$

多径条件下目标的瞬时信噪比为 $S' = \mu\sigma$，其概率分布函数为

$$\begin{aligned}
f(S') &= \int_{(1-\mid\rho\mid)^4}^{(1+\mid\rho\mid)^4} f(S'\mid\mu)f(\mu)\,\mathrm{d}\mu \\
&= \int_{(1-\mid\rho\mid)^4}^{(1+\mid\rho\mid)^4} f(\sigma)\left|\frac{\partial\sigma}{\partial S'}\right| f(\mu)\,\mathrm{d}\mu
\end{aligned} \tag{4.69}$$

在 S 和 μ 已知的情况下，多径条件下目标瞬时信噪比的条件概率密度函数为

$$\begin{aligned}
f(S'\mid\mu,S) &= f\left(\sigma = \frac{S'}{\mu}\,\middle|\,S\right) \cdot \left|\frac{\partial\sigma}{\partial S'}\right| \\
&= \frac{1}{S\mu}\exp\left(-\frac{S'}{\mu S}\right)
\end{aligned} \tag{4.70}$$

式（4.70）关于 μ 积分，得到 μ 未知、S 已知情况下的目标瞬时信噪比的条件概率分布函数为

$$\begin{aligned}
f(S'\mid S) &= \int_{(1-\mid\rho\mid)^4}^{(1+\mid\rho\mid)^4} f(S'\mid\mu,S)f(\mu)\,\mathrm{d}\mu \\
&= \int_{(1-\mid\rho\mid)^4}^{(1+\mid\rho\mid)^4} \frac{1}{\mu S}\mathrm{e}^{-S'/\mu S}\frac{1}{2\pi\sqrt{4\mu\mid\rho\mid^2 - \mu(\sqrt{\mu}-1-\mid\rho\mid^2)^2}}\,\mathrm{d}\mu
\end{aligned} \tag{4.71}$$

镜反射条件下雷达接收信号功率关于平均信噪比 S 的条件概率分布函数可表示为

$$\begin{aligned}
f(t\mid S) &= \int_0^\infty f(t\mid S') \cdot f(S'\mid S)\,\mathrm{d}S' \\
&= \int_{(1-\mid\rho\mid)^4}^{(1+\mid\rho\mid)^4} \frac{\mathrm{e}^{-S'/\mu S}}{\mu S}\frac{1}{2\pi\sqrt{4\mu\mid\rho\mid^2 - \mu(\sqrt{\mu}-1-\mid\rho\mid^2)^2}} \cdot \\
&\quad \left[\int_0^\infty \mathrm{e}^{-t-S'}\mathrm{I}_0(2\sqrt{tS'})\,\mathrm{d}S'\right]\mathrm{d}\mu \\
&= \frac{\mathrm{e}^{-t}}{\mu S}\int_{(1-\mid\rho\mid)^4}^{(1+\mid\rho\mid)^4} \frac{1}{2\pi\sqrt{4\mu\mid\rho\mid^2 - \mu(\sqrt{\mu}-1-\mid\rho\mid^2)^2}} \cdot \\
&\quad \left[\int_0^\infty \mathrm{e}^{-\left(\frac{\mu S+1}{\mu S}\right)S'}\mathrm{I}_0(2\sqrt{tS'})\,\mathrm{d}S'\right]\mathrm{d}\mu \\
&= \frac{\mathrm{e}^{-t}}{\mu S}\int_{(1-\mid\rho\mid)^4}^{(1+\mid\rho\mid)^4} \frac{\left(\dfrac{\mu S}{\mu S+1}\right)\mathrm{e}^{\mu S/(\mu S+1)}}{2\pi\sqrt{4\mu\mid\rho\mid^2 - \mu(\sqrt{\mu}-1-\mid\rho\mid^2)^2}}\,\mathrm{d}\mu
\end{aligned} \tag{4.72}$$

式（4.72）关于 t 积分，可得镜反射条件下的雷达单次检测概率为

$$
\begin{aligned}
p_D &= \int_{\eta}^{\infty} f(t \mid S)\,\mathrm{d}t \\
&= \int_{\eta}^{\infty} \int_{(1-|\rho|)^4}^{(1+|\rho|)^4} \frac{\mathrm{e}^{-t}}{\mu S} \cdot \frac{1}{2\pi\sqrt{4\mu|\rho|^2 - \mu(\sqrt{\mu}-1-|\rho|^2)^2}} \cdot \\
&\quad \left(\frac{\mu S}{\mu S + 1}\right) \mathrm{e}^{\mu S/(\mu S+1)}\,\mathrm{d}\mu\,\mathrm{d}t \\
&= \int_{(1-|\rho|)^4}^{(1+|\rho|)^4} \frac{\mathrm{e}^{-\eta/(\mu S+1)}}{2\pi\sqrt{4\mu|\rho|^2 - \mu(\sqrt{\mu}-1-|\rho|^2)^2}}\,\mathrm{d}\mu
\end{aligned}
\tag{4.73}
$$

通过积分的方法很难得到 p_D 闭合形式的解，为此，可采用复化辛普森公式对其进行数值积分[21]。

最终 N 次检测概率为

$$
P_D = \sum_{k=M}^{N} \mathrm{C}_k^N p_D^k (1-p_D)^{N-k}
\tag{4.74}
$$

其中，C_k^N 为 k 组合。

4.4.3 仿真结果与分析

假设噪声归一化功率为 1，在总的虚警概率一定的情况下，单次检测所允许的虚警概率 p_f 可通过下式反推得到：

$$
P_F = \sum_{k=M}^{N} \mathrm{C}_k^N p_f^k (1-p_f)^{N-k}
\tag{4.75}
$$

在求得单次检测的虚警概率之后，单次检测的门限 $\eta = -\ln p_f$ 即可得到[21]。

为了更好地说明雷达在多径条件下的检测性能，在此，将雷达在自由空间中和在多径环境下的检测性能曲线进行了对比。其中，自由空间中的雷达单次检测概率为

$$
p_D = \mathrm{e}^{-\eta/(1+S)}
\tag{4.76}
$$

仿真分别给出了虚警概率 $P_F = 10^{-6}$、$N=8$ 时，雷达在两种不同环境下的检测概率曲线，如图 4.11 所示，其中，$|\rho| = 0.9$。

图 4.11 说明，信噪比较低时，雷达在镜反射环境下的检测性能优于在自由空间中的检测性能。当 M 值选取适当时，镜反射条件下的雷达检测性能优于自由空间中的检测性能。两种环境下，雷达检测概率均随着信噪比的提高而增大。图 4.11 还表明，自由空间中，$M=2$ 时，雷达具有最佳检测性能，雷达检测性能随 M 值的变化而起伏变化，但变化并不太明显；镜反射条件下，$M=1$ 时，雷达具有最佳检测性能，雷达检测性能随 M 值的增大单调递减，且

递减速度较快。

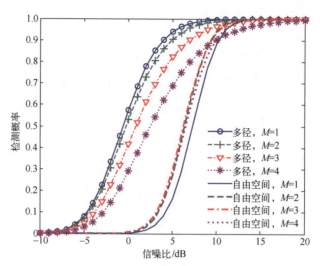

图 4.11　镜反射下雷达检测性能

图 4.12 给出了不同镜反射系数下的雷达检测概率曲线，其中，$P_F = 10^{-6}$、$N = 8$，$M = 1$。

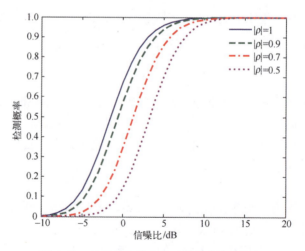

图 4.12　不同镜反射系数下的雷达检测概率

从图 4.12 中可以看出，随着镜反射系数的减小，雷达在多径环境下的检测性能逐渐下降。但随着信噪比的增加，不同镜反射系数下的雷达检测概率差异越来越小，当信噪比为 15dB，四种反射系数下的雷达检测概率近似相等。

令 $N = 10$、16，仿真得到镜反射条件下不同 $M/10$、$M/16$ 检测器的检测性

能如图 4.13 所示，其中 $P_F = 10^{-6}$、$|\rho| = 0.9$。

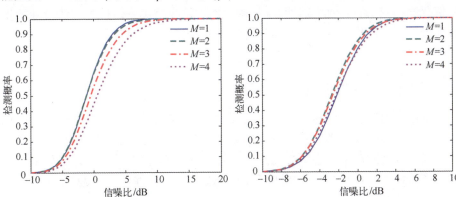

图 4.13　镜反射条件下不同 M/N 检测器的检测性能

由图 4.13 可见，$N = 10$ 时，镜反射条件下雷达采用 1/10 检测器检测性能最佳，雷达检测性能随着 M 值的增大而降低，不同 M/10 检测器之间的性能差异较明显；$N = 16$ 时，雷达采用 2/16 检测器检测性能最佳，不同 M/10 检测器之间的性能差异较小。对比图 4.11 与图 4.13 可以发现，在相同的虚警概率下，N 越大，雷达检测性能越好，且不同 M/N 值下雷达检测概率差异越小。

为此，在设计 M/N 检测器时，需结合雷达面临的实际场景。在 N 值一定情况下，通过合理选取 M 值，可使雷达具有最佳的检测性能。通过大量仿真实验，表 4.1 总结给出了不同环境、不同 N 值下，雷达具有最佳检测性能时的最佳 M 值，其中，$P_F = 10^{-6}$、$|\rho| = 0.9$。

表 4.1　镜反射条件下与自由空间中雷达 M/N 检测最佳 M 值

N	自由空间	镜反射条件下
1~4	1	1
5~8	2	1
9~11	3	1
12~16	4	2

4.5　K 分布杂波与多径条件下雷达目标检测性能分析

4.2 节~4.4 节分别分析了杂波和镜反射条件下雷达的检测性能。实际中，雷达在低空目标进行探测时，雷达同时面临着杂波和多径散射干扰。因此，分析杂波+多径条件下的雷达目标检测性能，可为后续雷达检测方法设计提供有力指导。下面将通过理论推导分析 K 分布杂波+多径散射条件下的雷达目标检测性能。

4.5.1 多径传播因子概率密度函数

雷达探测低空目标时，镜反射与漫反射同时存在。由于雷达检测阶段往往采用一些非线性处理，镜、漫反射系数与雷达检测概率之间具有非线性关系，镜、漫反射对雷达检测性能产生的综合影响效应并不是二者单独影响效应的简单叠加。在此，将镜反射和漫反射视为一整体，定义总的复反射系数为

$$\rho = \rho_s + \rho_d \tag{4.77}$$

其中，ρ_s 为镜反射系数，ρ_d 为漫反射系数。ρ_s 为某一确定值，$|\rho_d|$ 服从瑞利分布，ρ_d 的相位服从 $[0,2\pi]$ 均匀分布[12]，$|\rho_d|$ 的瑞利分布参数可表示为

$$\rho_{d0} = |\rho_0| \rho_2 \tag{4.78}$$

其中，漫散射系数 ρ_2 可计算为

$$\rho_2 = \begin{cases} 5.208\Lambda & , \quad 0 < \Lambda < 0.1 \\ 0.6421 - 1.2134\Lambda, & 0.1 \leqslant \Lambda < 0.5 \\ 0.035\Lambda & , \quad \Lambda \geqslant 0.5 \end{cases} \tag{4.79}$$

其中，$\Lambda = \sigma_h \sin\psi_g / \lambda$。

由于 ρ_s 为某一确定值，$|\rho_d|$ 服从瑞利分布，ρ_d 的相位服从 $[0,2\pi]$ 均匀分布，容易证明，总反射系数幅度 $|\rho|$ 服从莱斯分布，概率密度函数可表示为

$$f(|\rho|) = \frac{|\rho|}{\rho_{d0}^2} \exp\left(-\frac{|\rho|^2 + |\rho_s|^2}{2\rho_{d0}^2}\right) I_0\left(\frac{|\rho||\rho_s|}{\rho_{d0}^2}\right) \tag{4.80}$$

其中，$I_N(\cdot)$ 表示 N 阶第一类修正贝塞尔函数。同时，通过推导可以得到 ρ 的相位的概率密度函数为

$$\begin{aligned} f_{\phi_\rho}(\phi_\rho) = \frac{1}{2\pi}\exp\left(-\frac{1}{2}r^2\right) \cdot &\left\{ 1 + \sqrt{\frac{\pi}{2}} r\cos(\phi_s - \phi_\rho) \cdot \right. \\ &\left. \exp\left[\frac{1}{2}r^2\cos^2(\phi_s - \phi_\rho)\right] \text{erfc}\left[-\frac{1}{\sqrt{2}}r\cos(\phi_s - \phi_\rho)\right] \right\} \end{aligned} \tag{4.81}$$

其中，$r = |\rho_s|/\rho_{d0}$，ϕ_s 为镜反射系数相位。雷达工作在水平极化方式时，$\phi_s \approx \pi$，$\text{erfc}(\cdot)$ 表示补余误差函数。

为此，雷达多径散射可等效为一特殊的反射，该反射系数为一随机数，其幅度和相位概率密度函数分别如式（4.80）、式（4.81）所示。由图 3.22

可以看出，雷达接收到一路直达波和三路反射回波，雷达接收到的目标回波信号可表示为

$$
\begin{aligned}
s = \sqrt{\frac{P_t G_t(\theta_d) G_r(\theta_d) \lambda^2 \sigma}{(4\pi)^3 L_s R^4}} \Bigg[& 1 + \sqrt{\frac{G_r(\theta_r)}{G_r(\theta_d)}} \, |\rho| \, e^{j\phi} + \\
& \sqrt{\frac{G_t(\theta_r)}{G_t(\theta_d)}} \, |\rho| \, e^{j\phi} + \sqrt{\frac{G_t(\theta_r) G_r(\theta_r)}{G_t(\theta_d) G_r(\theta_d)}} \, |\rho|^2 e^{j2\phi} \Bigg]
\end{aligned}
\tag{4.82}
$$

其中，P_t 为雷达的发射功率，λ 为发射信号波长，σ 为目标 RCS，L_s 为雷达综合损耗，R 为雷达与目标之间的距离，雷达收发共用同一天线，$G_t(\theta)$、$G_r(\theta)$ 分别为雷达发射天线和接收天线在 θ 方向的增益，ϕ 为一次反射回波与直达波之间的相位差，其可表示为

$$
\phi = \phi_l + \phi_\rho \tag{4.83}
$$

其中，$\phi_l = 2\pi(l_r + l_t - l)/\lambda$。

多径干涉导致雷达接收目标信号幅度发生改变，从而影响雷达目标检测性能。与 4.4 节定义镜反射幅度传播因子类似，定义多径幅度传播因子为 $\xi = A_1/A_0$，A_1、A_0 分别为多径条件下和自由空间中的雷达接收到的目标回波幅度，则

$$
\xi = \left| 1 + \sqrt{\frac{G_r(\theta_r)}{G_r(\theta_d)}} \, |\rho| \, e^{j\phi} + \sqrt{\frac{G_t(\theta_r)}{G_t(\theta_d)}} \, |\rho| \, e^{j\phi} + \sqrt{\frac{G_t(\theta_r) G_r(\theta_r)}{G_t(\theta_d) G_r(\theta_d)}} \, |\rho|^2 e^{j2\phi} \right| \tag{4.84}
$$

雷达低掠射角观测下，$\theta_r \approx \theta_d$，$G_t(\theta_r) \approx G_t(\theta_d)$，$G_r(\theta_r) \approx G_r(\theta_d)$，因此，式（4.84）可简化为

$$
\xi = 1 + |\rho|^2 + 2|\rho|\cos\phi \tag{4.85}
$$

由式（4.85）可以看到，多径散射可能导致目标回波增强，也可能导致目标回波衰减。对于固定的 $|\rho|$，当 $\phi = 0$ 时，目标回波被最大增强；当 $\phi = \pi$ 时，目标回波被最大衰减。

根据式（4.81）和式（4.83）可得 ϕ 的概率密度函数表示为

$$
\begin{aligned}
f_\phi(\phi) = {}& f_{\phi_\rho}(\phi - \phi_l) \\
= {}& \frac{1}{2\pi}\exp\left(-\frac{r^2}{2}\right) \Bigg\{ 1 + \sqrt{\frac{\pi}{2}} \, r\cos(\phi_f - \phi) \cdot \\
& \exp\left[\frac{r^2}{2}\cos^2(\phi_f - \phi)\right] \mathrm{erfc}\left[-\frac{r}{\sqrt{2}}\cos(\phi_f - \phi)\right] \Bigg\}
\end{aligned}
\tag{4.86}
$$

其中，$\phi_f = \phi_s + \phi_l$。这样，ξ 关于 $|\rho|$ 的条件概率密度函数可计算为

$$
f(\xi \,|\, |\rho|) = f_\phi(\phi_1)\left|\frac{\partial \phi_1}{\partial \xi}\right| + f_\phi(\phi_2)\left|\frac{\partial \phi_2}{\partial \xi}\right|
$$

$$
\begin{aligned}
= & \frac{\exp\left(-\dfrac{1}{2}r^2\right)}{2\pi\sqrt{4\,|\rho|^2-(\xi-1-|\rho|^2)^2}}\left\{2+\frac{\sqrt{2\pi}\,r}{4\,|\rho|}\cdot\right. \\
& \exp\left(\frac{r^2}{2}\cos^2\left(\phi_f+\mathrm{arcsec}\left(\frac{2\,|\rho|}{1+|\rho|^2-\xi}\right)\right)\right)\cdot \\
& \mathrm{erfc}\left[\frac{r}{\sqrt{2}}\cos\left(\phi_f+\mathrm{arcsec}\left(\frac{2\,|\rho|}{1+|\rho|^2-\xi}\right)\right)\right]\cdot \\
& \left[(\xi-1-|\rho|^2)\cos\phi_f+\right. \\
& \left.|\rho|\sqrt{2(1+\xi)-\frac{(1-\xi)^2}{|\rho|^2}-|\rho|^2}\,\sin\phi_f\right]+ \\
& \frac{\sqrt{2\pi}\,r}{4\,|\rho|}\exp\left(\frac{r^2}{2}\sin^2\left(\phi_f+\mathrm{arccsc}\left(\frac{2\,|\rho|}{1+|\rho|^2-\xi}\right)\right)\right)\cdot \\
& \mathrm{erfc}\left[\frac{r}{\sqrt{2}}\sin\left(\phi_f+\mathrm{arccsc}\left(\frac{2\,|\rho|}{1+|\rho|^2-\xi}\right)\right)\right]\cdot \\
& \left[(\xi-1-|\rho|^2)\cos\phi_f-\right. \\
& \left.\left.|\rho|\sqrt{2(1+\xi)-\frac{(1-\xi)^2}{|\rho|^2}-|\rho|^2}\,\sin\phi_f\right]\right\},\quad \xi\geqslant0
\end{aligned}
\tag{4.87}
$$

其中，$\phi_1=\arccos((\xi-1-|\rho|^2)/(2\,|\rho|))$，$\phi_2=-\arccos((\xi-1-|\rho|^2)/(2\,|\rho|))$，arcsec 和 arccsc 分别为反正割和反余割函数。

定义多径功率传播因子 μ 为多径条件下与自由空间中雷达接收到的目标回波功率之比，则 $\mu=\xi^2$，μ 关于 $|\rho|$ 的条件概率密度函数为

$$
\begin{aligned}
f(\mu\,|\,|\rho|)= & f(\xi\,|\,|\rho|)\left|\frac{\partial\xi}{\partial\mu}\right| \\
= & \frac{\exp\left(-\dfrac{1}{2}r^2\right)}{4\pi\sqrt{4\mu\,|\rho|^2-\mu(\sqrt{\mu}-1-|\rho|^2)^2}}\left\{2+\frac{\sqrt{2\pi}\,r}{4\,|\rho|}\cdot\right. \\
& \exp\left(\frac{r^2}{2}\cos^2\left(\phi_f+\mathrm{arcsec}\left(\frac{2\,|\rho|}{1+|\rho|^2-\sqrt{\mu}}\right)\right)\right)\cdot \\
& \mathrm{erfc}\left[\frac{r}{\sqrt{2}}\cos\left(\phi_f+\mathrm{arcsec}\left(\frac{2\,|\rho|}{1+|\rho|^2-\sqrt{\mu}}\right)\right)\right]\cdot
\end{aligned}
$$

$$
\begin{aligned}
&\Bigg[(\sqrt{\mu}-1-|\rho|^2)\cos\phi_f+ \\
&|\rho|\sqrt{2(1+\sqrt{\mu})-\frac{(1-\sqrt{\mu})^2}{|\rho|^2}-|\rho|^2}\sin\phi_f \Bigg]+ \\
&\frac{\sqrt{2\pi}\,r}{4|\rho|}\exp\!\left(\frac{r^2}{2}\sin^2\!\left(\phi_f+\operatorname{arccsc}\!\left(\frac{2|\rho|}{1+|\rho|^2-\sqrt{\mu}}\right)\right)\right)\Bigg)\cdot \\
&\operatorname{erfc}\!\left[\frac{r}{\sqrt{2}}\sin\!\left(\phi_f+\operatorname{arccsc}\!\left(\frac{2|\rho|}{1+|\rho|^2-\sqrt{\mu}}\right)\right)\right]\cdot \\
&\Bigg[(\sqrt{\mu}-1-|\rho|^2)\cos\phi_f- \\
&|\rho|\sqrt{2(1+\sqrt{\mu})-\frac{(1-\sqrt{\mu})^2}{|\rho|^2}-|\rho|^2}\sin\varphi_f \Bigg]\Bigg\},\quad \mu\geqslant 0
\end{aligned}
\tag{4.88}
$$

式 (4.88) 关于 $|\rho|$ 进行积分可得

$$
\begin{aligned}
f(\mu)&=\int_0^\infty f(\mu\,|\,|\rho|)f(|\rho|)\mathrm{d}|\rho| \\
&=\int_0^\infty f(\mu\,|\,|\rho|)\cdot\frac{|\rho|}{\rho_{d0}^2}\exp\!\left(-\frac{|\rho|^2+|\rho_s|^2}{2\rho_{d0}^2}\right)\mathrm{I}_0\!\left(\frac{|\rho||\rho_s|}{\rho_{d0}^2}\right)\mathrm{d}|\rho|,\quad \mu\geqslant 0
\end{aligned}
\tag{4.89}
$$

由式 (4.88)、式 (4.89) 可见，μ 的概率密度函数与 $|\rho_s|$、ρ_{d0}、ϕ_l 和 ϕ_s 有关。由于 $|\rho_s|$、ρ_{d0} 均与有效浪高、雷达掠射角有关，且 ϕ_l 与雷达、目标位置有关，因此，μ 的概率密度函数与有效浪高、雷达掠射角以及雷达、目标位置有关。而式 (4.83) 和式 (4.86) 表明，ϕ_l 随着雷达或目标的运动而改变，这使得 $f_\phi(\phi)$、$f(\mu)$ 随着雷达或目标的运动而改变。为此，下面假定雷达工作在水平极化方式下，选择 $\phi_l=0(\phi_f=\pi)$ 和 $\phi_l=\pi(\phi_f=2\pi)$ 两种特殊场景来分析不同海况下 μ 的概率密度函数。

假定雷达掠射角为 $0.5°$，波长为 $0.03\mathrm{m}$，$\phi_f=0$ 或 π。不同海况下 μ 的概率密度函数如图 4.14 所示，其中，2、3、4 级海况下浪高均方根值 σ_h 分别为 $0.3\mathrm{m}$、$0.9\mathrm{m}$、$1.5\mathrm{m}$[22]。

图 4.14 表明，当 $\sigma_h=0.3\mathrm{m}$、$\phi_f=0$ 时，大部分情况下 $\mu>1$。这意味着在大部分情况下，多径散射对目标回波具有增强作用。当 $\phi_f=0$ 时，随着 σ_h 的增大，μ 的取值逐渐向 1 靠近。当 $\sigma_h=0.3\mathrm{m}$、$\phi_f=\pi$ 时，大部分情况下 $\mu<1$，这说明在大部分情况下，多径散射对目标回波具有衰减作用；当 $\phi_f=\pi$ 时，

随着 σ_h 的增大，μ 的取值也逐渐向 1 靠近。

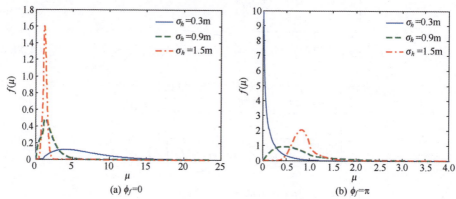

图 4.14　不同海况下 μ 的概率密度函数

对于一级海况，σ_h 较小，$|\rho_s|^2/\rho_{d0}^2 \gg 1$，此时，多径散射以镜反射为主，$f(|\rho|) = \delta(|\rho| - \rho_s)$，$f_\phi(\phi) \approx \delta(\phi - \phi_f)$，因此，一级海况下 μ 的概率密度函数可表示为

$$f(\mu) \approx \delta[\mu - (1 + |\rho_s|^2 + 2|\rho_s|\cos\phi_f)^2], \quad \mu \geq 0 \qquad (4.90)$$

由式（4.90）可得，一级海况下多径散射导致的雷达接收目标信号功率最大增益和最大损耗分别为 $10\log_{10}(1 + |\rho_s|^2)^2 \text{dB}$、$-10\log_{10}(1 - |\rho_s|^2)^2 \text{dB}$，其中，最大损耗可能接近无穷大。例如，令一级海况下 $\sigma_h = 0.1\text{m}$，$\psi_g = 0.5°$，$\lambda = 0.03$，雷达工作在水平极化方式下，由此可以计算得到多径散射导致的雷达接收目标信号功率最大增益和最大损耗分别为 5.44dB 和 17.82dB。

4.5.2　检测概率与虚警概率

雷达接收信号可表示为

$$H_0 : x = c + n$$
$$H_1 : x = s_t + c + n \qquad (4.91)$$

其中，H_0 表示无目标存在，H_1 表示有目标存在，s_t 为目标回波信号，n 为服从均值为 0、方差 σ_n^2 的复高斯分布热噪声，c 为 K 分布杂波，杂波幅度概率密度函数可表示为[23]

$$f(|c|) = \int_0^\infty f(|c| \,|\, s) f(s) \,\mathrm{d}s \qquad (4.92)$$

其中，

$$f(|c| \,|\, s) = \frac{|c|}{s^2 \sigma_c^2} \exp\left(-\frac{|c|^2}{2 s^2 \sigma_c^2}\right) \qquad (4.93)$$

$$f(s) = \frac{2v^v}{\Gamma(v)} s^{2v-1} \exp(-vs^2) \tag{4.94}$$

$$\sigma_c^2 = P_c/2 \tag{4.95}$$

P_c 为杂波平均功率，$\Gamma(\cdot)$ 为伽马函数，v 为杂波形状参数。

在 H_0 假设下，雷达接收信号幅度 $z = |x|$ 的概率密度函数为

$$f(z \mid H_0) = \int_0^\infty \frac{z}{\sigma_z^2} \exp\left(-\frac{z^2}{2\sigma_z^2}\right) f(s)\,\mathrm{d}s, \quad z \geqslant 0 \tag{4.96}$$

其中，$\sigma_z^2 = s^2 \sigma_c^2 + \sigma_n^2$。

在 H_1 假设下，若瞬时目标信号幅度 $\widetilde{m}$ 已知，z 的概率密度函数可表示为

$$f(z \mid \widetilde{m}, H_1) = \int_0^\infty \frac{z}{\sigma_z^2} \exp\left(-\frac{z^2 + \widetilde{m}^2}{2\sigma_z^2}\right) I_0\left(\frac{\widetilde{m}z}{\sigma_z^2}\right) f(s)\,\mathrm{d}s \tag{4.97}$$

令 $\sigma^2 = \sigma_c^2 + \sigma_n^2$，用 σ^2 对雷达接收信号功率进行归一化，归一化后的接收信号功率 $t = z^2/(2\sigma^2)$ 关于归一化信杂噪比 $\zeta' = \widetilde{m}^2/(2\sigma^2)$ 的概率密度函数为

$$f(t \mid \zeta', H_1) = \int_0^\infty \frac{1}{r_n + yr_c} \exp\left[-\frac{t + \zeta'}{r_n + yr_c}\right] I_0\left(\frac{2\sqrt{t\zeta'}}{r_n + yr_c}\right) f(y)\,\mathrm{d}y \tag{4.98}$$

其中，$r_n = \sigma_n^2/\sigma^2$，$r_c = \sigma_c^2/\sigma^2$，$y = s^2$，$f(y) = v^v y^{v-1} \exp(-vy)/\Gamma(v)$。

对于 Swerling 起伏目标，自由空间中，假定目标平均信杂噪比为 ζ_m，瞬时信杂噪比为 ζ，则

$$f(\zeta) = \left(\frac{k}{\zeta_m}\right)^k \frac{\zeta^{k-1}}{\Gamma(k)} \exp\left(-\frac{k\zeta}{\zeta_m}\right) \tag{4.99}$$

其中，ζ_m 为平均信杂噪比（SCNR），$k = 1$ 对应于 Swerling Ⅰ 和 Swerling Ⅱ 型目标，$k = 2$ 对应于 Swerling Ⅲ 和 Swerling Ⅳ 型目标。

多径条件下，目标瞬时信杂噪比可表示为

$$\zeta' = \mu\zeta \tag{4.100}$$

在 ζ 和 μ 已知前提下，多径条件下瞬时目标信噪比的条件概率密度函数为

$$f(\zeta' \mid \mu, \zeta_m) = f\left(\zeta = \frac{\zeta'}{\mu} \,\middle|\, \mu\right) \cdot \left|\frac{\partial \zeta}{\partial \zeta'}\right| = \left(\frac{k}{\zeta_m}\right)^k \frac{\zeta'^{k-1}}{\mu^k \Gamma(k)} \exp\left(-\frac{k\zeta'}{\mu\zeta_m}\right) \tag{4.101}$$

式（4.101）关于 μ 积分，得到 μ 未知、ζ_m 已知情况下的瞬时目标信杂噪比条件概率分布函数

$$\begin{aligned}
f(\zeta' \mid \zeta_m) &= \int_0^\infty f(\zeta' \mid \mu, \zeta_m) f(\mu)\,\mathrm{d}\mu \\
&= \int_0^\infty \left(\frac{k}{\zeta_m}\right)^k \frac{\zeta'^{k-1}}{\mu^k \Gamma(k)} \exp\left(-\frac{k\zeta'}{\mu\zeta_m}\right) f(\mu)\,\mathrm{d}\mu
\end{aligned} \tag{4.102}$$

结合式（4.98）、式（4.102），可得多径条件下雷达接收信号功率关于平

均信杂噪比 ζ_m 的条件概率分布函数为

$$f(t\,|\,\zeta_m,H_1) = \int_0^\infty f(t\,|\,\zeta',H_1) \cdot f(\zeta'\,|\,\zeta_m)\,\mathrm{d}\zeta'$$

$$= \int_0^\infty \int_0^\infty \left(\frac{k}{\zeta_m}\right)^k \frac{\zeta'^{k-1}}{\mu^k \Gamma(k)}\exp\left(-\frac{k\zeta'}{\mu\zeta_m}\right) \cdot$$

$$\left[\int_0^\infty \frac{\exp\left(-\dfrac{t+\zeta'}{r_n+yr_c}\right)}{r_n+yr_c}I_0\left(\frac{2\sqrt{t\zeta'}}{r_n+yr_c}\right)f(y)\,\mathrm{d}y\right]f(\mu)\,\mathrm{d}\mu\,\mathrm{d}\zeta' \tag{4.103}$$

式 (4.103) 先对 ζ' 进行积分，可得

$$f(t\,|\,\zeta_m,H_1) = \int_0^\infty \int_0^\infty \frac{k^k(r_n+r_cy)^{k-1}}{(\mu\zeta_m+kr_n+kr_cy)^k}\exp\left[-\frac{t}{r_n+yr_c}\right] \cdot$$

$$\,_1F_1\left[k,1,\frac{\mu\zeta_m t}{(r_n+r_cy)(\mu\zeta_m+kr_n+kr_cy)}\right]f(y)f(\mu)\,\mathrm{d}\mu\,\mathrm{d}y \tag{4.104}$$

其中，$\,_1F_1(\cdot)$ 表示合流超几何函数。

若雷达采用归一化功率 t 作为检验统计量，根据式 (4.104) 可计算得到雷达单次检测概率为

$$P_d = \int_\eta^\infty f(t\,|\,\zeta_m,H_1)\,\mathrm{d}t$$

$$= \int_\eta^\infty \int_0^\infty \int_0^\infty \frac{k^k(r_n+r_cy)^{k-1}}{(\mu\zeta_m+kr_n+kr_cy)^k}\exp\left[-\frac{t}{r_n+yr_c}\right] \cdot$$

$$\,_1F_1\left[k,1,\frac{\mu\zeta_m t}{(r_n+r_cy)(\mu\zeta_m+kr_n+kr_cy)}\right]f(y)f(\mu)\,\mathrm{d}\mu\,\mathrm{d}y\,\mathrm{d}t \tag{4.105}$$

其中，η 为检测门限。

若雷达采用 M/N 检测，最终的检测概率为

$$P_D = \sum_{k=M}^N C_k^N P_d^k(1-P_d)^{N-k} \tag{4.106}$$

其中，C_k^N 为 k 组合，N 为总的检测次数，M 为 M/N 检测的第二门限值。

同理，根据式 (4.96) 可计算得到雷达单次检测的虚警概率为

$$P_f = \int_\eta^\infty f(t\,|\,H_0)\,\mathrm{d}t$$

$$= \int_\eta^\infty \int_0^\infty \frac{1}{r_n+yr_c}\exp\left(-\frac{t}{r_n+yr_c}\right)f(y)\,\mathrm{d}y\,\mathrm{d}t \tag{4.107}$$

$$= \frac{v^v}{\Gamma(v)}\int_0^\infty y^{v-1}\exp\left(-vy-\frac{\eta}{r_n+yr_c}\right)\mathrm{d}y$$

其中

$$f(t \mid H_0) = \int_0^\infty \frac{1}{r_n + yr_c} \exp\left(- \frac{t}{r_n + yr_c}\right) f(y) \, \mathrm{d}y \tag{4.108}$$

雷达采用 M/N 检测的虚警概率为

$$P_F = \sum_{k=M}^N C_k^N P_f^k (1 - P_f)^{N-k} \tag{4.109}$$

在总的虚警概率一定的情况下，单次检测的虚警概率 P_f 可通过式（4.109）反推得到。

4.5.3 仿真结果与分析

本节以雷达检测 Swerling Ⅰ 型起伏目标为例，理论分析和仿真实验相结合，分析雷达对低空目标的单次检测性能，并对比分析 K 分布杂波、镜反射、漫反射对雷达单次检测性能的影响效果。

令式（4.105）中 $k=1$，可得该场景下雷达对 Swerling Ⅰ 型起伏目标的单次检测概率为

$$\begin{aligned}
P_d &= \int_\eta^\infty \int_0^\infty \int_0^\infty \frac{1}{\mu\zeta_m + r_n + r_c y} \exp\left[- \frac{t}{\mu\zeta_m + r_n + r_c y}\right] f(\mu) f(y) \, \mathrm{d}\mu \mathrm{d}y \mathrm{d}t \\
&= \int_0^\infty \int_0^\infty \exp\left[- \frac{\eta}{\mu\zeta_m + r_n + r_c y}\right] f(\mu) f(y) \, \mathrm{d}\mu \mathrm{d}y
\end{aligned} \tag{4.110}$$

其中，检测门限 η 可根据式（4.107）插值得到。

假定雷达发射峰值功率为 200W，波长为 0.03m，天线最大增益为 43dB，接收机噪声系数为 6dB，雷达与目标之间的距离为 22km，雷达和目标高度分别为 200m 和 16.13m，雷达发射、接收均采用水平极化方式。对于 2、3、4 级海况，分别取 $\sigma_h = 0.3\mathrm{m}$、$0.9\mathrm{m}$、$1.5\mathrm{m}$。根据上述设置场景，可计算得到 $\psi_g = 0.5°$，$\phi_f = 0$。令单次检测的虚警概率 $P_f = 10^{-3}$，理论计算和蒙特卡洛仿真得到的雷达对瑞利起伏目标的检测性能如图 4.15 所示，其中，$v=1$。在蒙特卡洛仿真过程中，采用文献［24］中的方法产生 K 分布杂波，蒙特卡洛仿真次数为 20000 次。另外，由于生成服从式（4.89）分布的多径功率传播因子比较困难，因此，在仿真中，采用漫反射系数的均值来代替其随机值，然后利用多径功率传播因子平均值来代替其随机值。2～4 级海况下计算得到的多径功率传播因子平均值分别为 4.4375、2.2477、1.4195。图 4.15 表明理论计算得到的检测性能与仿真得到的检测性能相一致，从而验证了式（4.107）、式（4.109）的正确性。

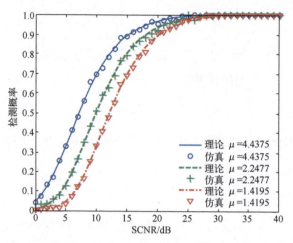

图 4.15　雷达对瑞利起伏目标的理论和仿真检测性能

令 $P_f = 10^{-6}$，图 4.16 给出了理论计算得到的有、无多径散射时不同杂波起伏度下雷达检测概率曲线，其中，$\sigma_h = 0.9$，$v = \infty$ 表示瑞利分布杂波。需要指出的是，在下面的仿真中，取 $\phi_f = 0$ 和 $\phi_f = \pi$（$\phi_f = \pi$ 时，取目标高度为 18m，此时，仍能保证 $\psi_g = 0.5°$），对于其他 ϕ_f 值，雷达检测概率将介于 $\phi_f = 0$ 和 $\phi_f = \pi$ 对应的检测概率之间。

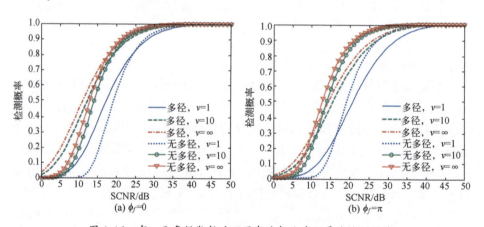

图 4.16　有、无多径散射时不同杂波起伏度下雷达检测性能

由图 4.16 可以看到，雷达检测性能随着杂波形状参数的减小而下降。这是因为杂波形状参数越小，杂波拖尾越长；为了保证一定的虚警概率，检测门限需随着杂波形状参数的减小而提高，这最终导致雷达检测概率下降。当 v 由 1 增大到 10 时，雷达检测性能提高明显；而当 v 由 10 增大到 ∞ 时，雷达检

测性能改善较少。这说明雷达检测性能改善量随着 v 的增大而减小。同时，图 4.16 说明，当 $\sigma_h = 0.9$ 时，多径散射对雷达检测低 SCNR 目标有利，对雷达检测高 SCNR 目标不利。当 $\phi_f = 0$ 时，多径散射对雷达检测的有利效应明显；当 $\phi_f = \pi$ 时，多径散射对雷达检测的不利影响明显。当 $\sigma_h = 0.9$ 时，尽管多径散射有利于雷达检测低 SCNR 目标，但多径环境下雷达对低 SCNR 目标的检测概率仍低于 0.9。

　　为了对比不同杂波起伏度下多径散射对雷达检测性能的影响效果，在图 4.15 基础上，统计得到不同杂波形状参数下，有、无多径散射时雷达达到一定检测概率所需的信杂噪比差异，如图 4.17 所示，其中 $\sigma_h = 0.9$m。信杂噪比差异具体计算方法为

$$\Delta \zeta_m = \zeta_{m1} - \zeta_{m0} \tag{4.111}$$

其中，ζ_{m1}、ζ_{m0} 分别为有、无多径散射时所需的信杂噪比。

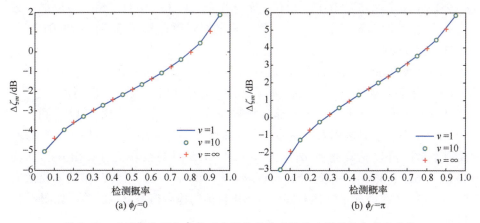

图 4.17　不同杂波形状参数下多径散射导致的雷达所需信杂噪比差异

　　图 4.17 表明，杂波形状参数的变化不会影响多径散射对雷达检测性能的影响效果，雷达所需的 SCNR 差异随着检测概率的增大而增大。当 $\sigma_h = 0.9$m 时，多径导致的目标信号强度最大增益约为 5dB，如图 4.17（a）所示。图 4.17（b）说明，当 $\sigma_h = 0.9$m 时，多径导致的目标信号强度最大损耗约为 6dB。

　　有、无多径条件下，雷达不同海况下的理论检测性能如图 4.18 所示，其中，$v=1$。无多径散射时，K 分布杂波下雷达对瑞利起伏目标的单次检测概率可计算为

$$P_d = \frac{v^v}{\Gamma(v)} \int_0^\infty y^{v-1} \exp\left(-vy - \frac{\eta}{r_n + yr_c + \zeta_m}\right) \mathrm{d}y \tag{4.112}$$

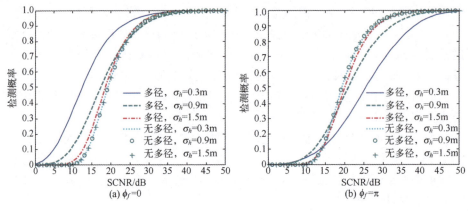

图 4.18 有、无多径时，不同海况下雷达检测性能

采用本节设置的场景参数，可计算得到 $\sigma_h = 0.3$、0.9、1.5 时的 $|\rho_s|$ 和 ρ_{d0} 分别为 $|\rho_s| = 0.55$、0.13、0.05，$\rho_{d0} = 0.45$、0.32、0.11。镜、漫反射系数均随着 σ_h 的增大而减小，从而使得多径散射对雷达检测概率的影响随着 σ_h 的增大逐渐减弱，如图 4.18 所示。图 4.18（a）表明，当 $\sigma_h = 0.3\text{m}$、$\phi_f = 0$ 时，多径散射导致雷达检测性能提升，这是因为在该场景下，μ 在大部分情况下大于 1。然而，当 $\sigma_h = 0.3\text{m}$、$\phi_f = \pi$ 时，多径散射导致雷达检测性能下降。这是由于在该场景下，μ 在大部分情况下小于 1。由图 4.18 可以看到，当 $\sigma_h = 1.5\text{m}$ 时，多径散射对雷达检测性能影响较弱。采用等 γ 模型来计算海面反射系数，可以估算得到 $\sigma_h = 0.3$、0.9、1.5 时的杂噪比（CNR）分别为 40dB、46dB、52dB。由于 CNR 足够高，$r_n \approx 0$，$r_c \approx 1$，因此，在无多径散射时，2、3、4 级海况下雷达对固定 SCNR 目标的检测概率近似相等，如图 4.18 所示。

为了对比不同海况下多径散射、镜反射对雷达检测性能的影响效果，给出了多径散射、镜反射条件下雷达达到一定检测概率时所需的 SCNR 差异，其中，$v = 1$。

从图 4.19 中可以看出，当 $\phi_f = 0$ 时，镜反射对雷达检测有利；当 $\phi_f = \pi$ 时，镜反射对雷达检测不利。在大多数情况下，多径散射对雷达检测的影响效果也是如此。图 4.19 中，不同海况下镜反射导致 SCNR 增益或损耗分别与理论值 $-10\log_{10}(1 + |\rho_s|^2)^2$、$-10\log_{10}(1 - |\rho_s|^2)^2$ 相吻合。当 $\sigma_h \leqslant 0.3\text{m}$ 时，多径效应与镜反射效应比较明显，二者均随着 σ_h 的增大逐渐减弱。当 $\sigma_h \geqslant 1.5\text{m}$ 时，多径散射和镜反射导致的目标信号增强或衰减均在 1dB 范围内。在 σ_h 一定时，镜反射导致的 SCNR 差异为一定值，其并不随着检测概率的增大而变化，而多径散射导致的 SCNR 差异随着检测概率的增大而增大。

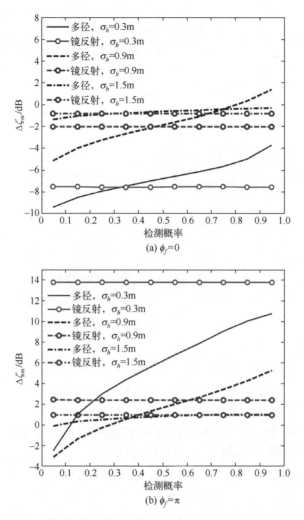

图 4.19　多径散射、镜反射条件下雷达检测所需的 SCNR 差异

　　令 $v=1$，$\sigma_h = 0.9\mathrm{m}$，图 4.20 给出了雷达对不同距离、不同高度的瑞利起伏目标的检测性能。其中，图 4.20（a）中目标高度 $h_t = 20\mathrm{m}$，图 4.20（b）中目标距离 $R = 20\mathrm{km}$。

　　由图 4.20（a）可见，多径散射对雷达检测的影响效应随着雷达与目标之间距离的减小而减弱。多径散射对雷达检测的影响效应随着目标高度的增大而减弱，如图 4.20（b）所示。这是因为雷达掠射角随着目标距离的减小或目标高度的增大而增大，这使得镜反射系数和漫反射系数均值随着目标距离的减小或目标高度的增大而减小，最终导致多径效应减弱。

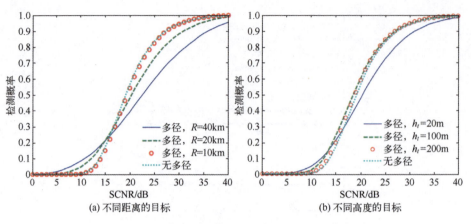

图 4.20　雷达对不同目标位置的检测性能差异

4.6　极化检测器性能分析

前面几节主要分析单极化雷达对低空目标的检测性能。对于极化雷达，各极化通道接收信号存在差异，这些差异即为极化带来的额外信息。雷达极化检测器充分利用目标回波的极化信息，可有效提高杂波环境下雷达目标检测性能。

现有的极化检测器较多，如最佳极化检测器（OPD）、极化白化滤波器（PWF）、极化匹配滤波器（PMF）、最佳张成检测器（OSD）、功率最大综合检测器（PMSD）等。对比分析这些极化检测器的检测性能和实现难易度，可为实际极化雷达检测器使用和改进提供重要参考。

对于这些极化检测器，美国学者假定杂波服从复高斯分布、杂波和目标协方差已知，对比分析了 OPD、PWF、PMF、OSD、PMSD 和单通道检测器（SCD）六种检测器的理想检测性能[25]。结果表明：理想情况下，OPD 检测性能最佳，其次是 PWF 检测器。实际中，杂波和目标协方差通常是未知的，这种情况下，OPD 难以实现，PWF、OSD 的实现需先估计杂波协方差，杂波协方差的估计误差会导致其检测性能有所下降。而 PMSD 无须估计杂波协方差也可实现。因此，分析上述极化检测器在实际情况下的自适应检测性能，对于实际工程中极化检测器选取和使用具有重要参考价值。

本节旨在针对现有的诸多极化检测器，通过对比分析其工程实现难易度和实际检测性能，找出最适于工程应用的一种极化检测器。首先考虑多个极化通道信号之间、多次观测信号之间的相关性以及各极化通道观测信号幅度分布，对多极化通道多次观测的杂波、目标信号进行了建模；在对比分析 OPD、PWF、OSD、PMF、PMSD、SCD 六种检测器的工程实现难易度和理想检测性能的基础上，基于杂波协方差及其关键参数估计，进一步对比分析了 PWF、OSD、PMSD 在不同场景下的实际检测性能；最后仿真分析了 PWF 检测性能随相关参数的变化关系。

4.6.1 极化雷达回波建模

极化雷达单次观测信号为

$$H_0 : \boldsymbol{X} = \boldsymbol{X}_c$$
$$H_1 : \boldsymbol{X} = \boldsymbol{X}_t + \boldsymbol{X}_c \tag{4.113}$$

其中，H_0 表示无目标存在，H_1 表示有目标存在，$\boldsymbol{X}_c = [\begin{matrix} X_c^{(\mathrm{HH})} & X_c^{(\mathrm{HV})} \end{matrix}$
$X_c^{(\mathrm{VV})}]^{\mathrm{T}}$，$X_c^{(\mathrm{HH})}$、$X_c^{(\mathrm{HV})}$、$X_c^{(\mathrm{VV})}$ 分别为雷达 HH、HV、VV 通道接收到的杂波复信号，上标 $(\cdot)^{\mathrm{T}}$ 表示转置，$\boldsymbol{X}_t = [\begin{matrix} X_t^{(\mathrm{HH})} & X_t^{(\mathrm{HV})} & X_t^{(\mathrm{VV})} \end{matrix}]^{\mathrm{T}}$，$\boldsymbol{X} = [\begin{matrix} X^{(\mathrm{HH})} & X^{(\mathrm{HV})} \end{matrix}$
$X^{(\mathrm{VV})}]^{\mathrm{T}}$。假定各通道杂波均服从高斯分布，在 H_0 假设下，雷达观测信号 $\boldsymbol{X}$ 服从联合复高斯分布，概率密度函数可表示为

$$f(\boldsymbol{X} \mid H_0) = \frac{1}{\pi^3 |\boldsymbol{\Sigma}_c|} \exp(-\boldsymbol{X}^{\mathrm{H}} \boldsymbol{\Sigma}_c^{-1} \boldsymbol{X}) \tag{4.114}$$

其中，上标 $(\cdot)^{\mathrm{H}}$ 表示共轭转置，$\boldsymbol{\Sigma}_c$ 为杂波协方差，可表示为[25]

$$\boldsymbol{\Sigma}_c = \sigma_c \begin{bmatrix} 1 & 0 & \rho_c \sqrt{\gamma_c} \\ 0 & \varepsilon_c & 0 \\ \rho_c^* \sqrt{\gamma_c} & 0 & \gamma_c \end{bmatrix} \tag{4.115}$$

其中，上标 $(\cdot)^*$ 表示取共轭，$\sigma_c = \mathrm{E}(|X_c^{(\mathrm{HH})}|^2)$，$\varepsilon_c = \mathrm{E}(|X^{(\mathrm{HV})}|^2) / \mathrm{E}(|X^{(\mathrm{HH})}|^2)$，$\gamma_c = \mathrm{E}(|X^{(\mathrm{VV})}|^2) / \mathrm{E}(|X^{(\mathrm{HH})}|^2)$，$\rho_c = \mathrm{E}\{X^{(\mathrm{HH})}[X^{(\mathrm{VV})}]^*\} / \sqrt{\mathrm{E}(|X^{(\mathrm{HH})}|^2) \mathrm{E}(|X^{(\mathrm{VV})}|^2)}$，$\mathrm{E}(\cdot)$ 表示数学期望。

极化雷达多通道目标回波可认为与杂波相互独立，并服从均值为 $[\begin{matrix} 0 & 0 & 0 \end{matrix}]^{\mathrm{T}}$、协方差为 $\boldsymbol{\Sigma}_t$ 的联合复高斯分布，

$$\boldsymbol{\Sigma}_t = \sigma_t \begin{bmatrix} 1 & 0 & \rho_t \sqrt{\gamma_t} \\ 0 & \varepsilon_t & 0 \\ \rho_t^* \sqrt{\gamma_t} & 0 & \gamma_t \end{bmatrix} \tag{4.116}$$

其中，$\sigma_t = \mathrm{E}(|X_t^{(\mathrm{HH})}|^2)$，$\varepsilon_t = \mathrm{E}(|X_t^{(\mathrm{HV})}|^2) / \mathrm{E}(|X_t^{(\mathrm{HH})}|^2)$，$\gamma_t = \mathrm{E}(|X_t^{(\mathrm{VV})}|^2) / \mathrm{E}(|X_t^{(\mathrm{HH})}|^2)$，$\rho_t = \mathrm{E}\{X_t^{(\mathrm{HH})}[X_t^{(\mathrm{VV})}]^*\} / \sqrt{\mathrm{E}(|X_t^{(\mathrm{HH})}|^2) \mathrm{E}(|X_t^{(\mathrm{VV})}|^2)}$。在 H_1 假设下，观测量 $\boldsymbol{X}$ 的概率密度函数可表示为

$$f(\boldsymbol{X}|H_1) = \frac{1}{\pi^3 |\boldsymbol{\Sigma}_{t+c}|} \exp(-\boldsymbol{X}^{\mathrm{H}} \boldsymbol{\Sigma}_{t+c}^{-1} \boldsymbol{X}) \tag{4.117}$$

其中，$\boldsymbol{\Sigma}_{t+c} = \boldsymbol{\Sigma}_t + \boldsymbol{\Sigma}_c$。

　　通常，杂波建模需考虑杂波的幅度统计分布特性和相关性，而对于极化雷达而言，除需考虑上述杂波特性外，还需考虑各极化通道间杂波的相关性。假定单通道多次观测量之间的相关函数为

$$R(m) = a^{|m|}, \quad m = 0, 1, \cdots, N \tag{4.118}$$

其中，相关系数 a 为一常数，N 为总的观测次数。相关性满足式（4.118）的复高斯分布随机序列 $v(n)$ 可由如下方法得到：

$$\begin{cases} v(1) = u(1) \\ v(n) = au(n-1) + \sqrt{1-a^2}u(n), \quad n = 2, 3, \cdots, N \end{cases} \tag{4.119}$$

其中，$u(n)$ 为独立复高斯分布随机序列。采用上述方法，可分别产生 HH、HV、VV 通道的相关复高斯分布杂波 $v^{(\mathrm{HH})}$、$v^{(\mathrm{HV})}$、$v^{(\mathrm{VV})}$。但此时，各极化通道间杂波相互独立。

　　为了使得各极化通道间杂波满足一定的相关性，对杂波协方差 $\boldsymbol{\Sigma}_c$ 进行 Cholesky 矩阵分解，则

$$\boldsymbol{\Sigma}_c = \boldsymbol{A}\boldsymbol{A}^{\mathrm{H}} \tag{4.120}$$

其中，$\boldsymbol{A}$ 为下三角矩阵，$\boldsymbol{A}$ 的各组成元素为 $\{a_{ij}, i,j = 1, 2, \cdots, L\}$。利用矩阵 $\boldsymbol{A}$ 的各组成元素对 $v^{(\mathrm{HH})}$、$v^{(\mathrm{HV})}$、$v^{(\mathrm{VV})}$ 进行加权求和，具体方法为

$$\begin{cases} \boldsymbol{X}_c^{(\mathrm{HH})} = a_{11}v^{(\mathrm{HH})} \\ \boldsymbol{X}_c^{(\mathrm{HV})} = a_{21}v^{(\mathrm{HH})} + a_{22}v^{(\mathrm{HV})} \\ \boldsymbol{X}_c^{(\mathrm{VV})} = a_{31}v^{(\mathrm{HH})} + a_{32}v^{(\mathrm{HV})} + a_{33}v^{(\mathrm{VV})} \end{cases} \tag{4.121}$$

　　此时，多个极化通道多次观测的杂波信号 $\overline{\boldsymbol{X}}_c = [\boldsymbol{X}_c^{(\mathrm{HH})} \quad \boldsymbol{X}_c^{(\mathrm{HV})} \quad \boldsymbol{X}_c^{(\mathrm{VV})}]^{\mathrm{T}}$ 既能够满足各通道杂波时域幅度分布和相关特性，也能够满足各极化通道间杂波的相关性。同理，按照上述方法可产生多个极化通道多次观测的目标回波信号，在此不再重述。

4.6.2 极化检测器

4.6.2.1 检验统计量

　　结合式（4.114）和式（4.117），基于 NP 定理，采用似然比检验方法，可得 OPD 的检验统计量为

$$y = \boldsymbol{X}^{\mathrm{H}}(\boldsymbol{\Sigma}_c^{-1} - \boldsymbol{\Sigma}_{t+c}^{-1})\boldsymbol{X} + \ln|\boldsymbol{\Sigma}_c^{-1}| - \ln|\boldsymbol{\Sigma}_{t+c}^{-1}| \tag{4.122}$$

可见，OPD 需事先知道杂波与目标协方差。将式（4.115）、式（4.116）

代入式（4.122）后展开，得到 OPD 检验统计量的另一种表达式：

$$y = T_c(\boldsymbol{X}) - T_{t+c}(\boldsymbol{X}) \tag{4.123}$$

其中，

$$
\begin{aligned}
T_i(\boldsymbol{X}) = {} & \frac{|X^{(\mathrm{HH})}|^2}{\sigma_i(1-|\rho_i|^2)} + \frac{|X^{(\mathrm{VV})}|^2}{\sigma_i\gamma_i(1-|\rho_i|^2)} + \frac{|X^{(\mathrm{HV})}|^2}{\sigma_i\varepsilon_i} - \\
& \frac{2|\rho_i|}{\sigma_i\sqrt{\gamma_i}\,(1-|\rho_i|^2)} |X^{(\mathrm{HH})}|\,|X^{(\mathrm{VV})}| \cdot \cos(\phi_{\mathrm{HH}}-\phi_{\mathrm{VV}}-\phi_{\rho_i}) + \\
& \ln\sigma_i\varepsilon_i\gamma_i^3(1-|\rho_i|^2)
\end{aligned} \tag{4.124}
$$

$i=c$、$t+c$，ϕ_{HH}、ϕ_{VV}、ϕ_{ρ_i} 分别为 $X^{(\mathrm{HH})}$、$X^{(\mathrm{VV})}$、ρ_i 的相位。

为了抑制 SAR 图像中的相干斑，美国 MIT 林肯实验室基于图像像素的标准差与均值之比最小准则，提出了 PWF[26]。PWF 的检验统计量为

$$y = \boldsymbol{X}^{\mathrm{H}}\boldsymbol{\Sigma}_c^{-1}\boldsymbol{X} \tag{4.125}$$

展开式（4.125），可得

$$
\begin{aligned}
y = {} & \frac{|X^{(\mathrm{HH})}|^2}{\sigma_c(1-|\rho_c|^2)} + \frac{|X^{(\mathrm{VV})}|^2}{\sigma_c\gamma_c(1-|\rho_c|^2)} + \frac{|X^{(\mathrm{HV})}|^2}{\sigma_c\varepsilon_c} - \\
& \frac{2|\rho|}{\sigma_c\sqrt{\gamma_c}\,(1-|\rho_c|^2)} |X^{(\mathrm{HH})}|\,|X^{(\mathrm{VV})}|\cos(\phi_{\mathrm{HH}}-\phi_{\mathrm{VV}}-\phi_{\rho_c})
\end{aligned} \tag{4.126}
$$

由式（4.126）可见，PWF 综合利用了观测数据的幅度和相位信息。同时，对比式（4.123）和式（4.126）可以发现，PWF 的检验统计量是 OPD 检验统计量的一部分。在使用时，PWF 需要杂波协方差先验信息。

基于加权思想，为了使图像像素的标准差与均值之比最小，美国 MIT 林肯实验室还提出了 OSD[26]，OSD 对多个极化通道观测数据强度进行加权，以此作为检验统计量，即

$$y = |X^{(\mathrm{HH})}|^2 + \frac{1+|\rho_c|^2}{\varepsilon_c}|X^{(\mathrm{HV})}|^2 + \frac{1}{\gamma_c}|X^{(\mathrm{VV})}|^2 \tag{4.127}$$

式（4.127）表明，OSD 仅利用了各极化通道观测数据的幅度信息，而没有利用观测数据的相位信息。检测时，其需要根据杂波协方差关键参数来计算 HV、VV 通道的加权因子。当 $1+|\rho_c|^2=2\varepsilon_c$、$\gamma_c=1$ 时，OSD 即为 SD。

PMSD 是基于 SD 改进的一种极化检测器，其检验统计量为

$$
\begin{aligned}
y = \frac{1}{2}\big[{} & |X^{(\mathrm{HH})}|^2 + |X^{(\mathrm{HV})}|^2 + |X^{(\mathrm{VV})}|^2 + \\
& \sqrt{(|X^{(\mathrm{HH})}|^2 - |X^{(\mathrm{VV})}|^2) + 4|(X^{(\mathrm{HH})})^* X^{(\mathrm{HV})} + X^{(\mathrm{VV})}(X^{(\mathrm{HV})})^*|^2}\,\big]
\end{aligned} \tag{4.128}
$$

该检验统计量是各极化通道观测量的非线性组合，其完全包含了各极化通道观测数据的幅度信息，部分包含了观测数据的相位信息，且无须任何先

验信息。

以输出信杂比最大为准则，美国 MIT 林肯实验室提出了一种最佳线性加权极化检测器——PMF，其检验统计量为[27]

$$y = |wX|^2 \tag{4.129}$$

PMF 输出信杂比可表示为

$$\mathrm{SCR} = \frac{w^H \Sigma_t w}{w^H \Sigma_c w} \leqslant \lambda_{\max} \tag{4.130}$$

其中，$\lambda_{\max}$ 为矩阵 $\Sigma_c^{-1} \Sigma_t$ 的最大特征值，加权向量 w 为 $\lambda_{\max}$ 对应的特征向量。令 $\alpha = 2\gamma_c \gamma_t (2\rho_t^2 + 2\rho_c^2 - 1)$，$\beta = 4\rho_c \rho_t \gamma_t^{3/2} \gamma_t^{1/2}$，$\gamma = 4\rho_c \rho_t \gamma_c^{1/2} \gamma_t^{3/2}$，通过求解可以得到，当 $2\varepsilon_t \gamma_c (1-\rho_c^2) > \varepsilon_c [\sqrt{\alpha - \beta - \gamma + \gamma_t^2 + \gamma_c^2 - 2\rho_c \rho_t \sqrt{\gamma_c \gamma_t}} + \gamma_c + \gamma_t]$ 时，

$$w = \begin{bmatrix} 0 & 1 & 0 \end{bmatrix}^T \tag{4.131}$$

当 $2\varepsilon_t \gamma_c (1-\rho_c^2) < \varepsilon_c [\sqrt{\alpha - \beta - \gamma + \gamma_t^2 + \gamma_c^2 - 2\rho_c \rho_t \sqrt{\gamma_c \gamma_t}} + \gamma_c + \gamma_t]$ 时，

$$w = \begin{bmatrix} \beta & 0 & 1 \end{bmatrix}^T \tag{4.132}$$

其中，$\beta = (\gamma_t - \gamma_c \pm \sqrt{\alpha - \beta - \gamma + \gamma_t^2 + \gamma_c^2}) / (2(\rho_c \sqrt{\gamma_c} - \rho_t \sqrt{\gamma_t}))$。

式 (4.129)、式 (4.131)、式 (4.132) 共同说明，PMF 在检测时并没有完全利用三个极化通道的观测数据，其仅利用了 HV 或者 HH 与 VV 极化通道的观测数据。同时，在使用过程中，其需事先知道目标和杂波协方差。

单通道检测器即为强度检测器，其检验统计量为

$$y = |X^{(\mathrm{HH})}|^2 \tag{4.133}$$

这种检测器无须任何先验信息，实现最为简单。

对上述六种检测器进行归纳总结，结果如表 4.2 所示。

表 4.2　六种检测器对比结果

检测器	设计准则	检验统计量	先验信息	实现难易度
OPD	虚警概率一定，检测概率最大	$X^H(\Sigma_c^{-1} - \Sigma_{t+c}^{-1})X + \ln|\Sigma_c^{-1}| - \ln|\Sigma_{t+c}^{-1}|$	Σ_c, Σ_t	难
PWF	回波强度标准差与均值之比最小	$X^H \Sigma_c^{-1} X$	Σ_c	适中
OSD	回波强度标准差与均值之比最小	$|X^{(\mathrm{HH})}|^2 + \dfrac{1+|\rho_c|^2}{\varepsilon_c}|X^{(\mathrm{HV})}|^2 + \dfrac{1}{\gamma_c}|X^{(\mathrm{VV})}|^2$	ρ_c, ε_c, γ_c	适中
PMSD	无先验信息下检测概率最大	详见式 (4.128)	无	易
PMF	输出信杂比最大	$|wX|^2$	Σ_c, Σ_t	难
SCD	工程实现最简单	$|X^{(\mathrm{HH})}|^2$	无	易

由表 4.2 可见，OPD、PMF 需事先知道目标与杂波的协方差矩阵，二者在工程中难以实现；PMSD 与 SCD 无须任何先验信息，工程实现较简单；对于 PWF 和 OSD，需要事先知道杂波协方差，在使用时，需先对杂波协方差或其关键参数进行估计。下面将介绍杂波协方差及其关键参数估计方法。

4.6.2.2　杂波协方差估计

对于 PWF，在得到多次观测杂波数据的基础上，杂波协方差可估计为

$$\hat{\boldsymbol{\Sigma}}_c = \frac{1}{N}\sum_{i=1}^{N} \boldsymbol{X}_i \boldsymbol{X}_i^{\mathrm{H}} \tag{4.134}$$

其中，$\boldsymbol{X}_i = [\, X_i^{(\mathrm{HH})} \quad X_i^{(\mathrm{HV})} \quad X_i^{(\mathrm{VV})} \,]^{\mathrm{T}}$ 为极化雷达第 i 次观测数据。

对于 OSD，其仅需对杂波协方差关键参数进行估计，根据式（4.116）的定义，各参数可分别估计为

$$\hat{\varepsilon}_c = \frac{1}{N}\sum_{i=1}^{N} \frac{|X_i^{(\mathrm{HV})}|^2}{|X_i^{(\mathrm{HH})}|^2} \tag{4.135}$$

$$\hat{\gamma}_c = \frac{1}{N}\sum_{i=1}^{N} \frac{|X_i^{(\mathrm{VV})}|^2}{|X_i^{(\mathrm{HH})}|^2} \tag{4.136}$$

$$\hat{\rho}_c = \frac{1}{N}\sum_{i=1}^{N} \frac{X_i^{(\mathrm{HH})}(X_i^{(\mathrm{VV})})^*}{|X_i^{(\mathrm{HH})}||X_i^{(\mathrm{VV})}|} \tag{4.137}$$

4.6.3　仿真结果与分析

本节将采用蒙特卡洛仿真方法对比分析各极化检测器的检测性能，其中，蒙特卡洛仿真次数为 10000 次。仿真过程中，通过调整检测门限以保证虚警概率保持在 10^{-3} 左右。在对杂波和目标回波进行建模时，令多次观测之间的相关系数 $a = 0.9$。根据文献 [28] 提供的实测杂波和目标数据，选取两种典型杂波环境和两种特定目标，杂波和目标的协方差关键参数如表 4.3 所示。

表 4.3　杂波与目标协方差关键参数

类型	ε_c	γ_c	ρ_c
杂波 1	0.43	1.18	0.45
杂波 2	0.16	0.89	0.65
目标 1	0.19	1.0	0.28
目标 2	0.02	1.1	0.79

目标和杂波协方差已知时，仿真得到了两种杂波环境下各极化检测器对目标 1 的理想检测性能如图 4.21 所示。

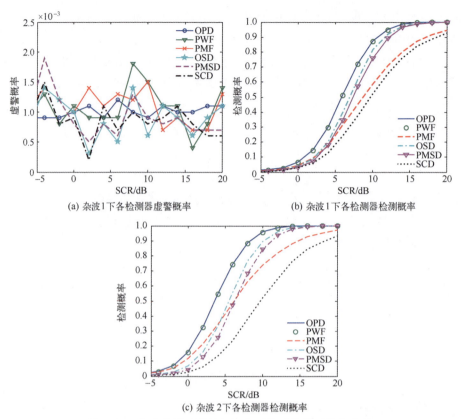

(a) 杂波1下各检测器虚警概率   (b) 杂波1下各检测器检测概率

(c) 杂波2下各检测器检测概率

图4.21 杂波背景下多种极化检测器理想检测性能曲线

从图4.21（a）可以看到，在蒙特卡洛仿真过程中，虚警概率保持在 10^{-3} 左右，与理论吻合较好。图4.21（b）、（c）表明，两种杂波背景下，六种检测器检测性能从优到劣排序均依次为 OPD、PWF、OSD、PMSD、PMF、SCD，其中，PWF 与 OPD 的检测概率十分接近。PMSD 虽然无需任何先验信息，PMF 需要杂波和目标协方差先验信息，但 PMSD 的检测性能优于 PMF 的检测性能。尽管 PMF 使得输出 SCR 最大，但其并不具有最优的检测性能，主要原因是 PMF 在检测过程中，没有完全利用三个极化通道的观测数据信息。同时，这还说明检测器输出 SCR 最大并不等价于检测概率最大，在虚警概率一定时，检测器检测概率主要由检验统计量在 H_0、H_1 下的概率密度函数决定。为了说明这一点，图4.22 给出了杂波2背景下，SCR = 20dB 时，蒙特卡洛仿真过程中统计得到的 PMF 和 PMSD 检验统计量的分布情况。

对比图4.22（a）、（b）可以明显看出，PMF 和 PMSD 的检验统计量统计分布不同；在 H_0 和 H_1 下，PMSD 检验统计量概率密度函数之间的重叠量明显小于 PMF 检验统计量概率密度函数之间的重叠量，因此，在相同的虚警概率下，PMSD 的检测概率大于 PMF 的检测概率。

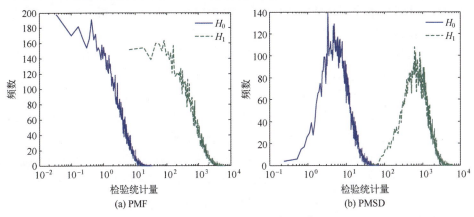

(a) PMF

(b) PMSD

图 4.22 检验统计量统计分布

结合图 4.21 中的理想检测性能对比结果和各检测器的实现难易度，可以得出，PWF、OSD 和 PMSD 三种极化检测器具有较强的工程应用潜力。当杂波协方差已知时，PWF、OSD 的检测性能均优于 PMSD 的检测性能，如图 4.21 所示，但在实际使用时，PWF 和 OSD 需实时估计杂波协方差或其关键参数。杂波协方差及其关键参数估计势必存在估计误差，而估计误差势必会导致检测器性能下降。因此，对比杂波协方差未知情况下 PWF、OSD 和 PMSD 的检测性能对于极化检测器工程设计使用才具有一定的指导意义。为此，图 4.23 给出了杂波协方差未知时，两种杂波背景下 PWF、OSD 和 PMSD 对两类目标实际检测性能对比结果。由于杂波协方差及其关键参数估计精度与选取的雷达观测次数 N 有关，N 越大，估计精度越高，同时，算法工程实现越复杂。根据文献［28］的结论，在估计杂波协方差时，当 $N>50$ 时，自

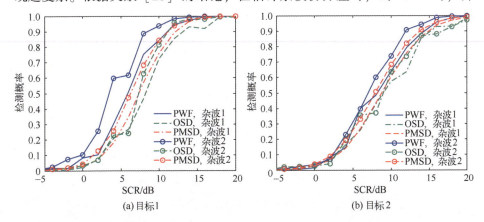

(a) 目标1

(b) 目标2

图 4.23 杂波协方差未知时 PWF、OSD、PMSD 对不同目标的检测性能

适应 PWF 的检测损耗将小于 0.5dB，且随着 N 的增大，检测损耗降低速度越趋缓慢，因此，综合考虑检测损耗和工程实现复杂度，在分析 PWF、OSD 自适应检测性能时，选取 $N=64$。

对比图 4.23 和图 4.21 可以看出，杂波协方差未知时，杂波协方差及其关键参数估计误差分别导致 PWF 和 OSD 检测性能下降。但图 4.23 表明，在两种杂波背景下对两类目标进行检测时，下降后的 PWF 实际检测性能仍优于 PMSD 的检测性能，而 OSD 实际检测性能受杂波协方差关键参数估计误差影响明显，其实际检测性能较 PMSD 的检测性能差。

综上所述，PWF 是六种极化检测器中最适于工程应用的一种极化检测器。为此，下面专门分析 PWF 理论检测性能随相关参数的变化关系。

杂波协方差已知时的 PWF 检测性能与杂波协方差关键参数之间的关系如图 4.24 所示，其中 $\gamma_t=1.2$，$\rho_t=0.83$。

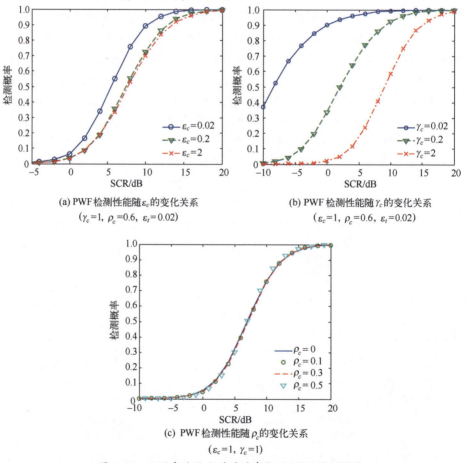

(a) PWF 检测性能随 ε_c 的变化关系
($\gamma_c=1$, $\rho_c=0.6$, $\varepsilon_t=0.02$)

(b) PWF 检测性能随 γ_c 的变化关系
($\varepsilon_c=1$, $\rho_c=0.6$, $\varepsilon_t=0.02$)

(c) PWF 检测性能随 ρ_c 的变化关系
($\varepsilon_c=1$, $\gamma_c=1$)

图 4.24　不同杂波协方差关键参数下 PWF 检测性能

　　从图 4.24（a）、（b）可以看出，PWF 检测概率分别随着 ε_c、γ_c 的增大而降低。这是因为 ε_c、γ_c 的增大会导致 HV、VV 通道的 SCR 降低，从而降低 PWF 最终的检测概率。但很明显，PWF 检测概率受 γ_c 影响较受 ε_c 影响更加敏感。由于 PWF 在加权的过程中对多个极化通道的杂波数据进行了预白化，因此，PWF 检测概率与 ρ_c 无关，如图 4.24（c）所示。

　　PWF 检测性能与目标协方差关键参数的关系如图 4.25 所示。

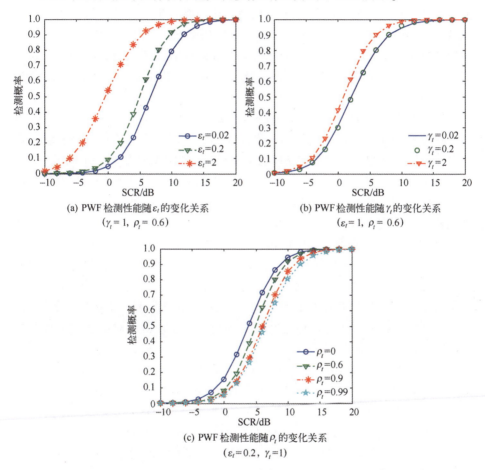

(a) PWF 检测性能随 ε_t 的变化关系
（$\gamma_t = 1$, $\rho_t = 0.6$）

(b) PWF 检测性能随 γ_t 的变化关系
（$\varepsilon_t = 1$, $\rho_t = 0.6$）

(c) PWF 检测性能随 ρ_t 的变化关系
（$\varepsilon_t = 0.2$, $\gamma_t = 1$）

图 4.25　不同目标协方差关键参数下 PWF 检测性能

　　相反，PWF 检测性能随着 ε_t、γ_t 的增大而提高，如图 4.25（a）、（b）所示。因为 ε_t、γ_t 的增大会导致 HV、VV 通道的 SCR 提高，从而提高 PWF 最终的检测概率。但很明显，PWF 检测概率受 ε_t 影响较受 γ_t 影响更加敏感。这是因为 HV 通道与 HH 通道不相关，VV 通道与 HH 通道具有较强的相关性，当两通道增加相同的 SCR 时，HV 通道带来的新息较 VV 通道更多；PWF 检

测概率随着 ρ_t 的增大而降低，如图 4.25（c）所示。因为 ρ_t 越大，VV 通道数据与 HH 通道数据相关性越强，VV 通道带来的新息越少，从而导致检测概率越低。

4.7 本章小结

本章结合雷达低空目标检测面临的杂波与多径散射干扰环境，首先，分别分析了杂波、镜反射条件下的雷达目标检测性能；其次，分析了杂波+多径散射条件下的雷达目标检测性能；最后，针对现有的雷达极化检测器，对比分析了五种极化检测器的理想检测性能和三种极化检测器的自适应检测性能。主要分析结论有：

（1）K 分布杂波背景下，雷达检测概率随着杂波形状参数的减小而降低；雷达检测概率逐渐随着信杂噪比的增加而增大，但增大的速度逐渐放缓；雷达检测不同类型目标所需的信杂噪比差异受杂波起伏度的影响并不明显。

（2）镜反射条件下，镜反射对雷达检测低信噪比目标有利，对检测高信噪比目标不利；若雷达采用 M/N 检测，当 M 值选取恰当时，镜反射条件下的雷达检测性能优于自由空间中的雷达检测性能。镜反射条件下，雷达检测性能对 M 值较敏感，自由空间中的雷达检测性能受 M 值的变化影响不大。

（3）杂波+多径散射条件下，杂波是影响雷达检测低信杂比目标的主要影响因素。多径散射对雷达检测低信杂噪比目标有利，但改善效果有限；多径散射对雷达检测高信杂噪比目标不利，恶化作用较严重。随着海况的增大、目标高度的增加或雷达与目标之间距离的减小，多径散射对雷达低空目标检测性能的影响效果逐渐减弱。

（4）对比分析了 OPD、PWF、OSD、PMF、PMSD 五种极化检测器的性能。结果表明，OPD 的检测性能是各种极化检测器性能的上限；PWF、OSD、PMSD 的理想检测性能较好、工程较易实现。PWF、OSD 在实际使用时需要杂波协方差先验信息。通过进一步对比 PWF、OSD 和 PMSD 的自适应检测性能发现，PWF 自适应检测性能最好，PMSD 检测性能次之，OSD 自适应检测性能最差。

参 考 文 献

［1］ Baker C J. K-distributed coherent sea clutter［J］. IEE Proceedings, Part F: Radar and Signal Processing, 1991, 138（2）: 89-92.

［2］ Conte E, Maio A D, Galdi C. Statistical analysis of real clutter at different range resolutions

　　　　［J］. IEEE Transactions on Aerospace and Electronic Systems，2004，40（3）：903-918.

［3］　Farina A，Gini F，Greco M V，et al. High resolution sea clutter data：Statistical analysis of recorded live data［J］. IEE Proceedings：Radar，Sonar and Navigation，1997，144（3）：121-130.

［4］　Al-Ashwal W A，Baker C J，Balleri A，et al. Statitical analysis of simultaneous monostatic and bistatic sea clutter at low grazing angles［J］. Electronics Letters，2011，47（10）：621-622.

［5］　Ward K D，Tough R J A，Watts S. Sea clutter：Scattering，the K distribution and radar performance［M］. London：IET Press，2006.

［6］　高烽. 雷达概论［M］. 北京：电子工业出版社，2010.

［7］　Papoulis A，Pillai S U. Probability，random variables and stochastic processes［M］. New York：McGraw-Hill，2002.

［8］　Shnidman D A. Expanded swerling target models［J］. IEEE Transactions on Aerospace and Electronic Systems，2005，41（3）：1056-1067.

［9］　Conte E，Ricci G. Performance prediction in compound-Gaussian clutter［J］. IEEE Transactions on Aerospace and Electronic Systems，1994，30（2）：611-616.

［10］　Alouini M S，Abdi A，Kaveh M. Sum of Gamma variates and performance of wireless communication systems over Nakagami-fading channels［J］. IEEE Transactions on Vehicular Technology，2001，50（6）：1471-1480.

［11］　Yang Y，Xiao S，Feng D，et al. Modelling and simulation of spatial-temporal correlated K distributed clutter for coherent radar seeker［J］. IET Radar，Sonar and Navigation，2014，8（1）：1-8.

［12］　Daeipour E，Blair W D，Bar-Shalom Y. Bias compensation and tracking with monopulse radars in the presence of multipath［J］. IEEE Transactions on Aerospace and Electronic Systems，1997，33（3）：863-882.

［13］　Bar-Shalom Y，Kumar A，Blair W D，et al. Tracking low elevation targets in the presence of multipath propagation［J］. IEEE Transactions on Aerospace and Electronic Systems，30（3）：973-979.

［14］　Wang X Z，Musicki D. Low elevation sea-surface target tracking using IPDA type filters［J］. IEEE Transactions on Aerospace and Electronic Systems，2007，43（2）：759-774.

［15］　Wilson S L，Carlson B D. Radar detection in multipath［J］. IEE Proceedings：Radar，Sonar and Navigation，1999，146（1）：45-54.

［16］　杨世海，胡卫东，万建伟，等. 多径反射下低空目标检测研究［J］. 电子与信息学报，2002，24（4）：492-498.

［17］　Sen S，Nehorai A. Slow-time multi-frequency radar for target detection in multipath scenarios［C］//Proceedings of 2010 IEEE International Conference on Acoustics Speech and Signal Processing. Piscataway：IEEE，2010：2582-2585.

［18］　Graves R H W. Detection of airborne targets by a space-based radar using multipath interference ［C］//Proceedings of the 1991 IEEE National Radar Conference. Piscataway: IEEE, 1991: 46-49.

［19］ 焦培南, 张忠治. 雷达环境与电波传播特性［M］. 北京: 电子工业出版社, 2007.

［20］ 沈永欢, 梁在中, 许履瑚, 等. 数学手册［M］. 北京: 科学出版社, 1999.

［21］ Richards M A. Fundamentals of radar signal processing［M］. New York: McGraw-Hill, 2005.

［22］ Skolnik M I. Radar handbook［M］. New York: McGraw-Hill, 1990.

［23］ Conte E, Longo M. Characterisation of radar clutter as a spherically invariant random process［J］. IEE Proceedings, Part F, 1987, 134（2）: 191-197.

［24］ Marier L J. Correlated K-distributed clutter generation for radar detection and track［J］. IEEE Transactions on Aerospace and Electronic Systems, 1995, 31（2）: 568-580.

［25］ Chaney R D, Burl M C, Novak L M. On the performance of polarimetric target detection algorithms［J］. IEEE Aerospace and Electronic Systems Magazine, 1990, 25（2）: 10-15.

［26］ Novak L M, Burl M C. Optimal speckle reduction in polarimetric SAR imagery［J］. IEEE Transactions on Aerospace and Electronic Systems, 1990, 26（2）: 293-305.

［27］ Novak L M, Sechtin M B, Cardullo M J. Studies of target detection algorithms that use polarimetric radar data［J］. IEEE Transactions on Aerospace and Electronic Systems, 1989, 25（2）: 150-165.

［28］ 肖顺平, 杨勇, 冯德军, 等. 雷达极化检测器性能对比分析［J］. 宇航学报, 2014, 35（10）: 1198-1203.

极化雷达抗杂波检测方法与应用

5.1 引　言

杂波是影响雷达低空弱小目标检测性能的主要因素。为此，本章主要研究杂波背景下雷达低空弱小目标检测方法。针对常规单极化雷达，提出了基于正交投影的 CA-CFAR 检测方法，设计了 K 分布杂波下雷达检测器。针对极化雷达，提出了极化时频多域联合检测方法、时频检测与极化匹配联合检测方法以及极化空时广义白化滤波方法。下面分别介绍这些检测方法。

5.2 基于正交投影的 CA-CFAR 检测方法

低空慢速目标检测一直是雷达界研究的热难点问题，目标信号在时域和频域均被杂波覆盖，导致雷达难以检测目标。如何有效抑制杂波、提高信杂比，是雷达检测低空目标的关键。

通过波形设计、增加相干处理时间均能够增强目标信号、在一定程度上提高信杂比[1-2]。同时，根据杂波分布特性设计最佳或准最佳检测器，也能达到提高信杂比的目的，但信杂比改善程度有限[3]。在强杂波环境下，通过抑制杂波来提高信杂比，是实现低速小目标检测较为有效的技术手段，从而备受关注。其中，文献［4-5］采用子空间检测方法实现了强杂波环境下的目标检测；基于子空间思想，美国特拉华大学提出了奇异值分解杂波抑制方法[6]；英国斯特拉斯克莱德大学结合实测数据，分别分析了信号平均、时频分析以及形态滤波三种方法的杂波抑制效果[7]；加拿大卡尔加里大学提出采用递归非线性滤波方法实现对杂波的预测，进而抑制杂波[8]。此外，自适应带阻滤波器、分数阶傅里叶变换、阵列自适应加权等方法也不断被提出用于杂波抑制和目标检测[9-11]。上述方法中，信号平均法实现最简单，但其杂波抑制能力有限；奇异值分解法具有较好的杂波抑制性能，工程实现相对简单，且可与常规 CFAR 检测器串联使用；其他方法虽然均具有较好的杂波抑制能力和目标检测性能，但在工程实现过程中，需对现有雷达的 CFAR 检测器做较大改动，实现较复杂。

本节将正交投影与 CFAR 检测相结合，提出了基于正交投影的 CFAR 检测方法，该方法通过正交投影对各距离单元进行杂波抑制，进而实现 CFAR 检测[12]。本节给出了基于正交投影的 CFAR 检测器结构框图，并从杂波抑制效果和计算量两方面，将正交投影方法与文献［6］中的奇异值分解方法进行了对比。实测数据处理结果证明了该方法的有效性和高效性。

5.2.1 基于最佳逼近理论的杂波估计

抑制杂波前，首先需对杂波进行估计。杂波估计的准确性直接决定了杂波抑制效果。根据 4.5 节的分析结果可知，雷达观测的杂波在时间、空间维均具有一定的相关性。以加拿大 McMaster 大学 IPIX 雷达观测到的海杂波数据为例，图 5.1 给出了杂波时间维和空间维的相关系数，其中，ΔN 表示距离单元间隔。可见，同一距离单元多次观测杂波数据之间、同一时间不同距离单元观测杂波以及不同时刻不同距离单元间均具有一定的相关性。利用最佳逼近理论，可以得到：利用与某距离单元某时刻的杂波数据相关的多次观测数据，可估计得到某距离单元某时刻杂波。且相关数据越多、相关性越强，杂波估计精度越高。5.2.2 节、5.2.3 节将要涉及的奇异值分解和正交投影方法均体现了这一思想。因此，下面首先对最佳逼近理论在杂波估计中的应用进行简要介绍。

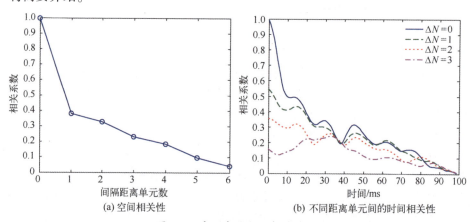

(a) 空间相关性　　　　(b) 不同距离单元间的时间相关性

图 5.1　实测杂波数据相关系数

设 L 个参考距离单元 N 次观测数据张成的空间为

$$A = \mathrm{span}\{x_1, x_2, \cdots, x_i, \cdots, x_L\} \tag{5.1}$$

其中，$\boldsymbol{x}_i = \begin{bmatrix} x_1 & x_2 & \cdots & x_i & \cdots & x_N \end{bmatrix}$ 表示第 i 个参考距离单元的 N 次观测信号。

M 个参考距离单元 N 次观测数据张成的空间为

$$B = \mathrm{span}\{\boldsymbol{x}_1, \boldsymbol{x}_2, \cdots, \boldsymbol{x}_i, \cdots, \boldsymbol{x}_M\} \tag{5.2}$$

其中，$M \geq L$。于是有，$A \subseteq B$。

设待检测单元观测数据为 $\boldsymbol{x}$，则 $\boldsymbol{x}$ 在 A 上的最佳逼近即为 $\boldsymbol{x}$ 在 OA 上的投影，记为 $\boldsymbol{x}_A$。则 $\boldsymbol{x}$ 可表示为

$$\boldsymbol{x} = \boldsymbol{x}_A + \tilde{\boldsymbol{x}}_A \tag{5.3}$$

其中，$\tilde{\boldsymbol{x}}_A \in A^\perp$，上标 $(\cdot)^\perp$ 表示正交补空间。

同理，$\boldsymbol{x}$ 在 B 上的最佳逼近即为 $\boldsymbol{x}$ 在 OB 上的投影为 $\boldsymbol{x}_B$，$\boldsymbol{x}$ 可表示为

$$\boldsymbol{x} = \boldsymbol{x}_B + \tilde{\boldsymbol{x}}_B \tag{5.4}$$

其中，$\tilde{\boldsymbol{x}}_B \in B^\perp$。令 $\boldsymbol{x}_B$ 在 OA 上的投影为 $\boldsymbol{x}_{BA}$，$\boldsymbol{x}_B$ 可表示为

$$\boldsymbol{x}_B = \boldsymbol{x}_{BA} + \tilde{\boldsymbol{x}}_{BA} \tag{5.5}$$

其中，$\tilde{\boldsymbol{x}}_{BA} \in A^\perp$。则

$$\boldsymbol{x}_t = \boldsymbol{x}_{BA} + \tilde{\boldsymbol{x}}_{BA} + \tilde{\boldsymbol{x}}_B \tag{5.6}$$

由于 $\tilde{\boldsymbol{x}}_B \in B^\perp$，$A \subseteq B$，可推出 $\tilde{\boldsymbol{x}}_B \perp A$，从而有 $\tilde{\boldsymbol{x}}_B \in A^\perp$，$\tilde{\boldsymbol{x}}_{BA} + \tilde{\boldsymbol{x}}_B \in A^\perp$，最终，$\boldsymbol{x}_{BA}$ 为 $\boldsymbol{x}_t$ 在 A 上的投影。由投影的唯一性可知：$\boldsymbol{x}_{BA} = \boldsymbol{x}_A$，则根据式（5.3）、式（5.6）有

$$\tilde{\boldsymbol{x}}_A = \tilde{\boldsymbol{x}}_{BA} + \tilde{\boldsymbol{x}}_B \tag{5.7}$$

其中，$\tilde{\boldsymbol{x}}_{BA} \in B$，且 $\tilde{\boldsymbol{x}}_B \in B^\perp$，则 $\tilde{\boldsymbol{x}}_{BA} \perp \tilde{\boldsymbol{x}}_B$，因而有

$$\|\tilde{\boldsymbol{x}}_A\| = \|\tilde{\boldsymbol{x}}_{BA}\| + \|\tilde{\boldsymbol{x}}_B\| \tag{5.8}$$

其中，$\|\cdot\|$ 为复赋范空间的2范数。由式（5.8）可得，$\|\tilde{\boldsymbol{x}}_A\| \geq \|\tilde{\boldsymbol{x}}_B\|$。

令 $\tilde{\boldsymbol{x}}_A = \begin{bmatrix} \tilde{x}_{A1} & \tilde{x}_{A2} & \cdots & \tilde{x}_{AN} \end{bmatrix}^\mathrm{T}$，$\tilde{\boldsymbol{x}}_B = \begin{bmatrix} \tilde{x}_{B1} & \tilde{x}_{B2} & \cdots & \tilde{x}_{BN} \end{bmatrix}^\mathrm{T}$，即有 $\sum\limits_{i=1}^{N} |\tilde{x}_{Ai}|^2 \geq$ $\sum\limits_{i=1}^{N} |\tilde{x}_{Bi}|^2$。从而说明空间 B 包含的向量越多，采用 B 中向量对待检测单元观测数据进行最佳逼近时的误差越小。

5.2.2 基于奇异值分解的杂波抑制方法

雷达待检测距离单元的多次观测信号可表示为

$$\boldsymbol{x} = \begin{bmatrix} x(1) & x(2) & \cdots & x(N) \end{bmatrix}^\mathrm{T} \tag{5.9}$$

其中，N 为观测次数。根据待检测距离单元内有、无目标，雷达接收信号可分别表示为

$$\begin{aligned} H_0 &: \boldsymbol{x} = \boldsymbol{c} + \boldsymbol{n} \\ H_1 &: \boldsymbol{x} = \boldsymbol{s} + \boldsymbol{c} + \boldsymbol{n} \end{aligned} \tag{5.10}$$

其中，H_0 表示无目标情况下，H_1 表示存在目标情况下，$s = [s(1) \quad \cdots$
$s(N)]^T$、$c = [c(1) \quad \cdots \quad c(N)]^T$、$n = [n(1) \quad \cdots \quad n(N)]^T$ 分别为 N 次观测
下的目标、杂波以及热噪声信号向量。

假定雷达 CFAR 检测采用的距离参考单元数为 $2L$，第 i 个距离参考单元
的 N 次观测信号向量为 $x_i = [x_i(1) \quad x_i(2) \quad \cdots \quad x_i(N)]^T$，将 $2L$ 个距离参考
单元的 N 次观测数据组成一矩阵：

$$X_r = [x_1 \quad x_2 \quad \cdots \quad x_{2L}] \tag{5.11}$$

则 X_r 为一 $N \times L$ 的矩阵。根据距离参考单元多次观测杂波数据可估计得到待检
测距离单元的杂波协方差为[6]

$$R = \frac{\sum_{i=1}^{2L} |\eta_i|^\gamma x_i x_i^H}{\sum_{i=1}^{2L} |\eta_i|^\gamma} \tag{5.12}$$

其中，γ 为常数，取值范围为 $[1,2]$，

$$\eta_i = \frac{x_i^H x}{\|x_i\|\|x\|} \tag{5.13}$$

η_i 为待检测距离单元观测信号向量与第 i 个距离参考单元观测信号向量的相
关系数，$\|\cdot\|$ 为复赋范空间的2范数。容易证明，R 为 Hermite 矩阵。

由于 Hermite 矩阵的奇异值分解与特征值分解一致，对 R 进行奇异值分
解，得

$$\begin{aligned} R &= U\Lambda U^H \\ &= \sum_{i=1}^{M} \beta_i u_i u_i^H + \sum_{i=M+1}^{N} \beta_i u_i u_i^H \end{aligned} \tag{5.14}$$

其中，β_i，$i = 1, 2, \cdots, N$ 为 R 的奇异值，u_i，$i = 1, 2, \cdots, N$ 为各奇异值对应的奇
异向量，$U = [u_1, u_2, \cdots, u_N]$，$\Lambda = \text{diag}(\beta_1, \beta_2, \cdots, \beta_N)$，$M$ 为 R 的较大奇异值
个数。由式（5.14）可以看到，杂波的绝大部分能量分布在由较大奇异值对
应的奇异向量所构成的子空间中。因此，M 个较大奇异值对应的奇异向量所
张成的子空间被认为是杂波子空间，剩余 $N-M$ 个较小奇异值对应的奇异向量
张成的子空间被认为是噪声子空间。很明显，杂波子空间与噪声子空间相互
正交。待检测距离单元的杂波信号可估计为

$$\hat{c} = \sum_{i=1}^{M} u_i u_i^H x \tag{5.15}$$

待检测单元经杂波对消后的剩余信号为

$$\tilde{x} = \left(I - \sum_{i=1}^{M} u_i u_i^H\right) x \tag{5.16}$$

其中，I 为 $N×N$ 的单位矩阵。

5.2.3　基于正交投影的 CFAR 检测方法

由于海面邻近距离单元的回波之间、同一距离分辨单元回波的多次观测值之间均具有较强的相关性。利用这种相关性和最佳逼近理论，待检测距离单元的杂波信号可由邻近距离参考单元的观测数据近似为

$$\hat{c} = \sum_{i=1}^{2L} \alpha_i x_i \tag{5.17}$$

其中，α_i 为加权因子。式（5.17）等效为 $\hat{c} \subset \mathrm{span}\{x_1, x_2, \cdots, x_{2L}\}$，即待检测单元杂波属于列向量组 $\{x_1, x_2, \cdots, x_{2L}\}$ 构成的子空间。

从向量和投影的角度看，为了使杂波估计误差最小，估计杂波向量 $\hat{c}$ 应为 x 在子空间 $\mathrm{span}\{x_1, x_2, \cdots, x_{2L}\}$ 上的投影。设投影算子为 P_x，则

$$\hat{c} = \sum_{i=1}^{2L} \alpha_i x_i = P_x x \tag{5.18}$$

根据投影定理，有

$$\langle x_i, x - P_x x \rangle = 0, \quad i = 1, 2, \cdots, 2L \tag{5.19}$$

由式（5.19）可计算得

$$P_x x = X_r (X_r^{\mathrm{H}} X_r)^{-1} X_r^{\mathrm{H}} x \tag{5.20}$$

则待检测单元经杂波对消后的剩余信号为

$$\tilde{x} = x - P_x x = (I - P_x) x = P_x^{\perp} x \tag{5.21}$$

其中，$P_x^{\perp} = I - P_x$ 为 x 到 X_r 的正交子空间的投影矩阵。

由式（5.20）、式（5.21）可见，正交投影方法直接利用距离参考单元的观测数据来抑制待检测单元杂波。为此，可以将正交投影与 CFAR 检测串联使用，从而提高强杂波环境下的目标检测性能。图 5.2 给出了基于正交投影的 CA-CFAR 检测器结构框图，其中，T 为门限因子。

从图 5.2 可以看出，该检测器的实现无须改变现有雷达 CFAR 检测器框架，只需在距离参考单元求平均前增加一步正交投影处理，简单易实现。

5.2.4　性能对比分析

由 5.2.2 节可知，基于奇异值分解的杂波抑制方法通过距离参考单元观测数据获得杂波能量主要分布的子空间，然后利用构成子空间的一组正交基实现待检测距离单元杂波重构。由 5.2.3 节可知，基于正交投影的杂波抑制方法利用邻近距离单元杂波的相关性，通过对距离参考单元观测数据进行加权，估计得到待检测距离单元杂波。虽然两种方法利用的观测数据相同，但两种方法的实现过程不同，最终可能会导致两种方法在杂波抑制效果和计算

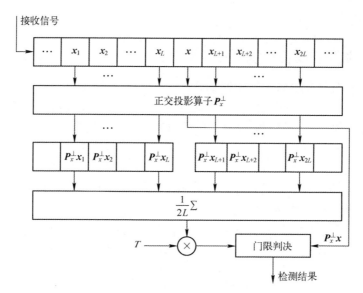

图 5.2　基于正交投影的 CA-CFAR 检测器结构图

量两个方面具有一定差异。下面具体分析其差异性。

由于两种方法采用同样的观测数据，于是有

$$\text{span}\{\boldsymbol{u}_1,\boldsymbol{u}_2,\cdots,\boldsymbol{u}_N\}=\text{span}\{\boldsymbol{x}_1,\boldsymbol{x}_2,\cdots,\boldsymbol{x}_{2L}\} \tag{5.22}$$

假定热噪声相对于杂波可忽略，由式（5.22）容易证明

$$\text{span}\{\boldsymbol{u}_1,\boldsymbol{u}_2,\cdots,\boldsymbol{u}_M\}\subset\text{span}\{\boldsymbol{x}_1,\boldsymbol{x}_2,\cdots,\boldsymbol{x}_{2L}\} \tag{5.23}$$

但在估计待检测单元杂波信号时，$\text{span}\{\boldsymbol{u}_1,\boldsymbol{u}_2,\cdots,\boldsymbol{u}_M\}$ 与 $\text{span}\{\boldsymbol{x}_1,\boldsymbol{x}_2,\cdots,$ $\boldsymbol{x}_{2L}\}$ 所包含的杂波信息量相同，即奇异值分解法与正交投影法利用的杂波信息量相同，二种方法的估计精度相同。在计算量方面，两种方法的绝大部分计算量都集中在复数乘法运算中，且奇异值分解法计算量主要集中在奇异值分解上，正交投影法主要集中在矩阵求逆上。虽然对于同一 P 阶方阵，奇异值分解和矩阵求逆的计算量均为 $O(P^3)$，但由式（5.14）和式（5.20）可以看到，对 $\boldsymbol{R}$ 进行奇异值分解的计算量为 $O(N^3)$，而对 $\boldsymbol{X}_r^{\text{H}}\boldsymbol{X}_r$ 进行求逆的计算量为 $\max[O(N^2),O(8L^3)]$。实际中，距离参考单元数往往小于观测次数，即 $2L<N$，因此，奇异值分解法的计算量大于正交投影法的计算量。

5.2.5　实测数据验证

本节采用加拿大 McMaster 大学 IPIX 雷达测得的海杂波数据，对基于奇异值分解和基于正交投影的 CFAR 检测性能进行仿真分析。IPIX 雷达主要参数如表 5.1 所示[13]。

表 5.1　IPIX 雷达参数

参数	取值
工作频率	9.39GHz
脉冲重复频率	1kHz
脉冲宽度	200ns
采样率	10MHz
雷达高度	30m
天线最大增益	45.7dB
半功率波束宽度	0.9°

雷达工作在凝视模式，采用垂直极化发射，垂直极化接收。雷达对距离为 2574~2769m 的海面持续观测 131.072s，海面平均浪高为 2.1m，观测得到的海杂波数据存储在一个 131072×14 的数组中（行代表观测时间，列代表观测距离），经预处理后的海杂波强度如图 5.3 所示（预处理方法详见文献［13］），图 5.3 中杂波强度单位为 dBW。

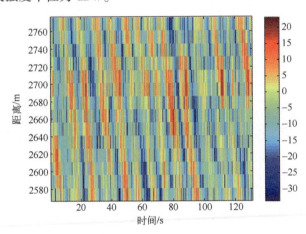

图 5.3　IPIX 雷达实测海杂波数据

从观测数据中选取第 1025~1280 行杂波数据，构成一个 256×14 的杂波数组，鉴于每个距离单元有两个采样点，选取奇数列数据作为每个距离单元杂波信号，并在该数组的第 7 列上叠加一目标信号，平均信杂比为−10dB，目标多普勒频率为 150Hz。采用正交投影方法对该组数据进行处理，得到杂波抑制效果图如图 5.4 所示。

图 5.4（a）中，待检测单元无目标，抑制前后杂波平均功率分别为 0.75dBW、−4.18dBW。这说明采用正交投影方法，杂波可被抑制约 5dBW。

当待检测距离单元存在目标时，由于目标信号与邻近距离单元杂波不相关，在待检测单元杂波被抑制的同时，目标信号能够得以保留，从而使得正交投影后的输出信号衰减不太明显，如图 5.4（b）所示。对比图 5.4（a）、（b）可以发现，经正交投影处理后，信杂比得到明显提高，这将有利于后续的 CFAR 检测。

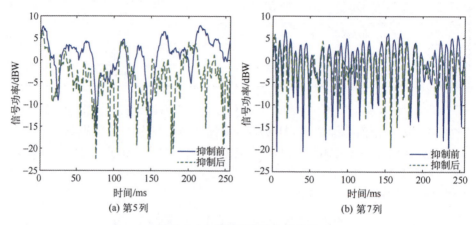

图 5.4　正交投影杂波抑制效果

图 5.5 给出了基于正交投影 CFAR 检测性能、基于奇异值分解的 CFAR 检测性能以及无杂波抑制措施时的 CFAR 检测性能。仿真过程中，我们选取图 5.3 中数据的第 1025~1124 行进行仿真实验，通过调整门限因子，以保证虚警概率为 0.0156 恒定。目标多普勒频率保持为 150Hz 不变。

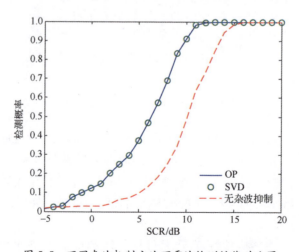

图 5.5　不同杂波抑制方法下雷达检测性能对比图

图 5.5 说明，基于正交投影或奇异值分解的 CFAR 检测性能明显优于常规 CFAR 检测性能，且基于正交投影的 CFAR 检测性能与基于奇异值分解的 CFAR 检测性能相同。仿真过程中，我们对正交投影法和奇异值分解法进行杂波抑制的运行时间进行了统计，仿真所使用的计算机的 CPU 为 Pentium(R) Dual-Core，内存为 2GB。MATLAB 仿真时长显示：采用正交投影方法，对所选观测数据进行杂波抑制的时间为 0.016s，而采用奇异值分解方法，对所选观测数据进行杂波抑制的时间为 4.469s，可见，正交投影方法的实时性明显优于奇异值分解方法。

5.3　K 分布杂波下雷达检测器设计

在 K 分布杂波环境下，高斯背景下设计的雷达检测器的检测性能将急剧下降[14-18]。为此，设计一种适用于 K 分布杂波背景的检测器具有重要意义。

意大利比萨大学假定杂波统计特性已知，推导得到了 K 分布和高斯分布杂波共同条件下的最佳检测器性能[19]。但所提出的最佳检测器的实现方案理论上可行，工程实现起来具有一定难度。意大利那不勒费德里科二世大学分别提出了 K 分布杂波下纽曼-皮尔逊检测器和广义似然比检验（GLRT）的实现方案[20]；此外，其针对 K 分布杂波下 GLRT 检测器难以实现这一问题，还提出了一种 M-GLRT 检测器。该检测器的性能随着 M 值的增大逐渐趋近于 GLRT 检测性能，但随着 M 值的增加，检验器实现也越趋复杂[20]。可见，K 分布杂波下雷达检测器设计需综合考虑检测性能和实现难易度两方面的要求。

为此，本节假定杂波协方差已知，基于广义似然比检验，设计了一种性能较好、较易实现的检测器[21]。首先，推导得到了多维 K 分布联合概率密度函数。然后，通过对雷达接收信号进行预处理，简化广义似然比检验统计量表达式。基于此，给出了检测器实现框图，最后仿真分析了所设计的检测器性能。

5.3.1　多维 K 分布联合分布

K 分布可表示为一个快速变化的瑞利分布分量被一个慢速变化的伽马分量调制的形式，其概率密度函数为

$$f(x) = \int_0^\infty f(x|y)f(y)\,\mathrm{d}y$$
$$= \frac{4\xi^{(v+1)/2}}{\Gamma(v)}x^v K_{v-1}(2\sqrt{\xi}\,x) \tag{5.24}$$

其中，$f(x|y) = x\exp(-x^2/(2y))/y$，$f(y) = \xi y^{v-1}\exp(-\xi y)/\Gamma(v)$，$\xi$、$v$ 分别为

伽马分布的尺度参数和形状参数，$K_{v-1}(\cdot)$ 为 $v-1$ 阶第二类修正贝塞尔函数。

获得多维 K 分布杂波联合分布是检测器设计的基础。由式（5.24）可见，直接推导多维 K 分布联合概率密度函数较困难，结合 K 分布的复合高斯特性，下面将从复合高斯分布的角度推导多维 K 分布联合概率密度函数。

雷达接收到某一距离分辨单元的杂波信号可表示为

$$c = \sum_{i=1}^{N} c_i = \sum_{i=1}^{N} a_i \exp(\mathrm{j}\varphi_i) \tag{5.25}$$

其中，c_i 为该距离分辨单元的第 i 个散射点的回波信号，a_i、φ_i 分别为第 i 个散射点的回波幅度和相位，a_i 之间、φ_i 之间以及 a_i 与 φ_i 之间均相互独立。

假定雷达某一距离分辨单元内的散射点个数 N 服从泊松分布，在泊松分布特征参数 λ 已知的情况下，散射点个数 N 的概率密度函数可表示为

$$f(N|\lambda) = \frac{\lambda^N \exp(-\lambda)}{N!} \tag{5.26}$$

而当 λ 未知时，N 的概率密度函数为

$$f(N) = \int_0^\infty \frac{\lambda^N \exp(-\lambda)}{N!} f(\lambda) \mathrm{d}\lambda \tag{5.27}$$

由式（5.27）可以看出，N 的概率密度函数与 λ 的概率密度函数 $f(\lambda)$ 息息相关。

假定 φ_i 服从 $[0, 2\pi]$ 均匀分布，可以证明，当 $N \to \infty$ 时，$\bar{c} = \left| \sum_{i=1}^{N} a_i \exp(\mathrm{j}\varphi_i) / \sqrt{N} \right|$ 服从复合高斯分布，即

$$f(\bar{c}) = \int_0^\infty \frac{\bar{c}}{\tau} \exp\left(-\frac{\bar{c}^2}{2\tau}\right) f(\tau) \mathrm{d}\tau \tag{5.28}$$

其中，$\bar{N} = \mathrm{E}(N)$，$\mathrm{E}(\cdot)$ 表示取均值，$\tau = \bar{a}^2 \lambda / (2\bar{N})$，$\bar{a}^2 = \mathrm{E}(a_i^2)$。由式（5.28）推导得 $c' = |c|$ 的概率密度函数可表示为

$$f(c') = \int_0^\infty \frac{c'}{\delta} \exp\left(-\frac{c'^2}{2\delta}\right) f(\delta) \mathrm{d}\delta \tag{5.29}$$

其中，$\delta = \bar{a}^2 \lambda / 2$。单个距离单元杂波幅度 c' 服从 K 分布，则由式（5.24）、式（5.29）可得：δ 服从伽马分布，即 λ 服从伽马分布

$$f(\lambda) = \frac{\beta^v}{\Gamma(v)} \lambda^{v-1} \exp(-\beta\lambda) \tag{5.30}$$

其中，v、β 分别为伽马分布形状参数和尺度参数。

雷达对某距离单元进行 M 次观测，令 $\boldsymbol{X}_i = [u_i^{(1)} \quad \cdots \quad u_i^{(M)} \quad v_i^{(1)} \quad \cdots$ $v_i^{(M)}]^\mathrm{T}$，$u_i^{(m)}$、$v_i^{(m)}$ 分别为第 i 个散射点第 m 次观测数据的实部和虚部，且均服从均值为 0、方差为 $\sigma^2/2$ 的高斯分布，记为 $u_i^{(m)}, v_i^{(m)} \sim \boldsymbol{\mathcal{N}}(0, \sigma^2/2)$、

$E(X_i) = 0$，$E(X_i X_i^T) = \Theta$，$c_m = \sum\limits_{i=1}^{N} X_i$，由于 a_i、φ_i 之间相互独立，c_i 之间相互独立，则 c_m 关于 N 的条件特征函数可表示为

$$\Phi_{c_m}(\omega \mid N) = \left[\Phi_{X_i}(\omega)\right]^N \tag{5.31}$$

X_i 为多维联合高斯分布随机变量，X_i 的特征函数为

$$\Phi_{X_i}(\omega) = \exp\left(-\frac{1}{2}\sum_{l,k=1}^{2M}\omega_l\omega_k\Theta_{lk}\right) \tag{5.32}$$

式（5.32）用泰勒级数展开得

$$\Phi_{X_i}(\omega) = 1 - \frac{1}{2}\sum_{l,k=1}^{2M}\omega_l\omega_k\Theta_{lk} + O\left[\left(\frac{1}{2}\sum_{l,k=1}^{2M}\omega_l\omega_k\Theta_{lk}\right)^2\right] \tag{5.33}$$

其中，$O(\cdot)$ 表示高阶项。

将式（5.33）代入式（5.31），可得 c_m 的特征函数为

$$
\begin{aligned}
\Phi_{c_m}(\omega) &= \sum_{N=0}^{\infty}\Phi_{c_m}(\omega \mid N)f(N) \\
&= \int_0^{\infty}\sum_{N=0}^{\infty}\left(1 - \frac{1}{2}\sum_{l,k=1}^{2M}\omega_l\omega_k\Theta_{lk} + \right. \\
&\quad \left. O\left[\left(\frac{1}{2}\sum_{l,k=1}^{2M}\omega_l\omega_k\Theta_{lk}\right)^2\right]\right)^N \cdot \frac{\lambda^N\exp(-\lambda)}{N!}f(\lambda)\,\mathrm{d}\lambda \\
&= \int_0^{\infty}\exp\left\{-\frac{\lambda}{2}\sum_{l,k=1}^{2M}\omega_l\omega_k\Theta_{lk} + \right. \\
&\quad \left. \lambda \cdot O\left[\left(\frac{1}{2}\sum_{l,k=1}^{2M}\omega_l\omega_k\Theta_{lk}\right)^2\right]\right\}f(\lambda)\,\mathrm{d}\lambda
\end{aligned}
\tag{5.34}
$$

将式（5.30）代入式（5.34），然后对式（5.34）进行逆傅里叶变换，得

$$f(c_m) = \int_0^{\infty}\frac{1}{\sqrt{(2\pi)^{2M}\det(\lambda\Theta)}}\exp\left(-\frac{1}{2\lambda}c_m\Theta^{-1}c_m^T\right)f(\lambda)\,\mathrm{d}\lambda \tag{5.35}$$

定义复向量 $C = \begin{bmatrix} C_1 & C_2 & \cdots & C_M \end{bmatrix}^T$，其中，$C_k = \sum\limits_{i=1}^{N}u_i^{(k)} + \mathrm{j}\sum\limits_{i=1}^{N}v_i^{(k)}$，根据式（5.35）可得多次观测量 C 的概率密度函数为

$$f(C) = \frac{1}{\pi^M\det(\Theta)} \cdot \int_0^{\infty}\frac{1}{\lambda^M}\exp\left(-\frac{1}{\lambda}C^H\Theta^{-1}C\right)f(\lambda)\,\mathrm{d}\lambda \tag{5.36}$$

5.3.2　检测器设计

雷达对某一距离单元进行 M 次观测，对于单次观测量 Z_k，有

$$H_0 : Z_k = C_k \quad , \quad k = 0,1,\cdots,M$$
$$H_1 : Z_k = S_k + C_k, \quad k = 0,1,\cdots,M \tag{5.37}$$

其中，H_0 表示无目标存在，H_1 表示有目标存在，S_k 为目标回波信号，C_k 为杂波，在此，假定雷达接收机噪声相对于杂波可忽略不计。由式（5.36）可得，多次观测量 $\boldsymbol{Z} = [Z_1 \quad Z_2 \quad \cdots \quad Z_M]^\mathrm{T}$ 的概率密度函数可表示为

$$f(\boldsymbol{Z}) = \begin{cases} \dfrac{1}{\pi^M \det(\boldsymbol{\Theta})} \cdot \displaystyle\int_0^\infty \dfrac{1}{\lambda^M} \exp\left(-\dfrac{\boldsymbol{Z}^\mathrm{H} \boldsymbol{\Theta}^{-1} \boldsymbol{Z}}{\lambda}\right) f(\lambda)\,\mathrm{d}\lambda & , \quad H_0 \\[4mm] \dfrac{1}{\pi^M \det(\boldsymbol{\Theta})} \cdot \displaystyle\int_0^\infty \dfrac{1}{\lambda^M} \exp\left(-\dfrac{(\boldsymbol{Z}-\boldsymbol{S})^\mathrm{H} \boldsymbol{\Theta}^{-1} (\boldsymbol{Z}-\boldsymbol{S})}{\lambda}\right) f(\lambda)\,\mathrm{d}\lambda, & H_1 \end{cases}$$
$$\tag{5.38}$$

其中，$\boldsymbol{S} = [S_1 \quad S_2 \quad \cdots \quad S_M]^\mathrm{T}$。令 $\boldsymbol{\Lambda} = \lambda \boldsymbol{\Theta}$，根据 NP 定理推导得到似然比统计量为

$$\begin{aligned} L(\boldsymbol{Z}) &= \frac{f(\boldsymbol{Z};H_1)}{f(\boldsymbol{Z};H_0)} \\[2mm] &= \frac{F_M((\boldsymbol{Z}-\boldsymbol{S})^\mathrm{H} \boldsymbol{\Lambda}^{-1} (\boldsymbol{Z}-\boldsymbol{S}))}{F_M(\boldsymbol{Z}^\mathrm{H} \boldsymbol{\Lambda}^{-1} \boldsymbol{Z})} \end{aligned} \tag{5.39}$$

其中，$F_M(\varepsilon) = \displaystyle\int_0^\infty \exp(-\varepsilon/\lambda) f(\lambda)/\lambda^M \mathrm{d}\lambda$。

通常，目标回波信号幅度未知。令目标回波信号 $\boldsymbol{S} = \sigma \boldsymbol{S}_0$，$\sigma$ 为未知的目标信号复幅度，$\boldsymbol{S}_0$ 为满足 $\boldsymbol{S}_0^\mathrm{H} \boldsymbol{S}_0 = 1$ 的向量。此时，广义似然比统计量为

$$L(\boldsymbol{Z}) = \frac{F_M((\boldsymbol{Z}-\hat{\sigma}\boldsymbol{S}_0)^\mathrm{H} \boldsymbol{\Lambda}^{-1} (\boldsymbol{Z}-\hat{\sigma}\boldsymbol{S}_0))}{F_M(\boldsymbol{Z}^\mathrm{H} \boldsymbol{\Lambda}^{-1} \boldsymbol{Z})} \tag{5.40}$$

其中，$\hat{\sigma} = \arg\max\limits_\sigma F_M((\boldsymbol{Z}-\sigma\boldsymbol{S}_0)^\mathrm{H} \boldsymbol{\Lambda}^{-1} (\boldsymbol{Z}-\sigma\boldsymbol{S}_0))$。

由 $\mathrm{d}F_M((\boldsymbol{Z}-\sigma\boldsymbol{S}_0)^\mathrm{H} \boldsymbol{\Lambda}^{-1} (\boldsymbol{Z}-\sigma\boldsymbol{S}_0))/\mathrm{d}\sigma = 0$ 得

$$\hat{\sigma} = \frac{\boldsymbol{S}_0^\mathrm{H} \boldsymbol{\Lambda}^{-1} \boldsymbol{Z}}{\boldsymbol{S}_0^\mathrm{H} \boldsymbol{\Lambda}^{-1} \boldsymbol{S}_0} \tag{5.41}$$

于是有

$$L(\boldsymbol{Z}) = \frac{F_M(\boldsymbol{Z}^\mathrm{H} \boldsymbol{\Lambda}^{-1} \boldsymbol{Z}(1-|\zeta|^2))}{F_M(\boldsymbol{Z}^\mathrm{H} \boldsymbol{\Lambda}^{-1} \boldsymbol{Z})} \tag{5.42}$$

其中，$|\zeta|^2 = |\boldsymbol{S}_0^\mathrm{H} \boldsymbol{\Lambda}^{-1} \boldsymbol{Z}|^2/((\boldsymbol{Z}^\mathrm{H} \boldsymbol{\Lambda}^{-1} \boldsymbol{Z})(\boldsymbol{S}_0^\mathrm{H} \boldsymbol{\Lambda}^{-1} \boldsymbol{S}_0))$，$0 \leqslant |\zeta|^2 \leqslant 1$。

由式（5.42）可以看出，采用广义似然比检验，检验统计量比较复杂，检测器实现比较困难。下面将对雷达接收信号进行预处理，以简化检验统计量，由此设计一种较易实现的检测器。

假定 $\boldsymbol{\Lambda}$ 为非奇异矩阵，则 $\boldsymbol{\Lambda}$ 经特征值分解可表示为

$$\boldsymbol{\Lambda} = \boldsymbol{V}\boldsymbol{D}\boldsymbol{V}^{\mathrm{H}} \tag{5.43}$$

其中，$\boldsymbol{D}$ 为 $\boldsymbol{\Lambda}$ 的特征值构成的对角矩阵，$\boldsymbol{V}$ 为特征向量矩阵。

令 $\boldsymbol{W} = \boldsymbol{V}\boldsymbol{D}^{-1/2}\boldsymbol{V}^{\mathrm{H}} = \boldsymbol{\Lambda}^{-1/2}$，用 $\boldsymbol{W}$ 对 $\boldsymbol{Z}$ 做线性变换，得 $\boldsymbol{b} = \boldsymbol{W}\boldsymbol{Z} = \begin{bmatrix} b_1 & b_2 & \cdots \\ \end{bmatrix}$ $b_M \end{bmatrix}^{\mathrm{T}}$。在 H_0 下，λ 已知时，有

$$\mathrm{E}(\boldsymbol{b}\boldsymbol{b}^{\mathrm{H}}) = \boldsymbol{W}\boldsymbol{\Lambda}\boldsymbol{W}^{\mathrm{H}} = \boldsymbol{I}_M \tag{5.44}$$

其中，$\boldsymbol{I}_M$ 为 M 阶单位矩阵。在 H_1 假设下，选择合理的向量 $\boldsymbol{S}_0$，可使得

$$\boldsymbol{W}\boldsymbol{S}_0 = \begin{bmatrix} (\boldsymbol{S}_0^{\mathrm{H}}\boldsymbol{\Lambda}^{-1}\boldsymbol{S}_0)^{1/2} & 0 & \cdots & 0 \end{bmatrix}^{\mathrm{T}} \tag{5.45}$$

此时，检验统计量可表示为

$$L(\boldsymbol{b}) = \frac{F_M(\boldsymbol{b}^{\mathrm{H}}\boldsymbol{b}(1 - |\zeta|^2))}{F_M(\boldsymbol{b}^{\mathrm{H}}\boldsymbol{b})} \tag{5.46}$$

其中，

$$|\zeta|^2 = \frac{|\boldsymbol{S}_0^{\mathrm{H}}\boldsymbol{W}^{\mathrm{H}}\boldsymbol{W}\boldsymbol{Z}|^2}{(\boldsymbol{b}^{\mathrm{H}}\boldsymbol{b})(\boldsymbol{S}_0^{\mathrm{H}}\boldsymbol{W}^{\mathrm{H}}\boldsymbol{W}\boldsymbol{S}_0)} \tag{5.47}$$

将式 (5.45) 代入式 (5.47)，得

$$|\zeta|^2 = \frac{|b_1|^2}{\displaystyle\sum_{i=1}^{M} |b_i|^2} \tag{5.48}$$

于是式 (5.46) 中的检验统计量可转化为

$$L(\boldsymbol{b}) = \frac{F_M\left(\displaystyle\sum_{i=2}^{M} |b_i|^2\right)}{F_M\left(\displaystyle\sum_{i=1}^{M} |b_i|^2\right)} \tag{5.49}$$

假定目标 RCS 服从 Swerling I 起伏模型，则目标信号幅度 $|\sigma|$ 服从瑞利分布，目标信号 S_k 可认为服从均值为 0、方差为 σ_s^2 的复高斯分布。在 H_1 假设下，经矩阵 $\boldsymbol{W}$ 变换后的目标功率为

$$\begin{aligned} P_t &= \mathrm{E}\left[(\boldsymbol{W}\boldsymbol{S})^{\mathrm{H}}\boldsymbol{W}\boldsymbol{S} \right] \\ &= \boldsymbol{S}_0^{\mathrm{H}}\boldsymbol{\Lambda}^{-1}\boldsymbol{S}_0 \cdot \mathrm{E}\left[|\sigma|^2 \right] \\ &= \sigma_s^2 \boldsymbol{S}_0^{\mathrm{H}}\boldsymbol{\Lambda}^{-1}\boldsymbol{S}_0 \end{aligned} \tag{5.50}$$

经矩阵 $\boldsymbol{W}$ 变换后的杂波功率为

$$\begin{aligned} P_c &= \mathrm{E}\left[(\boldsymbol{W}\boldsymbol{C})^{\mathrm{H}}\boldsymbol{W}\boldsymbol{C} \right] \\ &= \mathrm{E}\left[\sum_{i=1}^{M} |b_i^{(1)}|^2 \right] \\ &= \sum_{i=1}^{M} \mathrm{E}\left[|b_i^{(1)}|^2 \right] \\ &= M\lambda \end{aligned} \tag{5.51}$$

其中，在 H_1 假设下，$\boldsymbol{WC} = [\, b_1^{(1)} \quad b_2^{(1)} \quad \cdots \quad b_M^{(1)} \,]^{\mathrm{T}}$，$\mathrm{E}[\,|b_i^{(1)}|^2\,] = \lambda$，$i = 1$，$2,\cdots,M$。

于是信杂比可表示为

$$\mathrm{SCR} = \frac{P_t}{P_c} = \frac{\sigma_s^2 \boldsymbol{S}_0^{\mathrm{H}} \boldsymbol{\Lambda}^{-1} \boldsymbol{S}_0}{M\lambda} \tag{5.52}$$

令 $w = |b_1|^2$，$\rho = \sum\limits_{i=2}^{M} |b_i|^2$，则似然比检验统计量可表示为

$$L(\boldsymbol{b}) = \frac{F_M(\rho)}{F_M(w+\rho)} \underset{H_0}{\overset{H_1}{\gtrless}} T \tag{5.53}$$

由于 $F_M(\cdot)$ 单调递减，因此，式（5.53）可改写为

$$w \underset{H_0}{\overset{H_1}{\gtrless}} F_M^{-1}\!\left(\frac{F_M(\rho)}{T}\right) - \rho \equiv \eta \tag{5.54}$$

其中，$F_M^{-1}(\cdot)$ 为 $F_M(\cdot)$ 的反函数。

根据上面的推导，给出检测器实现框图如图 5.6 所示。当杂波协方差已知时，$\boldsymbol{W}$、$\boldsymbol{S}_0$ 均较易求得，检测器实现较简单。

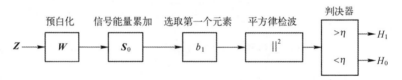

图 5.6　K 分布杂波下雷达检测器实现框图

在 H_0 和 H_1 假设下，b_i，$i = 2,3,\cdots,M$ 为一复高斯变量，均值为 0，方差为 λ。由于 $b_i = b_{iI} + \mathrm{j} b_{iQ}$，$b_{iI} \sim \mathcal{N}(0,\lambda/2)$，$b_{iQ} \sim \mathcal{N}(0,\lambda/2)$，因此，$\rho = \sum\limits_{n=2}^{M} (b_{nI}^2 + b_{nQ}^2)$ 服从自由度为 $2(M-1)$ 的 χ^2 分布。在 H_0 假设下，b_1 服从均值为 0、方差为 λ 的复高斯分布。在 H_1 假设下，b_1 服从均值为 0、方差为 $\sigma_s^2 \boldsymbol{S}_0^{\mathrm{H}} \boldsymbol{\Lambda}^{-1} \boldsymbol{S}_0 + \lambda$ 的复高斯分布。因此，容易得到 ρ 的概率密度函数为

$$f(\rho) = \frac{1}{\lambda^{M-1}(M-2)!} \rho^{M-2} \exp(-\rho/\lambda) \tag{5.55}$$

w 的概率密度函数为

$$f(w) = \begin{cases} \exp(-w/\lambda)/\lambda, & H_0 \\[2mm] \dfrac{1}{\widetilde{\sigma}_s^2 + \lambda} \exp\!\left(\dfrac{-w}{\widetilde{\sigma}_s^2 + \lambda}\right), & H_1 \end{cases} \tag{5.56}$$

其中，$\widetilde{\sigma}_s^2 = \sigma_s^2 \boldsymbol{S}_0^{\mathrm{H}} \boldsymbol{\Lambda}^{-1} \boldsymbol{S}_0$。

由式（5.56）可得本节设计的检测器基于 λ 的条件检测概率为

$$P(d\,|\,\rho,\lambda) = \int_{\eta}^{\infty} \frac{1}{\widetilde{\sigma}_s^2 + \lambda} \exp\left(\frac{-w}{\widetilde{\sigma}_s^2 + \lambda}\right) dw$$

$$= \exp\left(\frac{-\eta}{\widetilde{\sigma}_s^2 + \lambda}\right) \tag{5.57}$$

该检测器的检测概率最终可表示为

$$P_d = \int_0^{\infty} \int_0^{\infty} \exp\left\{-\frac{F_M^{-1}\left[F_M(\rho)/T\right] - \rho}{\widetilde{\sigma}_s^2 + \lambda}\right\} f(\rho) f(\lambda)\, d\rho\, d\lambda \tag{5.58}$$

式（5.58）中，令 $\widetilde{\sigma}_s^2 = 0$，得虚警概率为

$$P_f = \int_0^{\infty} \int_0^{\infty} \exp\left\{-\frac{F_M^{-1}\left[F_M(\rho)/T\right] - \rho}{\lambda}\right\} f(\rho) f(\lambda)\, d\rho\, d\lambda \tag{5.59}$$

5.3.3　仿真结果与分析

下面结合仿真来具体分析所设计的检测器的检测性能。为了得到 K 分布杂波下该检测器的检测性能，首先需根据虚警概率和杂波分布确定检测门限。由式（5.59）可以看出，虚警概率与检测门限、观测次数、K 分布特征参数有关。假定观测次数 $M=8$ 固定不变，仿真得到不同形状参数下虚警概率与检测门限的关系如图 5.7 所示，其中，$\beta = v$。

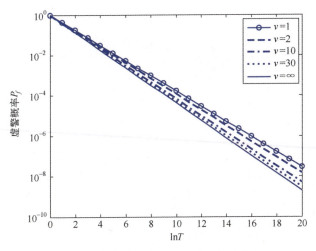

图 5.7　虚警概率与检测门限之间的关系

从图 5.7 中可以看出，形状参数 v 一定时，虚警概率随着检测门限的提高而降低；在检测门限一定时，随着 v 的逐渐增大，虚警概率降低的速度越来越缓慢。

假定虚警概率 $P_f = 10^{-6}$，首先根据式（5.59）通过插值得到检测门限，然后根据式（5.58）仿真得到了所设计的检测器检测性能曲线。不同形状参数下的检测性能随信杂比的变化曲线如图 5.8 所示。图 5.8 中，$v = \infty$ 对应着杂波服从瑞利分布时的检测性能曲线。可以看到，形状参数一定时，检测概率随着信杂比的增大而增大；在信杂比一定时，随着形状参数的增大，检测概率逐渐增大，这是由于形状参数越大，杂波"尖峰"越少，在相同的虚警概率下，检测门限就越低，从而使得检测概率增大。观察 $v = 1$、2、10、30 对应的性能曲线之间的间隙可以推测：在相同信杂比下，随着 v 的增大，检测概率提高得越来越少。从图 5.8 中还可以看出，$v = 30$ 所对应的检测概率已趋近于 $v = \infty$ 时的检测概率；当 $P_d = 0.9$ 时，$v = 1$ 与 $v = \infty$ 下的信杂比相差约 3dB。

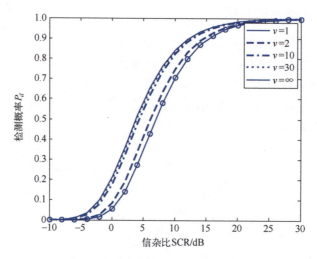

图 5.8　设计的检测器检测性能曲线

设定 $P_f = 10^{-6}$，$v = 1$，$\beta = v$，将本节设计的检测器检测性能与文献［20］中提出的 M–GLRT 检测器、平方律检波器检测性能进行对比，对比结果如图 5.9 所示。其中，平方律检测器由匹配滤波、平方律检波、脉冲积累、CFAR 检测四部分组成。K 分布杂波下，对 Swerling Ⅰ 型目标进行检测，平方律检测器的虚警概率和检测概率可分别表示为[21]

$$P_f = \int_0^\infty \sum_{i=0}^{M-1} \frac{\gamma^i}{i! s^2} \exp\left(-\frac{\gamma}{s^2}\right) f(s) \, \mathrm{d}s \tag{5.60}$$

$$P_d = \int_0^\infty \left\{ 1 - I\left[\frac{\gamma}{s^2 \sqrt{M-1}}, M-2\right] + \left(1 + \frac{s^2}{M\chi}\right)^{M-1} \cdot \right.$$

$$I\left[\frac{T}{\sqrt{M-1}\left(1+\dfrac{s^2}{M\chi}\right)},M-2\right]\exp\left(-\frac{Ts^2}{s^2+M\chi}\right)\right\}f(s)\,\mathrm{d}s \quad (5.61)$$

其中，$f(s)=2v^v s^{2v-1}\exp(-vs^2)/\Gamma(v)$，$\gamma$ 为检测门限，χ 为单个脉冲的平均信杂比，$I(u,K)=\displaystyle\int_0^{u\sqrt{K+1}}\tau^K\exp(-\tau)/K!\,\mathrm{d}\tau$ 为不完全伽马函数的皮尔逊形式。当 $P_f\ll1$ 和 $M\chi>1$ 时，检测概率表达式可简化为

$$P_d=\int_0^\infty\left(1+\frac{1}{M\chi}\right)^{M-1}\exp\left(-\frac{Ts^2}{s^2+M\chi}\right)f(s)\,\mathrm{d}s \quad (5.62)$$

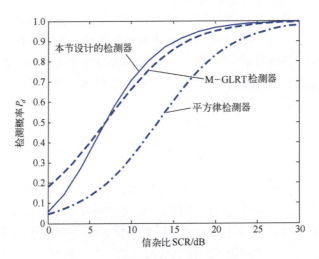

图 5.9　三种检测器检测概率对比图

M-GLRT 检测器的虚警概率和检测概率为[20]

$$P_f=\left(1+\frac{\gamma}{M-1}\right)^{-M+1} \quad (5.63)$$

$$P_d=\int_0^\infty\left(1+\frac{\gamma s^2}{\bar{\chi}+s^2}\right)^{-M+1}f(s)\,\mathrm{d}s \quad (5.64)$$

其中，$\gamma=\gamma_T/(M-1)$，γ_T 为检测门限，$\bar{\chi}$ 为非相参积累后的信杂比。

从图 5.9 中可以看出，本节设计的检测器检测性能较常规的平方律检测器检测性能大大提高；在信杂比较高时，本节设计的检测器检测性能优于 M-GLRT 检测器检测性能。在 $P_d=0.9$ 时，本节设计的检测器所需的信杂比较 M-GLRT 检测器、平方律检测器所需的信杂比分别低约 1.5dB、6.5dB。

5.4　极化时频多域联合检测方法

多域联合检测联合利用信号多个维度的信息，可提高雷达目标检测性能。极化时频联合检测在实现时有两种信号处理方式：一种是融合处理方式；另一种是串联处理方式。其中，基于观测信号的极化、时、频信息，推导检验统计量或提炼多个特征量，设计雷达检测器，即为融合处理方式；依次采用时域、频域、极化域等不同顺序、不同方式的处理方法，最终得到检验统计量，实现检验判决，即为串联处理方式。

目前，在多域信息融合检测方面，学者们提出了极化空时、极化时频融合检测方法[22]。为了提高这些检测方法的可实现性，在此基础上，学者们又提出了相应的自适应检测方法[23]。在多域串联检测方面，传统雷达系统采用的匹配滤波、动目标显示（MTI）、FFT、CFAR 检测等级联处理是最为经典的处理方法。针对极化雷达，在此基础上，增加极化滤波可进一步提升雷达目标检测性能。但极化滤波通常用于抑制有源干扰，在匹配滤波之前使用。对于强海杂波下的弱目标检测，极化滤波在哪个阶段使用，如何与现有处理方法级联使用，有待研究。

为此，本节针对雷达海面漂浮弱目标检测，提出了时频极化级联检测方法。该方法利用雷达接收信号的时域、频域和极化域信息，依次采用时域、频域、极化域和时域信号处理方法，以提高雷达对海面漂浮弱目标的检测性能。实测数据处理结果验证了所提方法的有效性。下面对该方法进行介绍。

5.4.1　极化时频联合处理

假定雷达接收信号为

$$
\begin{aligned}
x &= c \quad , \quad H_0 \\
x &= s + c \,, \quad H_1
\end{aligned}
\tag{5.65}
$$

雷达匹配滤波器的时域响应为

$$
h(t) = a s^*(t_0 - t)
\tag{5.66}
$$

其中，a 为常数，$t_0 = T/2$ 以保证滤波器物理可实现，上标 $(\cdot)^*$ 表示取共轭。匹配滤波器频率响应为

$$
H(\omega) = a S^*(\omega) e^{-j\omega t_0}
\tag{5.67}
$$

其中，$S(\omega)$ 为发射信号频谱。

对极化雷达各极化通道接收信号分别进行常规信号处理，具体包括匹配滤波、加窗处理和脉冲多普勒处理。以水平极化接收通道为例，匹配滤波与

频域加窗后的时域输出信号可表示为

$$z(t) = \text{FFT}[S(\omega)H(\omega)F(\omega)] \qquad (5.68)$$

其中，FFT$[\cdot]$表示逆傅里叶变换，$F(\omega)$为窗函数频率响应。在此，窗函数可采用海明窗或者汉宁窗。

对加窗后的信号在快时间维度做 FFT 处理，可得信号多普勒谱为

$$Z(\omega) = \text{FFT}[z(t)] \qquad (5.69)$$

对 $Z(\omega)$ 进行离散化采样，离散化后的多普勒谱表示为 $Z(m,n)$。其中，m 表示第 m 个多普勒分辨单元，$m = 1, 2, \cdots, M$，n 表示第 n 个距离采样点。

对于海面低速目标，其多普勒频率较小，通常在零频附近。若目标回波较弱，且目标多普勒谱将被零频通道的海杂波淹没。为了抑制杂波、检测出弱目标，则需要对零频通道的进行处理。为此，在获得 $Z(m,n)$ 之后，将其中的零频对应的多普勒通道信号取出，零频多普勒通道对应的多普勒谱信号记为 $Z(1) = [Z(1,1) \quad Z(1,2) \quad \cdots \quad Z(1,N)]^{\text{T}}$。

经过 FFT 处理后，目标回波能量已得到积累。若此时目标信号仍被杂波多普勒谱淹没，可基于目标与杂波在极化域的特性差异，采用极化滤波来进一步抑制杂波，提升信杂比。在对零频多普勒通道多普勒谱进行极化滤波时，需根据多个极化通道之间的协方差来确定各极化通道的加权系数。

第 i 个距离单元海杂波极化协方差可估计为

$$\hat{R}_c = z_{\text{ref}} z_{\text{ref}}^{\text{H}} \qquad (5.70)$$

其中，$z_{\text{ref}} = [z_{\text{HH}} \quad z_{\text{HV}}]^{\text{T}}$，

$$z_{\text{HH}} = [Z(1,i-b-c) \quad \cdots \quad Z(1,i-b-1) \quad Z(1,i+b+1) \quad \cdots \quad Z(1,i+b+c)]^{\text{T}} \qquad (5.71)$$

其中，b 为保护距离单元数，c 为左右各取的参考距离单元数。

估计得到海杂波极化协方差后，选取极化协方差矩阵最小特征值对应的特征向量 w_{min} 作为加权系数，对各极化通道待检测单元信号进行加权。则极化滤波加权后的输出结果为

$$z_o = w_{\text{min}}^{\text{T}} z_i \qquad (5.72)$$

其中，$z_i = [z_{\text{HH}}^i \quad z_{\text{HV}}^i]^{\text{T}}$。

最后，对极化滤波后的多帧信号幅度进行叠加，得到多帧积累后的输出信号为

$$z_{\text{inc}} = \sum_{k=1}^{K} |z_o| \qquad (5.73)$$

其中，K 为积累帧数。

图 5.10 为提出的极化时频联合的雷达海面低速小目标检测方法流程图。

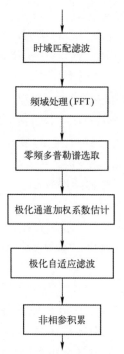

图 5.10 极化时频联合的雷达海面低速小目标检测方法流程图

5.4.2 实测数据验证

下面采用雷达探测海面船只实测数据对上述检测方法进行验证。

试验场景为：雷达位于海边，架设高度约为 100m。雷达工作频段在 Ku 波段。雷达采用垂直极化发射，水平和垂直极化同时接收。目标为一艘海面漂浮的木船，尺寸约为 6m×2m。雷达接收信号经匹配滤波和加窗处理后的幅度如图 5.11 所示。图 5.11 中，目标位于第 660~690 采样点范围内。

对图 5.11 中的信号进行脉冲多普勒处理，结果如图 5.12 所示。从图 5.12 中可以看出，杂波功率集中在零频处。海面漂浮的木船由于速度接近于 0，其多普勒谱也集中在零频附近。但由于杂波多普勒谱也位于零频附近，且杂波谱较强，目标多普勒谱难以凸显。雷达难以从时频二维图中发现目标。

对零频对应的多普勒分辨单元信号采用极化滤波，输出信号功率如图 5.13 所示。从图 5.13 中可以看出，VV、VH 极化通道回波信号不同，信杂比也不同。VV 极化通道信杂比较低，VH 极化通道信杂比较高。经过极化滤波后，输出信杂比与 VH 极化通道信杂比相当。由于实际中并不知道两个极化通道中哪个极化通道的信杂比较高，通过对两个极化通道信号的自适应加权，可保证输出的信杂比总能与两个极化通道中较高信杂比相当。

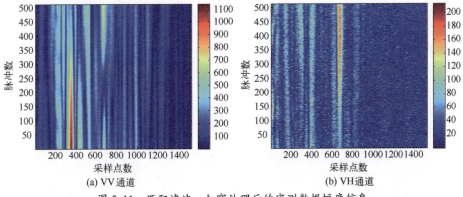

(a) VV 通道　　　　　　　　　　　　(b) VH 通道

图 5.11　匹配滤波、加窗处理后的实测数据幅度信息

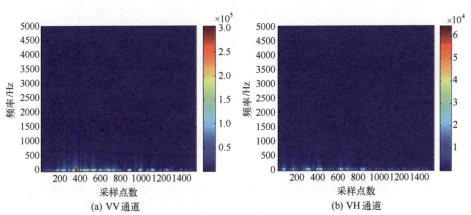

(a) VV 通道　　　　　　　　　　　　(b) VH 通道

图 5.12　脉冲多普勒处理后的某一帧输出信号

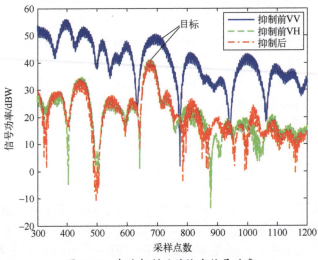

图 5.13　杂波抑制后的输出信号功率

雷达对每个帧信号进行极化滤波，然后滤波输出的多帧信号进行非相参积累，积累后的结果如图 5.14 所示。对比图 5.14 和图 5.13 可以看出，经过多帧积累后，雷达信杂比显著提升，这有利于提升雷达目标检测性能。

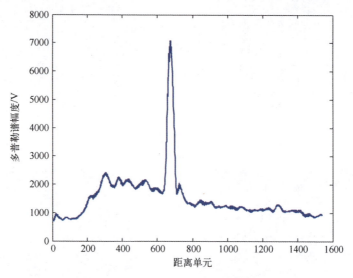

图 5.14　非相参积累输出多普勒谱幅度

5.5　时频检测与极化匹配联合检测方法

众所周知，无人机现已广泛应用于人们的日常生活以及军事领域。无人机给使用方带来诸多便利的同时，也给他人或他国的安全和利益带来了严重威胁。为了防止无人机滥用给我国国家安全和人民利益造成损害，及时发现并识别无人机是对入侵无人机进行有效反制的前提。

雷达具有全天时、全天候的特点，利用雷达来检测识别无人机是世界各国广泛采用的技术手段。但是，由于无人机飞行高度低、雷达截面积（RCS）小、飞行速度慢，无人机回波较弱，在时域或频域雷达均难以检测无人机[24]。为了检测到无人机信号，雷达通常会降低检测门限[25]。但与此同时，一些强杂波也被雷达检测出，造成虚警。这样，雷达无人机检测问题演化为雷达无人机与杂波虚警鉴别问题。如何挖掘无人机回波与杂波的特征差异，然后利用二者的特征差异来鉴别无人机与杂波，进而剔除杂波虚警，是雷达无人机检测的关键问题[26]。

无人机分为两类：一类是旋翼无人机，另一类是固定翼无人机。目前，研究旋翼无人机雷达回波特性和识别的文献较多。学者们主要针对旋翼无人机的 RCS 均值和统计分布[27-29]、多普勒谱[30-31]、微多普勒谱[32-36]、极化[37-38]、ISAR 图像[39-41]等特性进行了研究分析。在特性研究基础上，英国 Aveillant 公司提出利用雷达长时间驻留观测信号的时频图来检测无人机[32]；德国锡根大学[33]、荷兰应用科学研究机构[34]、韩国先进科技研究所[35]等单位分别利用无人机回波的微多普勒特征来识别多型无人机；挪威国防科学研究院和英国伦敦大学学院联合利用多个极化特征参数来识别无人机与鸟[37]。值得一提的是，英国 Aveillant 公司在试验中遇到了强杂波和鸟的干扰，但其在文献[32]中并未介绍其如何剔除杂波虚警和鸟的回波。针对旋翼无人机与杂波虚警的鉴别问题，国内外均未见公开报道。

针对固定翼无人机，目前，美国海军雷达反射率实验室[41]、北京环境特性研究所[42]、美国俄亥俄州立大学[43]、荷兰应用科学研究机构[34]、北京遥感设备研究所均已开展了雷达固定翼无人机回波暗室和外场测量试验。其中，美国海军雷达反射率实验室[41]、北京环境特性研究所[42]结合实测数据研究了固定翼无人机的 RCS 值和 ISAR 图像特性。作者团队结合暗室测量数据还研究了固定翼无人机 RCS 分布、回波相位、极化比等统计特性[38]。荷兰应用科学研究机构结合外场试验数据和仿真数据分析了固定翼无人机的微多普勒谱特性[33]。此外，北京遥感设备研究所开展了多批次固定翼无人机探测外场试验，并结合试验数据开展了大量的研究分析工作。在固定翼无人机检测识别方面，美国俄亥俄州立大学通过暗室测量实验，分析了 MIMO 雷达对固定翼无人机的检测性能[43]。

本节提出了一种综合利用时、频、极化信息的雷达无人机检测方法。该方法先降低雷达检测门限，以保证利用时频二维恒虚警率检测器能够检测出无人机；然后，针对检测门限降低引入的杂波虚警，依次利用双门限检测、双极化通道检测结果匹配等方法逐步剔除杂波虚警，最终实现无人机的检测和杂波虚警的消除。双极化雷达固定翼无人机和旋翼无人机外场实测数据处理结果验证了该方法的有效性。

5.5.1 单极化通道时频检测

双极化雷达采用水平或垂直单极化发射，水平和垂直双极化同时接收。雷达发射线性调频脉冲信号，发射信号可表示为

$$s(t) = A\exp\left[\mathrm{j}\left(2\pi f_0 t + \frac{1}{2}\mu t^2 \right) \right], \quad nT \leqslant t \leqslant nT + \tau, \ n = 0,1,2,\cdots \quad (5.74)$$

其中，A 为发射信号幅度，f_0 为信号载频，μ 为调频斜率，T 为脉冲重复周期，τ 为脉冲宽度。

雷达匹配滤波器的时域响应为

$$h(t) = as^*(t_0 - t) \tag{5.75}$$

其中，a 为常数，$t_0 = T/2$ 以保证滤波器物理可实现，上标$(\cdot)^*$表示取共轭。

雷达对接收信号进行匹配滤波、频域加窗处理，然后对频域加窗处理后的输出信号进行逆傅里叶变换，得到时域输出信号。以水平极化接收通道为例，匹配滤波与频域加窗后的时域输出信号可表示为

$$y(t) = \text{FFT}[S(\omega)H(\omega)F(\omega)] \tag{5.76}$$

其中，$S(\omega)$、$H(\omega)$、$F(\omega)$ 分别为发射信号频谱、匹配滤波器频率响应和窗函数频率响应。在此，窗函数可采用海明窗或者汉宁窗。

对加窗后的时域输出信号进行两脉冲对消，两脉冲对消后的输出信号可表示为

$$y(t) = y(t) - y(t - T) \tag{5.77}$$

对脉冲对消后的输出信号进行多普勒滤波，从而得到雷达距离多普勒图。然后，对每个距离-多普勒单元信号进行二维 CFAR 检测，判断每个距离-多普勒单元是否存在目标。二维 CFAR 检测判决表达式为

$$
\begin{aligned}
Y_\omega(m,n) \geqslant \alpha \overline{Y}_\omega , & \quad \text{目标存在} \\
Y_\omega(m,n) < \alpha \overline{Y}_\omega , & \quad \text{目标不存在}
\end{aligned}
\tag{5.78}
$$

其中，$Y_\omega(m,n)$ 为第 m 个距离、第 n 个多普勒分辨单元的信号频谱幅度，α 为门限因子，$\overline{Y}_\omega = \sum\limits_{i=1}^{L} Y_\omega(i)/L$，$L$ 为二维 CFAR 选取的参考距离-多普勒单元数，$Y_\omega(i)$ 为第 i 个距离-多普勒参考单元的信号频谱幅度。用 0、1 分别表示待检测距离-多普勒单元不存在、存在目标，所有距离-多普勒单元的检测结果最终由 0、1 组成的判决结果数组记为 D，其为一个 $P \times Q$ 维矩阵，P 对应一个脉冲重复周期内的采样点数，Q 对应一帧包含的脉冲重复周期数。

对多帧检测结果 D 进行累加，得到多帧检测累积结果 D_s。对 D_s 中每一元素进行检测判决：

$$
\begin{aligned}
D_s(m,n) \geqslant A , & \quad \text{目标存在} \\
D_s(m,n) < A , & \quad \text{目标不存在}
\end{aligned}
\tag{5.79}
$$

其中，A 为一个自然数，它代表双门限检测中的第 2 门限，它的取值直接决定着雷达检测概率和虚警概率。在实际设置中，需结合数据情况、期望达到的虚警概率和检测概率来综合设定[44]。采用式（5.79）判决时，目标存在时，记为 1，目标不存在时，记为 0，最终将 HH、HV 极化通道检测结果分别存入一个 $P \times Q$ 维矩阵，分别记为 D_{HH} 和 D_{HV}。

5.5.2 双极化通道检测结果匹配

地海面反射属于体散射，每个距离分辨单元内有很多个散射点，这些散

射点的回波相互叠加产生杂波。如果雷达采用距离维 CFAR 检测，在 HH 极化方式下，若干距离分辨单元内的多个散射点回波相干合成，形成很强的杂波，这些距离分辨单元的杂波强度比邻近距离分辨单元杂波强很多，最终成为杂波虚警。同样，在 HV 极化方式下，也会有若干距离单元的杂波较邻近距离单元的杂波强很多，最终成为杂波虚警。需要说明的是，在一种极化方式下发生虚警的概率并不高。而某一个距离分辨单元的杂波在 HH 和 HV 极化方式下均比邻近距离分辨单元杂波强很多的可能性很低。因为极化方式的改变，一个距离分辨单元内多个散射点的回波在 HH 和 HV 极化方式下相干叠加，且叠加后，两个极化通道杂波均强于各自临近距离分辨单元杂波的概率很低。所以，在极大概率上，HH 和 HV 极化方式下的杂波虚警分别来自不同的距离分辨单元。而对于窄带雷达，无人机可视为点目标，在 HH 和 HV 极化方式下检测出的无人机回波均来自同一个距离分辨单元。这就是杂波虚警和无人机回波的本质区别。

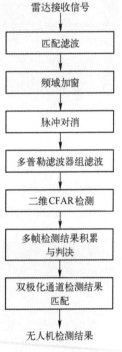

图 5.15　双极化雷达无人机检测方法流程图

当雷达采用时频二维检测时，上述区别仍然存在，只不过产生杂波虚警的对象由距离分辨单元变为距离-多普勒分辨单元，这时，HH 和 HV 极化方式下的杂波虚警分别来自不同的距离-多普勒分辨单元所对应的概率反而更大，这更有利于鉴别杂波虚警和无人机回波。

根据上述原理，结合 5.5.1 节 HH 极化通道和 HV 极化通道的检测结果，对 D_{HH} 和 D_{HV} 中的每个元素进行比对，D_{HH} 和 D_{HV} 中对应元素同时为 1 时判断此目标为真目标，当 D_{HH} 和 D_{HV} 中对应元素只有一个为 1 时判断此目标为杂波虚警。

双极化雷达无人机检测方法流程如图 5.15 所示。

5.5.3　实测数据验证

双极化雷达无人机探测试验在外场进行。试验雷达为国防科技大学电子科学学院的双极化雷达系统，本节涉及的无人机机型包括一型固定翼无人机和大疆 S1000 八旋翼无人机。雷达试验场景与固定翼无人机航线如图 5.16 所示。

试验时，固定翼无人机在 400m 左右的高度、距离雷达 5~7km 范围内往返飞行，速度为 20m/s 左右；旋翼无人机在距离雷达 4km 左右、200m 高度悬停飞行。试验时，无人机能够实时反馈其 GPS 位置和速度信息，在无人机飞行过程中，雷达主波束始终对准无人机。雷达发射水平极化线性调频信号，接收采用水平和垂直极化同时接收，发射信号脉冲宽度为 5μs，中心频率为 9.4GHz，带宽为 5MHz，脉冲重复周期为 1.25ms，雷达采样率为 10MHz。

(a) 试验雷达与无人机

(b) 无人机航线

图 5.16　双极化雷达无人机外场试验场景和无人机航线

5.5.3.1　固定翼无人机数据处理结果与分析

对雷达固定翼无人机探测的原始数据进行匹配滤波和频域加窗处理后输出时域信号幅度如图 5.17 所示。

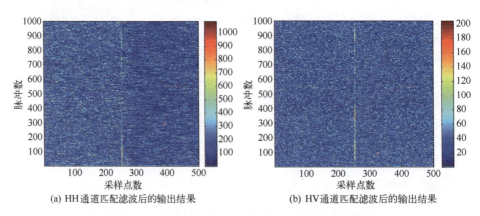
(a) HH通道匹配滤波后的输出结果　　　　(b) HV通道匹配滤波后的输出结果

图 5.17　雷达匹配滤波和加窗后的时域输出信号幅度

从图 5.17 中可以看出，固定翼无人机回波位于第 250 个采样点附近。多个脉冲观测时，由于固定翼无人机 RCS 起伏变化，导致无人机回波若隐若现。特别是在 400~800 个脉冲之间，HH 和 HV 通道的固定翼无人机回波强度均较弱。经过统计计算，匹配滤波后，图 5.17（a）中 HH 通道的信杂噪比约为

3.5dB。总体上，HH 通道回波强度强于 HV 通道回波强度，但 HV 通道无人机信杂噪比较 HH 通道高。

　　为了验证所提方法的有效性，下面针对上述 1000 个脉冲回波数据进行处理。在二维 CFAR 检测时，将 50 个脉冲作为一帧，总共有 20 帧数据。在对每一帧数据进行 FFT 和二维 CFAR 检测后，再对 20 帧数据的检测结果进行积累，设置第二门限进行判决。其中，二维 CFAR 检测的保护单元数为 2，参考单元数为 32。为了检测到无人机，单帧检测门限因子取为 3。考虑到无人机目标回波信杂噪比不高，有些帧可能检测不到无人机，因此，采用双门限检测时，第二门限不宜设置过大。另外，杂波起伏较剧烈，多帧都检测到杂波的可能性较低。综上考虑，第二检测门限设为 2。对图 5.17 中的数据依次进行频域加窗、脉冲对消、多普勒滤波和二维 CFAR 检测，得到双极化雷达对固定翼无人机的多帧检测结果如图 5.18 所示。图 5.18 表明，经二维 CFAR 和多帧检测结果积累与判决后，HH 通道和 HV 通道均能检测出固定翼无人机，但同时也出现了很多杂波虚警，这些杂波虚警给雷达后续判断目标类型造成了严重不利影响。从图 5.18 中可以发现，HH 通道和 HV 通道检测出的杂波虚警的位置并不重合，而 HH 通道和 HV 通道检测出的无人机目标位置大部分重合，这验证了 5.5.2 节理论分析的合理性。

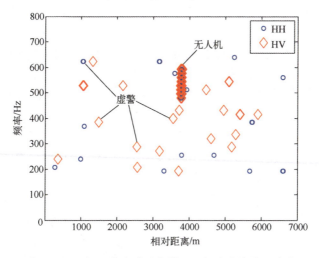

图 5.18　双极化雷达对固定翼无人机的多帧检测结果

　　在图 5.18 结果的基础上，经过双极化通道检测结果匹配后的多帧检测结果如图 5.19 所示，其中，图 5.19（b）为图 5.19（a）的局部放大图。图 5.19（a）表明，经过双极化通道检测结果匹配后，固定翼无人机被成功检测，位置与真实值一致，而杂波虚警被全部消除，这验证了双极化通道检测结果匹配方法的有效性。

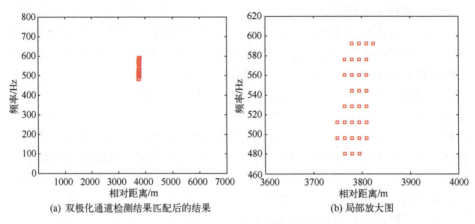

(a) 双极化通道检测结果匹配后的结果　　　　　(b) 局部放大图

图 5.19　双极化通道对固定翼无人机检测结果匹配后的结果及其放大图

另外，图 5.19（b）表明，经过双极化通道检测结果匹配后，多帧检测的固定翼无人机目标占据多个距离单元，且存在距离徙动；由于无人机的运动，多帧间的无人机多普勒谱会发生移动，另外，由于无人机多普勒谱的展宽，多帧检测出的无人机回波在频率上占据一定宽度。为了更加清晰地说明这一现象，统计得到雷达 HH 通道每一帧对无人机的检测结果。其中，第 1、14、18 帧检测结果如图 5.20 所示。雷达带宽为 5MHz，采样率 f_s 为 10MHz，雷达距离分辨率为 30m。在原始数据中，无人机回波在距离维占据 2 个采样点（$N=f_s/B$）。当无人机回波较强时，经匹配滤波和 FFT 之后，无人机回波会在距离维和频率维展宽。由于无人机回波起伏，不同帧的无人机回波强度不同，因此，各帧无人机回波在距离维和频率维展宽效应会存在差异。由图 5.20 可见，第 1 帧和第 18 帧无人机回波在距离维和频率维均有一定展宽；第 14 帧无人机回波在距离维有一定展宽，在频率维未展宽。第 1 帧无人机回波在频率维占据 4 个采样点，扩展效应最明显，这说明目标回波最强。另外，对比第 1 帧和第 18 帧无人机回波，发现这两帧无人机回波均在距离维占据 5 个采样点，但存在 1 个采样点的距离徙动。这是因为两帧数据中间间隔 17 帧，在 17 帧的时间内，无人机在距离上移动了约 $\Delta R = vkT_f \approx 20 \times 17 \times 50 \times 1.25 \times 10^{-3} = 21.25$m（$v$ 为无人机速度，k 为帧数，T_f 为一帧对应的时长，即 50 个脉冲重复周期），这超过 1 个采样点对应的距离，而又不足 2 个采样点对应的距离。

为了进一步验证无人机回波在距离维和频率维的展宽效应，图 5.21 给出了雷达第 1 帧数据多普勒滤波后的输出结果。

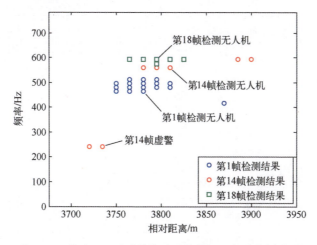

图 5.20　雷达 HH 通道单帧对固定翼无人机的检测结果

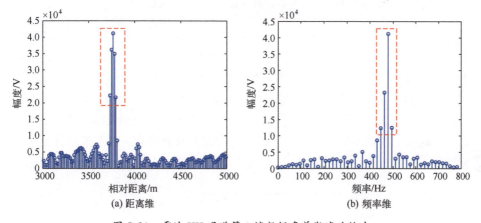

(a) 距离维　　　　　　　　　(b) 频率维

图 5.21　雷达 HH 通道第 1 帧数据多普勒滤波输出

图 5.21 表明，第 1 帧数据在多普勒滤波后，在距离维有 5 个采样点强度较大，在频率维有 4 个采样点强度较大，这刚好对应于图 5.20 中的雷达第 1 帧检测无人机结果——距离维扩展占据 5 个采样点，频率维扩展占据 4 个采样点。以上分析验证了图 5.20 中检测结果的正确性。

5.5.3.2　旋翼无人机数据处理结果与分析

本节利用极化雷达探测大疆 S1000 旋翼无人机试验数据对所提方法有效性进行验证。其中，雷达 HH、HV 极化通道对大疆 S1000 无人机的检测结果如图 5.22 所示。

由图 5.22 可见，由于脉冲对消抑制了零频附近的杂波和旋停时无人机的

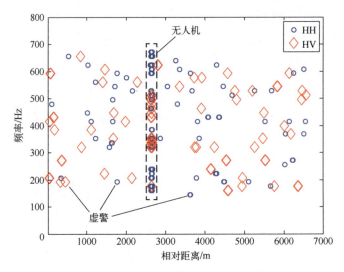

图 5.22　双极化雷达对旋翼无人机的多帧检测结果

机身回波，因此，在零频附近没有检测到杂波虚警或无人机。而在远离零频处，HH 通道和 HV 通道均能够检测到 S1000 旋翼无人机，但同时也检测到很多杂波虚警。检测到的无人机回波主要是无人机的旋叶回波。由于无人机的多个旋叶相对于雷达视线的速度不一样，旋叶回波的多普勒谱线存在展宽且不连续。图 5.22 表明，杂波虚警在 HH 和 HV 极化通道中出现的位置不一样，而无人机在 HH 和 HV 极化通道中出现的位置有部分重合。对双极化通道的检测结果进行匹配，结果如图 5.23 所示。从图 5.23 中可见，经过两个极化通

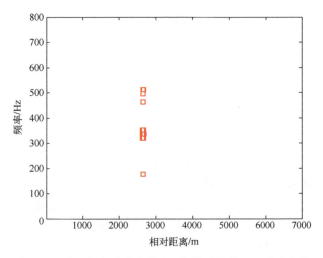

图 5.23　对双极化通道旋翼无人机检测结果匹配后的结果

道检测结果的匹配，旋翼无人机目标得以保留，而杂波虚警被完全剔除，这进一步验证了本节理论分析的合理性和所提检测方法的有效性。旋翼无人机悬停在空中，因此，多帧检测结果不存在距离徙动。但由于旋翼无人机回波的起伏，不同帧的无人机回波强度不一样，最终会导致不同帧的无人机回波在距离维扩展效应不一样，即占据的采样点数不一样。

5.6 极化空时广义白化滤波方法

低小慢目标检测是雷达界公认的热难点问题。低小慢目标的回波幅度和多普勒频率均较小，目标回波在时域和频率均被强杂波淹没，这使得常规雷达在时域和频域均难以检测到目标。为此，学者们基于空间分集理论，提出了一系列检测方法以改善雷达对低小慢目标的检测性能，例如，采用 MIMO 体制雷达来降低目标 RCS 起伏对雷达检测造成的不利影响。除了采用空间分集可提高雷达目标检测性能外，采用极化分集也可有效提高雷达目标检测性能。在这方面，学者们提出了一系列雷达极化检测器，例如，极化白化滤波器、张成检测器、极化匹配滤波器等。

鉴于 MIMO 体制和极化分集均有利于雷达目标检测，学者们提出采用极化 MIMO 体制来进一步改善雷达目标检测性能。针对极化 MIMO 雷达目标检测，学者们开展了大量的研究工作，其中，包括设计最佳发射极化、提出广义似然比检验方法、Rao 检测方法、Wald 检测方法等。这些极化 MIMO 雷达检测方法的核心思想是综合利用信号在时域、空域和极化域多个维度的信息来提高雷达目标检测性能。这些检测方法在实现时需要杂波协方差先验信息，而实际中杂波协方差未知，为此，极化 MIMO 雷达利用辅助数据来估计杂波协方差，且辅助数据量越大，杂波协方差估计精度越高，上述检测方法的检测性能越好。由于利用了时域、空域、极化域多个维度信息，极化 MIMO 雷达信号维度较高，杂波协方差估计需要的辅助数据量大。而实际情况下，极化 MIMO 雷达可能只能获得少量的辅助数据，此时，上述检测方法的性能严重下降。为此，需要设计一种在少量辅助数据条件下具有较好检测性能的检测方法。

为此，本节针对极化 MIMO 体制雷达，提出了极化空时广义白化滤波方法，该方法在较少辅助数据条件下仍具有较好的检测性能。

5.6.1 极化 MIMO 雷达信号建模

极化 MIMO 雷达示意如图 5.24 所示，其中，雷达采用 M 个天线发射，N

个天线接收。每个收发天线均能同时接收或发射水平和垂直极化方式的电磁波。在此，我们假定各天线发射信号相互正交。

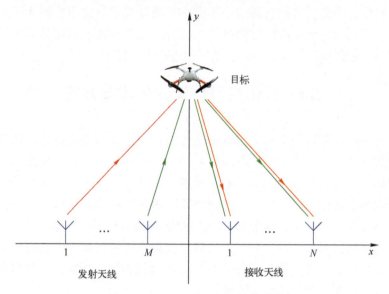

图 5.24 极化 MIMO 雷达示意图

在 H_0 假设下，目标不存在，第 i 个天线发射、第 j 个天线接收的信号可表示为

$$\boldsymbol{x}^{ij} = \boldsymbol{c}^{ij} + \boldsymbol{n}^{ij} \tag{5.80}$$

其中，$\boldsymbol{c}^{ij} = [(\boldsymbol{c}_1^{ij})^{\mathrm{T}} \quad \cdots \quad (\boldsymbol{c}_L^{ij})^{\mathrm{T}}]^{\mathrm{T}}$ 为杂波信号向量，$\boldsymbol{c}_l^{ij} = [c_l^{ij}(1) \quad c_l^{ij}(2) \quad \cdots \quad c_l^{ij}(K)]^{\mathrm{T}}$ 为第 l 个通道的杂波信号，$l = 1, 2, 3$ 分别表示 HH、VV、HV 极化通道，K 为脉冲数，$\boldsymbol{n}^{ij} = [(\boldsymbol{n}_1^{ij})^{\mathrm{T}} \quad \cdots \quad (\boldsymbol{n}_L^{ij})^{\mathrm{T}}]^{\mathrm{T}}$ 为噪声向量，$\boldsymbol{n}_l^{ij} = [n_l^{ij}(1) \quad n_l^{ij}(2) \quad \cdots \quad n_l^{ij}(K)]^{\mathrm{T}}$，在此，假定 $\boldsymbol{c}^{ij}$ 之间相互独立。

全极化模式下，第 i-j 收发天线对对应的杂波极化协方差可表示为

$$\boldsymbol{R}_c^{ij} = \begin{bmatrix} \boldsymbol{R}_{\mathrm{HH/HH}}^{ij} & \boldsymbol{R}_{\mathrm{HH/VV}}^{ij} & \boldsymbol{R}_{\mathrm{HH/HV}}^{ij} \\ \boldsymbol{R}_{\mathrm{VV/HH}}^{ij} & \boldsymbol{R}_{\mathrm{VV/VV}}^{ij} & \boldsymbol{R}_{\mathrm{VV/HV}}^{ij} \\ \boldsymbol{R}_{\mathrm{HV/HH}}^{ij} & \boldsymbol{R}_{\mathrm{HV/VV}}^{ij} & \boldsymbol{R}_{\mathrm{HV/HV}}^{ij} \end{bmatrix} = \boldsymbol{M}_c^{ij} \otimes \boldsymbol{C}^{ij} \tag{5.81}$$

其中，单次观测的杂波极化协方差为

$$\boldsymbol{M}_c^{ij} = \sigma_c^{ij} \begin{bmatrix} 1 & \rho_c^{ij} & 0 \\ \rho_c^{ij} & \gamma_c^{ij} & 0 \\ 0 & 0 & \varepsilon_c^{ij} \end{bmatrix} \tag{5.82}$$

其中，σ_c^{ij} 为第 i~j 收发天线对 HH 通道杂波平均功率，ρ_c^{ij}、γ_c^{ij}、ε_c^{ij} 为杂波极化协方差关键参数，单个极化通道多次观测杂波协方差可表示为

$$C^{ij} = \begin{bmatrix} 1 & \xi^{ij} & \cdots & (\xi^{ij})^{K-1} \\ \xi^{ij} & 1 & \cdots & (\xi^{ij})^{K-2} \\ \vdots & \vdots & \ddots & \vdots \\ (\xi^{ij})^{K-1} & (\xi^{ij})^{K-2} & \cdots & 1 \end{bmatrix} \tag{5.83}$$

其中，ξ^{ij} 为相关系数。

假定热噪声服从零均值的复高斯分布，协方差为

$$R_n^{ij} = \sigma_n^{ij} I_{LK \times LK} \tag{5.84}$$

其中，σ_n^{ij} 为噪声平均功率，I_{LK-LK} 为 LK 维单位阵，噪声与杂波相互独立，因此，总的干扰协方差可表示为

$$R_{cn}^{ij} = R_c^{ij} + R_n^{ij} \tag{5.85}$$

在 H_1 假设下，目标存在，第 i–j 收发天线对对应的接收信号为

$$x^{ij} = s^{ij} + c^{ij} + n^{ij} \tag{5.86}$$

其中，$s^{ij} = [(s_1^{ij})^{\mathrm{T}} \quad \cdots \quad (s_L^{ij})^{\mathrm{T}}]^{\mathrm{T}}$ 为目标回波，$s_l^{ij} = [s_l^{ij}(1) \quad s_l^{ij}(2) \quad \cdots \quad s_l^{ij}(K)]^{\mathrm{T}}$，$l = 1, 2, \cdots, L$。目标回波可建模为

$$s^{ij} = a_p^{ij} \otimes a_d^{ij} = \Sigma^{ij} a_p^{ij} \tag{5.87}$$

其中，$a_p^{ij} = [a_1^{ij} \quad \cdots \quad a_L^{ij}]^{\mathrm{T}}$，$a_l^{ij}$ 为第 i–j 收发天线对第 l 个极化通道的目标回波，$\Sigma^{ij} = I_{L \times L} \otimes a_d^{ij}$，$a_d^{ij} = [1 \quad \exp(\mathrm{j}2\pi f_{ij} T_r) \quad \cdots \quad \exp(\mathrm{j}2\pi(K-1)f_{ij}T_r)]^{\mathrm{T}}$，$T_r$ 为脉冲重复周期，f_{ij} 为目标多普勒频率。

在此，假定目标服从 Swerling I 起伏，第 i–j 收发天线对所对应的目标协方差矩阵为

$$R_t^{ij} = \sigma_t^{ij} \begin{bmatrix} 1 & \rho_t^{ij} & 0 \\ \rho_t^{ij} & \gamma_t^{ij} & 0 \\ 0 & 0 & \varepsilon_t^{ij} \end{bmatrix} \tag{5.88}$$

其中，σ_t^{ij} 为 HH 极化通道目标回波功率，ρ_t^{ij}、γ_t^{ij}、ε_t^{ij} 为目标极化协方差关键参数。假定目标信号与杂波、噪声不相关。

极化 MIMO 雷达总的接收信号可表示为一个 $LKMN \times 1$ 的向量

$$\begin{aligned} x &= s + c + n \\ &= [(x^{11})^{\mathrm{T}} \quad \cdots \quad (x^{1N})^{\mathrm{T}} \quad \cdots \quad (x^{M1})^{\mathrm{T}} \quad \cdots \quad (x^{MN})^{\mathrm{T}}]^{\mathrm{T}} \end{aligned} \tag{5.89}$$

其中，目标回波为

$$\boldsymbol{s} = \left[\begin{array}{cccccc} (\boldsymbol{s}^{11})^{\mathrm{T}} & \cdots & (\boldsymbol{s}^{1N})^{\mathrm{T}} & \cdots & (\boldsymbol{s}^{M1})^{\mathrm{T}} & \cdots & (\boldsymbol{s}^{MN})^{\mathrm{T}} \end{array} \right]^{\mathrm{T}}$$

$$= \begin{bmatrix} \boldsymbol{\Sigma}^{11} & \cdots & 0 & \cdots & 0 & \cdots & 0 \\ \vdots & \ddots & \vdots & \vdots & \vdots & \vdots & \vdots \\ 0 & \cdots & \boldsymbol{\Sigma}^{1N} & \cdots & 0 & \cdots & 0 \\ \vdots & \vdots & \vdots & \ddots & \vdots & \vdots & \vdots \\ 0 & \cdots & 0 & \cdots & \boldsymbol{\Sigma}^{M1} & \cdots & 0 \\ \vdots & \vdots & \vdots & \vdots & \vdots & \ddots & \vdots \\ 0 & \cdots & 0 & \cdots & 0 & \cdots & \boldsymbol{\Sigma}^{MN} \end{bmatrix} \begin{bmatrix} \boldsymbol{a}_p^{11} \\ \vdots \\ \boldsymbol{a}_p^{1N} \\ \vdots \\ \boldsymbol{a}_p^{M1} \\ \vdots \\ \boldsymbol{a}_p^{MN} \end{bmatrix} \tag{5.90}$$

$$= \boldsymbol{\Sigma} \boldsymbol{A}_p$$

其中，$\boldsymbol{A}_p = \left[\begin{array}{ccccc} \boldsymbol{a}_p^{11} & \cdots & \boldsymbol{a}_p^{1N} & \cdots & \boldsymbol{a}_p^{M1} & \cdots & \boldsymbol{a}_p^{MN} \end{array} \right]^{\mathrm{T}}$

杂波和热噪声分别为

$$\boldsymbol{c} = \left[\begin{array}{cccccc} (\boldsymbol{c}^{11})^{\mathrm{T}} & \cdots & (\boldsymbol{c}^{1N})^{\mathrm{T}} & \cdots & (\boldsymbol{c}^{M1})^{\mathrm{T}} & \cdots & (\boldsymbol{c}^{MN})^{\mathrm{T}} \end{array} \right]^{\mathrm{T}} \tag{5.91}$$

$$\boldsymbol{n} = \left[\begin{array}{cccccc} (\boldsymbol{n}^{11})^{\mathrm{T}} & \cdots & (\boldsymbol{n}^{1N})^{\mathrm{T}} & \cdots & (\boldsymbol{n}^{M1})^{\mathrm{T}} & \cdots & (\boldsymbol{n}^{MN})^{\mathrm{T}} \end{array} \right]^{\mathrm{T}} \tag{5.92}$$

5.6.2　极化空时广义白化滤波器

白化滤波将噪声去相关，能够有效提高雷达检测性能。为此，基于极化白化思想，提出了三种极化空时广义白化滤波器。

5.6.2.1　第一种极化空时广义白化滤波器（GPWF-1）

该滤波器将一对收发天线对对应的接收信号作为观测向量进行白化，于是有多个观测向量，对这多个观测向量，采用多视极化白化滤波，得到第 i-j 收发天线对对应的极化空时广义白化滤波器的检验统计量为

$$\lambda^{ij} = \frac{1}{K} \sum_{k=1}^{K} (\boldsymbol{x}^{ij}(k))^{\mathrm{H}} (\boldsymbol{R}_{cn}^{ij}(k))^{-1} \boldsymbol{x}^{ij}(k) \tag{5.93}$$

其中，$\boldsymbol{x}^{ij}(k) = \left[\begin{array}{ccc} x_1^{ij}(k) & \cdots & x_L^{ij}(k) \end{array} \right]^{\mathrm{T}}$，$\boldsymbol{R}_{cn}^{ij}(k) = \boldsymbol{R}_c^{ij}(k) + \boldsymbol{R}_n^{ij}(k)$。实际中，$\boldsymbol{R}_{cn}^{ij}(k)$ 未知，其可估计为

$$\hat{\boldsymbol{R}}_{cn}^{ij}(k) = \frac{1}{Q} \boldsymbol{y}^{ij}(k) (\boldsymbol{y}^{ij}(k))^{\mathrm{H}} \tag{5.94}$$

其中，$\boldsymbol{y}^{ij}(k) = \left[\begin{array}{cccc} \boldsymbol{y}_1^{ij}(k) & \boldsymbol{y}_2^{ij}(k) & \cdots & \boldsymbol{y}_Q^{ij}(k) \end{array} \right]$，$\boldsymbol{y}_q^{ij}(k) = \left[\begin{array}{ccc} y_{q1}^{ij}(k) & \cdots & y_{qL}^{ij}(k) \end{array} \right]^{\mathrm{T}}$，$q = 1, 2, \cdots, Q$，$Q$ 为总的参考距离单元数。$y_{ql}^{ij}(k)$ 表示第 i-j 收发天线对第 q 个距离单元 l 极化通道下第 k 次观测数据，将 $\boldsymbol{R}_{cn}^{ij}(k)$ 用其估计值进行代替，同时对多个收发天线对的检验统计量进行平均，得到第一种极化空时广义白化滤波器的检验统计量为

$$\lambda_1 = \frac{1}{MN} \sum_{i=1}^{M} \sum_{j=1}^{N} \lambda^{ij} = \frac{1}{MNK} \sum_{i=1}^{M} \sum_{j=1}^{N} \sum_{k=1}^{K} (\boldsymbol{x}^{ij}(k))^{\mathrm{H}} (\hat{\boldsymbol{R}}_{cn}^{ij}(k))^{-1} \boldsymbol{x}^{ij}(k) \qquad (5.95)$$

5.6.2.2　第二种极化空时广义白化滤波器（GPWF-2）

将每个收发天线对多次观测的信号作为一个 $LK\times1$ 维的观测向量，将该向量作为一个单次观测，于是，有 MN 次观测。对这 MN 次观测采用多视 MN 白化滤波，并将 $\boldsymbol{R}_{cn}^{ij}$ 用其估计值进行替代，最终，得到第二种极化空时广义白化滤波器的检验统计量为

$$\lambda_2 = \frac{1}{MN} \sum_{i=1}^{M} \sum_{j=1}^{N} (\boldsymbol{x}^{ij})^{\mathrm{H}} (\hat{\boldsymbol{R}}_{cn}^{ij})^{-1} \boldsymbol{x}^{ij} \qquad (5.96)$$

其中，

$$\hat{\boldsymbol{R}}_{cn}^{ij} = \frac{1}{Q} \boldsymbol{y}^{ij} (\boldsymbol{y}^{ij})^{\mathrm{H}} \qquad (5.97)$$

$$\boldsymbol{y}^{ij} = \begin{bmatrix} \boldsymbol{y}_1^{ij} & \boldsymbol{y}_2^{ij} & \cdots & \boldsymbol{y}_Q^{ij} \end{bmatrix} \qquad (5.98)$$

$$\boldsymbol{y}_q^{ij} = \begin{bmatrix} (\boldsymbol{y}_{q1}^{ij})^{\mathrm{T}} & (\boldsymbol{y}_{q2}^{ij})^{\mathrm{T}} & \cdots & (\boldsymbol{y}_{qL}^{ij})^{\mathrm{T}} \end{bmatrix}^{\mathrm{T}}, \quad q=1,2,\cdots,Q \qquad (5.99)$$

$$\boldsymbol{y}_{ql}^{ij} = \begin{bmatrix} y_{ql}^{ij}(1) & y_{ql}^{ij}(2) & \cdots & y_{ql}^{ij}(K) \end{bmatrix}^{\mathrm{T}}, \quad q=1,2,\cdots,Q \qquad (5.100)$$

5.6.2.3　第三种极化空时广义白化滤波器（GPWF-3）

同理，将 MN 个收发天线对多次观测的数据组成一个 $LKMN\times1$ 维的观测向量，对该观测向量采用极化白化滤波，并将 $\boldsymbol{R}_{cn}$ 用其估计值代替，于是得到第三种广义极化白化滤波器的检验统计量为

$$\lambda_3 = \boldsymbol{x}^{\mathrm{H}} \hat{\boldsymbol{R}}_{cn}^{-1} \boldsymbol{x} \qquad (5.101)$$

其中，

$$\hat{\boldsymbol{R}}_{cn} = \frac{1}{Q} \boldsymbol{y} \boldsymbol{y}^{\mathrm{H}} \qquad (5.102)$$

$$\boldsymbol{y} = \begin{bmatrix} \boldsymbol{y}_1 & \boldsymbol{y}_2 & \cdots & \boldsymbol{y}_Q \end{bmatrix} \qquad (5.103)$$

$$\boldsymbol{y}_q = \begin{bmatrix} (\boldsymbol{y}_q^{11})^{\mathrm{T}} & \cdots & (\boldsymbol{y}_q^{1N})^{\mathrm{T}} & \cdots & (\boldsymbol{y}_q^{M1})^{\mathrm{T}} & \cdots & (\boldsymbol{y}_q^{MN})^{\mathrm{T}} \end{bmatrix}^{\mathrm{T}}, \quad q=1,2,\cdots,Q \qquad (5.104)$$

5.6.3　仿真结果与分析

本节首先对比三种极化空时广义白化滤波器的性能，然后将其中最好的一种与最佳检测器、广义似然比检测器、非相参积累检测器进行对比。由于各检测器的理论检测概率数学表达式难以得到，下面将采用蒙特卡洛仿真的方式来对比分析。仿真参数如表 5.2 所示。

表 5.2　仿真参数

参数	取值	参数	取值
发射天线数	2	杂波相关系数	0.4
接收天线数	2	虚警概率	0.01
脉冲数	4	雷达载频	10GHz
发射天线坐标	$(-30\times10^3,0),(-10\times10^3,0)$	脉冲重复频率	1ms
接收天线坐标	$(10\times10^3,0),(30\times10^3,0)$	极化通道间噪声功率比	1:1:1
目标坐标	$(0,200\times10^3)$	HH通道杂噪比	20dB
目标速度	$(20m/s,20m/s)$	蒙特卡洛仿真次数	10000

另外，假定收发天线对 1-1、1-2、2-1、2-2 对应的杂波功率比为 1:1.2:0.8:1.5。经归一化后，杂波极化协方差矩阵分别为

$$
\boldsymbol{M}_c^{11}=\begin{bmatrix} 1 & 0.4 & 0 \\ 0.4 & 2 & 0 \\ 0 & 0 & 0.3 \end{bmatrix},\quad
\boldsymbol{M}_c^{12}=\begin{bmatrix} 1 & 0.2 & 0 \\ 0.2 & 2.2 & 0 \\ 0 & 0 & 0.1 \end{bmatrix},
$$

$$
\boldsymbol{M}_c^{21}=\begin{bmatrix} 1 & 0.3 & 0 \\ 0.3 & 3 & 0 \\ 0 & 0 & 0.2 \end{bmatrix},\quad
\boldsymbol{M}_c^{22}=\begin{bmatrix} 1 & 0.3 & 0 \\ 0.3 & 2.5 & 0 \\ 0 & 0 & 0.4 \end{bmatrix}
\tag{5.105}
$$

假定各收发天线对对应的目标回波功率比为 1:1.5:0.8:2，经归一化后，各收发天线对对应的目标协方差矩阵为

$$
\boldsymbol{R}_t^{11}=\begin{bmatrix} 1 & 0.2 & 0 \\ 0.2 & 2 & 0 \\ 0 & 0 & 0.1 \end{bmatrix},\quad
\boldsymbol{R}_t^{12}=\begin{bmatrix} 1 & 0.4 & 0 \\ 0.4 & 3 & 0 \\ 0 & 0 & 0.2 \end{bmatrix},
$$

$$
\boldsymbol{R}_t^{21}=\begin{bmatrix} 1 & 0.3 & 0 \\ 0.3 & 1.5 & 0 \\ 0 & 0 & 0.3 \end{bmatrix},\quad
\boldsymbol{R}_t^{22}=\begin{bmatrix} 1 & 0.1 & 0 \\ 0.1 & 3 & 0 \\ 0 & 0 & 0.5 \end{bmatrix}
\tag{5.106}
$$

根据上述参数仿真产生杂波和目标回波信号，检测时，通过调整检测门限使虚警概率为 0.01，提出的三种极化空时广义白化滤波器的检测性能如图 5.25 所示，图 5.25 中，full、dual、single 分别表示全极化、HH 与 VV 双极化、HH 单极化，SCR 表示信杂比。

对比图 5.25（a）和（b）可见，随着辅助数据的减少，三种极化空时广义白化滤波器的检测性能均有不同程度的下降，这表明，这三种极化空时广义白化滤波器的检测性能与杂波协方差矩阵的估计精度息息相关。从图 5.25 中可以看出，三种极化方式下，第二种极化空时广义白化滤波器的检测性能

最好。为此，下面将第二种极化空时广义白化滤波器的检测性能与最佳极化检测器、GLRT-1、非相参积累检测器的检测性能进行对比，结果如图 5.26 所示。

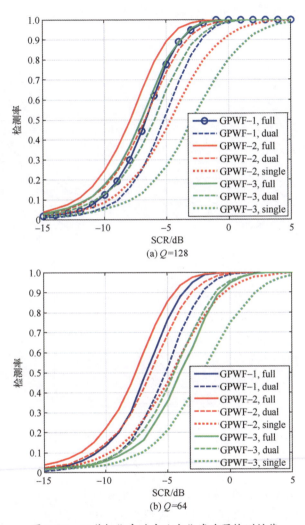

图 5.25　三种极化空时广义白化滤波器检测性能

由图 5.26 可见，最佳极化检测器检测性能最好，因为其利用了杂波与目标协方差矩阵先验信息。理论上，当辅助数据足够多时，GLRT-1 的检测性能逼近最佳极化检测器，且其检测性能随着辅助数据的减少而下降。当参考距离单元数为 128 时，GLRT-1 的检测性能优于 GPWF-2，GPWF-2 检测性能优于非相参积累检测器。在这里，GLRT-1 利用了目标多普勒频率的先验信息和辅助数据，GPWF-2 利用了辅助数据，而非相参积累检测器没有用任何先验信息。当参考距离单元数为 64 和 48 时，由图 5.26（b）和（c）可见，GLRT-1 的检测性能下降较快，此时，GPWF-2 的检测性能优于 GLRT-1 和非相参积累检测器。因此，在较少辅助数据情况下，GPWF-2 性能更好，鲁棒性更强。

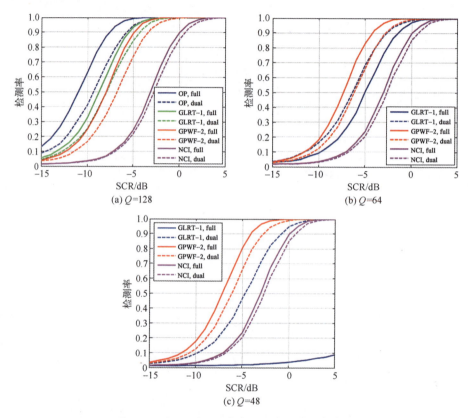

图 5.26　极化 MIMO 雷达不同检测器性能对比

　　为了检验 GPWF-2 在不同辅助数据下的检测性能，图 5.27 给出了不同辅助数据下 GPWF-2 的检测性能。从图 5.27 中可以看出，随着辅助数据的减少，GPWF-2 的检测性能下降较慢，当 $Q=16$ 时，GPWF-2 的检测性能仍优于非相参积累检测器。但是，由于辅助数据过少，此时，全极化状态下杂波协方差估计误差较大，从而导致全极化状态下 GPWF-2 雷达检测性能比双极化状态下的差。这也说明，极化信息有助于提升雷达检测性能的前提是极化信息的精度足够高。若极化信息存在误差，则极化信息的利用可能适得其反。

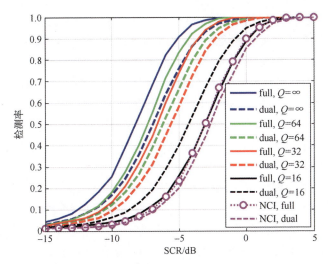

图 5.27　不同辅助数据下 GPWF-2 的检测性能

5.7　本 章 小 结

本章重点考虑雷达低空目标检测面临的杂波环境，研究了杂波背景下雷达低小慢目标检测方法，主要工作如下：

（1）以雷达检测海面目标为背景，提出了基于正交投影的 CA-CFAR 检测方法。该方法利用邻近距离单元杂波的相关性，首先采用正交投影方法实现杂波抑制，然后对杂波抑制后的各距离单元进行 CFAR 检测。该方法较好地将正交投影与 CFAR 检测结合在一起，在工程上简单易实现，且具有较好的检测性能。实测数据处理结果表明，该方法的检测性能与基于奇异值分解的 CFAR 检测最佳检测性能相同，但该方法实时性明显优于基于奇异值分解的 CFAR 检测方法，具有较大的实际应用前景。

（2）设计了一种 K 分布杂波下雷达检测器。在推导得到多维 K 分布联合概率密度函数的基础上，采用广义似然比检验，推导得到了 K 分布杂波下的广义似然比检验统计量，通过对雷达接收信号进行预处理，实现了杂波预白化和目标信号能量的累加，同时也简化了检验统计量，使得检测器简单易实现。理论推导得到了所设计的检测器检测性能。在此基础上，结合仿真，分析了本章所设计的检测器检测性能，仿真结果验证了所设计检测器的有效性。

（3）提出了一种极化空时联合的海面漂浮低速小目标检测方法。该方法分别利用目标、海杂波在频域、极化域和时域的信息，依次采用频域、极化域和时域处理方法，提升雷达对低速小目标的检测性能。该方法无须目标和海杂波先验信息，无须估计目标和海杂波协方差，各域串联进行信号处理，工程实现较简单，能够显著提升雷达对海上漂浮低速小目标的检测性能。

（4）提出了一种时频检测与极化匹配相结合的双极化雷达无人机检测方法，并采用双极化雷达探测固定翼和旋翼无人机外场实测数据验证了该方法的有效性。该方法先降低检测门限，以检测出无人机和杂波虚警；然后利用无人机、杂波在双极化通道检测结果的差异性来识别无人机和杂波，从而剔除杂波，降低雷达虚警概率。该方法无须杂波和无人机先验信息，易于实现，具有较强的工程适用性。

（5）提出了一种极化 MIMO 雷达广义白化滤波检测方法。该方法综合利用极化、空、时等多维信息，对雷达接收信息进行白化滤波，然后将滤波输出作为检验统计量来实现检验判决。仿真结果表明，所提广义白化滤波检测方法性能优于广义似然比检验方法和非相参积累检测方法。

参 考 文 献

[1] Sen S, Tang G G, Nehorai A. Multiobjective optimization of OFDM radar waveform for target detection [J]. IEEE Transactions on Signal Processing, 2011, 59 (2): 639-652.

[2] Sira P S, Cochran D, Papandreou-Sappappda A. Adaptive waveform design for improved detection of low-RCS targets in heavy sea clutter [J]. IEEE Journal of Selected Topics in Signal Processing, 2007, 1 (1): 56-66.

[3] Maio A D, Alfano G, Conte E. Polarization diversity detection in compound-Gaussian clutter [J]. IEEE Transactions on Aerospace and Electronic Systems, 2004, 40 (1): 114-131.

[4] Gini F, Farina A, Montanari M. Vector subspace detection in compound-Gaussian clutter part II: Performance analysis [J]. IEEE Transactions on Aerospace and Electronic Systems, 2002, 38 (4): 1312-1323.

[5] Liu J, Zhang Z J, Yang Y. Performance enhancement of subspace detection with a diversely polarized antenna [J]. IEEE Transactions on Signal Processing Letters, 2012, 19 (1): 4-7.

[6] Wang G, Xia X G, Root B T, et al. Manoeuvring target detection in over-the-horizon radar using adaptive clutter rejection and adaptive chirplet transform [J]. IEE Proceedings: Radar, Sonar and Navigation, 2003, 150 (4): 292-298.

[7] Panagopoulos S, Soraghan J J. Small-target detection in sea clutter [J]. IEEE Transactions on Geoscience and Remote Sensing, 2004, 42 (7): 1355-1361.

[8] Leung H, Young A. Small target detection in clutter using recursive nonlinear prediction [J]. IEEE Transactions on Aerospace and Electronic Systems, 2000, 36 (2): 713-718.

［9］ Guan J, Chen X L, Huang Y, et al. Adaptive fractional Fourier transformed – based detection algorithm for moving target in heavy sea clutter ［J］. IET Radar, Sonar and Navigation, 2012, 6 (5): 389-401.

［10］ Alabaster C M, Hughes E J. Examination of the effect of array weighting function on radar target detectability ［J］. IEEE Transactions on Aerospace and Electronic Systems, 2010, 46 (3): 1364-1375.

［11］ Shi Y L, Shui P L. Target detection in high – resolution sea clutter via block – adaptive clutter suppression ［J］. IET Radar, Sonar and Navigation, 2011, 5 (1): 48-57.

［12］ 杨勇, 肖顺平, 冯德军, 等. 基于正交投影的海面小目标检测技术 ［J］. 电子与信息学报, 2013, 35 (1): 24-28.

［13］ Haykin S, Krasnor C, Nohara T J, et al. A coherent dual-polarized radar for studying the ocean environment ［J］. IEEE Transactions on Geoscience and Remote Sensing, 1991, 29 (1): 189-191.

［14］ Skolnik M I. Introduction to radar systems ［M］. New York: McGraw-Hill, 2001.

［15］ Baker C J. K-distributed coherent sea clutter ［J］. IEE Proceedings, Part F: Radar and Signal Processing, 1991, 138 (2): 89-92.

［16］ Ward K D, Tough R J A, Watts S. Sea clutter: Scattering, the K distribution and radar performance ［M］. London: IET Press, 2006.

［17］ Conte E, Ricci G. Performance prediction in compound – Gaussian clutter ［J］. IEEE Transactions on Aerospace and Electronic Systems, 1994, 30 (2): 611-616.

［18］ 唐劲松, 朱兆达. K 分布杂波背景下次序统计恒虚警检测器的性能 ［J］. 电子学报, 1997, 25 (6): 112-113.

［19］ Gini F, Greco M V, Farino A. Optimum and mismatched detection against K-distributed plus Gaussian clutter ［J］. IEEE Transactions on Aerospace and Electronic Systems, 1998, 34 (3): 860-876.

［20］ Conte E, Maio A D, Galdi C. Signal detection in compound–Gaussian noise: Neyman–Pearson and CFAR detectors ［J］. IEEE Transactions on Signal Processing, 2000, 48 (2): 419-428.

［21］ 杨勇, 肖顺平, 冯德军, 等. K 分布杂波下雷达导引头检测器设计 ［J］. 电子学报, 2012, 40 (12): 2533-2538.

［22］ Conte E, Ricci G. Performance prediction in compound – Gaussian clutter ［J］. IEEE Transactions on Aerospace and Electronic Systems, 1994, 30 (2): 611-616.

［23］ Park H R, Wang H. Adaptive polarisation-space-time domain radar target detection in inhomogeneous clutter environments ［J］. IEE Proceedings: Radar, Sonar and Navigation, 2006, 153 (1): 35-43.

［24］ Jahangir M, Baker C J, and Oswald G A. Doppler characteristics of micro-drones with L-band multibeam staring radar ［C］//2017 IEEE Radar Conference (RadarConf). Piscataway: IEEE, 2017: 1052-1057.

[25] Jahangir M, Baker C. Persistence surveillance of difficult to detect micro-drones with L-band 3-D holographic radar [C]//2016 CIE International Conference on Radar (RADAR). Piscataway: IEEE, 2016: 1-5.

[26] 王雪松, 杨勇. 海杂波与目标极化特性研究进展 [J]. 电波科学学报, 2019, 34 (6): 665-675.

[27] Khristenko A V, Konovalenko M O, Rovkin M E, et al. Magnitude and spectrum of electromagnetic wave scattered by small quadcopter in X-Band [J]. IEEE Transactions on Antennas and Propagation, 2018, 66 (4): 1977-1984.

[28] 张斌, 杨勇, 逯旺旺, 等. Ku 波段固定翼无人机全极化 RCS 统计特性研究 [J]. 现代雷达, 2020, 42 (6): 41-47.

[29] Guay R, Drolet G, Bray J R. Measurement and modelling of the dynamic radar cross-section of an unmanned aerial vehicle [J]. IET Radar, Sonar and Navigation, 2017, 11 (7): 1155-1160.

[30] Pieraccini M, Miccinesi L, Rojhani N. RCS measurements and ISAR images of small UAVs [J]. IEEE Aerospace and Electronic Systems Magazine, 2017, 32 (9): 28-32.

[31] 宋晨, 周良将, 吴一戎, 等. 基于时频集中度指标的多旋翼无人机微动特征参数估计方法 [J]. 电子与信息学报, 2020, 42 (8): 2029-2036.

[32] Fuhrmann L, Biallawons O, Klare J, et al. Micro-Doppler analysis and classification of UAVs at Ka band [C]//The 18th International Radar Symposium (IRS). Piscataway: IEEE, 2017: 1-9.

[33] Nanzer J A, Chen V C. Microwave interferometric and Doppler radar measurements of a UAV [C]//2017 IEEE Radar Conference (RadarConf). Piscataway: IEEE, 2017: 1628-1633.

[34] Huizing A, Heiligers M, Dekker B, et al. Deep learning for classification of mini-UAVs using micro-Doppler spectrograms in cognitive radar [J]. IEEE Aerospace and Electronic Systems Magazine, 2019, 34 (11): 46-56.

[35] Kim B K, Kang H S, Park S O. Experimental analysis of small drone polarimetry based on micro-Doppler signature [J]. IEEE Geoscience and Remote Sensing Letters, 2017, 14 (10): 1670-1674.

[36] 陈小龙, 陈唯实, 饶云华, 等. 飞鸟与无人机目标雷达探测与识别技术进展与展望 [J]. 雷达学报, 2020, 9 (5): 803-827.

[37] Torvik B, Olsen K E, Griffiths H. Classification of birds and UAVs based on radar polarimetry [J]. IEEE Geoscience and Remote Sensing Letters, 2016, 13 (9): 1305-1309.

[38] Yang Y, Bai Y, Wu J N, et al. Experimental analysis of fully polarimetric radar returns of a fixed-wing UAV [J]. IET Radar, Sonar and Navigation, 2020, 14 (4): 525-531.

[39] Li C J, Ling H. An investigation on the radar signatures of small consumer drones [J]. IEEE Antennas and Wireless Propagation Letters, 2017, 16: 649-652.

[40] Yang Y, Wang X S, Li Y Z, et al. RCS measurements and ISAR images of fixed-wing

UAV for fully polarimetric radar［C］//2019 International Radar Conference（RADAR）. Piscataway：IEEE，2019：1-5

［41］To L，Bati A，Hilliard D. Radar cross section measurements of small unmanned air vehicle systems in non-cooperative field environments［C］//The 2009 3rd European Conference on Antennas and Propagation. Piscataway：IEEE，2009：3637-3641.

［42］白杨，吴洋，殷红成，等. 无人机极化散射特性室内测量研究［J］. 雷达学报，2016，5（6）：647-657.

［43］Frankford M T，Stewart K B，Majurec N，et al. Numerical and experimental studies of target detection with MIMO radar［J］. IEEE Transactions on Aerospace and Electronic Systems，2014，50（2）：1569-1577.

［44］胡勤振，苏洪涛，周生华，等. 多基地雷达中双门限 CFAR 检测算法［J］. 电子与信息学报，2016，38（10）：2430-2436.

单发多收天线雷达抗多径检测方法

6.1 引　言

多径散射是影响雷达低空目标检测性能的重要因素。频率分集、空间分集理论已广泛应用于雷达抗多径散射。其中，频率分集方法集中在雷达双频信号合成、正交频分复用（OFDM）信号处理等方面，空间分集方法集中在 MIMO 体制雷达信号处理、多子阵雷达信号处理等方面。这些方法在工程使用中实现较困难、成本较高。为此，本章基于空间分集思想，提出了单发三收、单发多收天线雷达抗多径检测方法。这两种方法不增加发射机，只增加接收天线，立足于多天线接收信号，采用适当的检测统计量实现检测判决，以提高多径条件下雷达目标检测性能。下面分别对单发三收、单发多收天线雷达抗多径散射检测方法进行介绍。

6.2 单发三收天线雷达抗多径检测方法

多径散射导致雷达接收到的目标回波时而增强、时而衰减，从而给雷达目标检测造成了严重影响[1-5]。为了克服多径散射对雷达目标检测的不利影响，国内外学者的研究思路可分为两大类：①针对传统固定载频、单天线、单极化体制的雷达，改进雷达检测方法[6-7]；②改变传统雷达的工作体制，采用空间分集[8-9]、频率分集[10]、极化分集[11-13]新体制，提出新的雷达检测方法。在传统体制雷达抗多径散射方法研究方面，美国伊利诺伊大学芝加哥分校利用雷达工作环境、目标位置先验信息来预测多径信号到达时间，然后再利用预测信息来设计雷达接收机，从而提高多径条件下雷达目标检测性能[14]；意大利电力能源与大气现象研究所结合雷达漫反射场景设计了一种约束广义似然比检验方法，该方法能够有效提高漫反射条件下雷达目标检测性能[15]。在新体制雷达抗多径检测方法研究方面，为了提高雷达目标检测性能，基于频率分集思想，美国 MIT 林肯实验室提出了频率捷变雷达双门限检测方法[16]；西安电子科技大学设计了频率分集雷达有序统计恒虚警率检测器[17]；圣路易斯华盛顿大学通过设计 OFDM 波形来提高多径条件下雷达目标检测性能[18]。基于空间分集思想，MIMO 雷达可提高多径条件下雷达目标检测性能[19]。此外，西班牙卡塔赫纳理工大学将极化分集与空间分集理论相结合，提出采用三极化 MIMO 系统来提高多径条件下雷达目标检测性能[20]。

OFDM 和 MIMO 雷达系统成本较高，实现较复杂。考虑到阵列天线/多子孔径技术在雷达低仰角目标跟踪方面得到了广泛应用[21-24]，且多径散射对雷达目标检测与跟踪的影响本质相同，为此，可以考虑将多天线技术应用于多径条件下雷达目标检测。相较于 MIMO 系统，多天线接收处理技术同样利用了空间分集思想，但大大降低了系统成本，具有较大应用潜力。但是，多天线技术在应用到多径条件下雷达目标检测时，有几个问题需要解决：①天线个数选取；②天线架设高度选取；③雷达检验统计量选取。

本节提出了单发三收天线雷达抗镜反射检测方法。该方法在垂直向等间隔设置三个天线，然后利用三个天线接收信号功率两两之差绝对值的最大值作为检验统计量，以实现检验判决。本节讨论了三天线的架设原则，推导了单发三收天线雷达检测概率与虚警概率解析表达式，仿真验证了理论推导的正确性以及该方法的有效性。

6.2.1　镜反射效应分析

雷达探测低空目标时，雷达接收信号可表示为

$$\begin{cases} x = c + n , & H_0 \\ x = s + c + n , & H_1 \end{cases} \tag{6.1}$$

其中，s、c、n 分别为目标信号、杂波和热噪声。根据 4.4 节的分析结论，本节主要考虑镜反射效应，且采用三路反射镜反射模型。多径条件下，雷达接收的目标信号可表示为[19]

$$s = A e^{j\varphi} \left[1 + \sqrt{\frac{G_r(\theta_r)}{G_r(\theta_d)}} \rho_s e^{j\phi} + \sqrt{\frac{G_t(\theta_r)}{G_t(\theta_d)}} \rho_s e^{j\phi} + \sqrt{\frac{G_t(\theta_r) G_r(\theta_r)}{G_t(\theta_d) G_r(\theta_d)}} \rho_s^2 e^{j2\phi} \right] \tag{6.2}$$

其中，A、φ 分别为目标直达波幅度与相位，$G_t(\theta)$、$G_r(\theta)$ 分别为雷达发射、接收天线在俯仰角为 θ 方向的增益，θ_d、θ_r 分别为直达波和反射波方向对应的雷达俯仰角，ρ_s 为镜反射系数幅度，

$$\phi = \phi_l + \phi_\rho$$
$$\phi_l = \frac{2\pi}{\lambda}(l_r + l_t - R) \tag{6.3}$$

其中，R 为雷达与目标之间的距离，ϕ_ρ 为镜反射系数相位，l_r、l_t 分别为镜反射点到雷达、目标之间的距离，镜反射点的位置求取方法详见文献 [20]。

雷达探测低空目标时，$\theta_r \approx \theta_d$，$G_t(\theta_r) \approx G_t(\theta_d)$，$G_r(\theta_r) \approx G_r(\theta_d)$，式（6.2）可简化为

$$s = Ae^{j\phi}\left[1 + \rho_s \exp(j\phi)\right]^2 \tag{6.4}$$

由式（6.4）可见，镜反射对雷达接收目标信号的影响体现在 $\left[1 + \rho_s \exp(j\phi)\right]^2$ 这个因子上。随着 ϕ 的变化，镜反射可能导致雷达接收目标信号增强，也可能导致雷达接收目标信号衰减。由式（6.3）可见，ϕ 随着雷达高度、目标高度、雷达目标间距的变化而变化，即雷达接收目标信号强度随着雷达天线高度、目标位置的变化而变化。

为了说明镜反射对雷达接收信号的影响，图 6.1 给出了不同高度的雷达天线接收到的不同距离、不同高度目标回波功率。其中，雷达发射功率为 50kW，雷达发射天线与接收天线最大增益均为 43dB，天线半功率波束宽度均

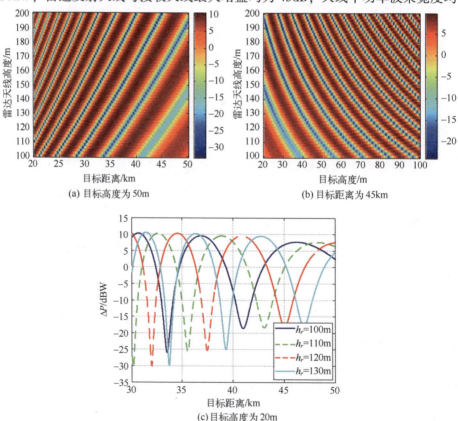

(a) 目标高度为 50m   (b) 目标距离为 45km

(c) 目标高度为 20m

图 6.1　不同高度的雷达天线接收到的不同距离、不同高度目标回波功率

为 4°，雷达波长为 0.03m，目标 RCS 为 0.1m²，地/海反射面起伏高度标准偏差为 0.1m。在此暂时不考虑雷达杂波和热噪声，镜反射导致的雷达接收信号功率差表示为

$$\Delta P(\text{dB}) = P_1(\text{dBW}) - P_0(\text{dBW}) \tag{6.5}$$

其中，P_1、P_2 分别为镜反射下雷达接收信号功率和雷达直达波信号功率。

从图 6.1 中可以看到，雷达接收目标回波功率随着雷达天线高度、目标高度、目标距离的变化而变化。特别是，当目标的距离和高度固定时，雷达接收到的目标回波功率随着雷达天线高度的变化而起伏变化，如图 6.1（b）所示。为此，如果雷达在垂直方向上架设多个不同高度的接收天线，那么，这些天线接收到的目标回波功率将会不同。相对于目标直达波功率，有的天线接收到的目标回波功率会增强，而有的天线接收到的目标回波功率会衰减或保持不变。与此同时，只要多个接收天线高度差远小于雷达与目标之间的距离，则多个天线接收到的杂波平均功率近似相等。这样，可以从多个天线接收信号中选取合适的信号来判断目标是否存在。在选择检验统计量之前，下面首先讨论天线个数和架设高度的选取。

6.2.2 天线个数与高度选取

6.2.2.1 天线个数选取

假定雷达采用单发双收天线，天线一兼具发射与接收功能，高度为 200m，天线二仅具有接收功能，高度为 210m，雷达目标间初始距离为 50km，目标以 50m 的恒定高度、300m/s 的速度朝雷达相向飞行，雷达工作参数、目标 RCS、海面起伏高度标准偏差等参数与图 6.1 中的一致。仿真得到单发双收天线雷达接收目标回波功率如图 6.2 所示。图 6.2 中，ant1、ant2 分别表示天线一和天线二，direct wave 表示目标直达波。

从图 6.2 中可以看出，两天线接收目标回波功率绝大多数情况下不同。但是，无论两天线间距怎么选取，总会存在两天线接收目标回波功率差异较小的地方（如图 6.2 中圆圈所示部分），为此可预料到：利用两个天线接收信号功率的差异性来判断目标是否存在，在有些距离段目标检测概率将会很低。鉴于此，可采用三个接收天线，并利用三个天线两两之间的目标回波功率差来判断目标是否存在。这样，在一些距离段若某两个天线接收目标回波功率差较小，这两个天线与第三个天线接收目标回波功率差则可能较大。采用与图 6.2 中相同的仿真参数，图 6.3 给出了单发三收天线雷达接收目标回波功率。其中，天线三仅具有接收功能，天线一、二、三的架设高度分别为 200m、206m、212m，图 6.3 中，ant1、ant2、ant3 分别表示天线一、二、三，

direct wave 表示目标直达波。

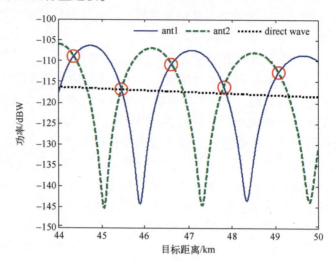

图 6.2　单发双收天线雷达接收目标回波功率

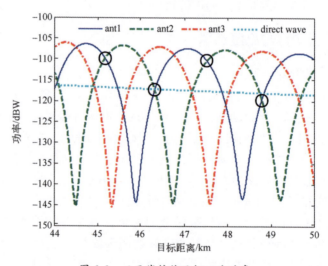

图 6.3　三天线接收目标回波功率

　　由图 6.3 可见，大多数情况下，各天线接收目标回波功率差异明显，虽然在某些距离段（如图 6.3 中圆圈所示部分）某两天线接收信号功率差异性较小，但这两天线接收信号功率与第三个天线接收信号功率差异明显。下面讨论三个天线架设高度问题。

6.2.2.2　天线高度选取

　　不同高度的天线接收到的目标回波功率不一样，为了保证对任意距离目标三天线两两接收信号功率的差异均较明显，三个天线高度的选取至关重要。天线高度的选取有几个原则：①考虑地球曲率，保证雷达视线能够观测到特定高度特定距离的目标；②雷达三个天线间的间距越小越好，以保证多天线间的杂波平均功率基本相等；③保证三个天线中有两个天线接收目标信号功率差异足够大。对于①，可以根据雷达对目标最低高度、最远距离的探测要求，通过几何关系进行公式求解[21]。对于②，只要天线间距远小于雷达目标之间的距离即可。而对于③，图 6.1 表明，目标高度一定时，任意两种高度的雷达天线接收到的目标回波功率差随着目标距离的变化而变化；目标距离一定时，任意两种高度的雷达天线接收到的目标回波功率差随着目标高度的变化而变化。因此，在目标距离与高度未知情况下，并不存在一组最佳的雷达天线高度，使得三个天线两两接收目标信号功率差值始终很大。不失一般性，下面将选取三天线高度分别为 200m、206m、212m，天线架设示意如图 6.4 所示。

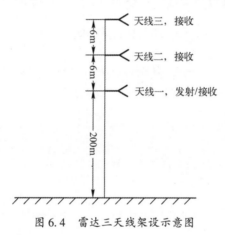

图 6.4　雷达三天线架设示意图

6.2.3　检测概率与虚警概率

雷达采用单个天线发射信号，三个天线接收信号。镜反射条件下，雷达第 i 个接收天线接收到的信号可表示为

$$x_i = \begin{cases} c_i + n_i, & H_0 \\ s_i\left[1 + \rho_{si}\exp(\mathrm{j}\phi_i)\right]^2 + c_i + n_i, & H_1 \end{cases} \quad i = 1, 2, 3 \quad (6.6)$$

其中，s_i 为第 i 个天线接收到的目标直达波信号，c_i 为第 i 个天线接收到的杂波，c_i 服从均值为 0、方差为 σ_c^2 的复高斯分布，n_i 为第 i 个天线接收通道热噪声，n_i 服从均值为 0、方差为 σ_n^2 的复高斯分布，杂波与热噪声相互独立，H_0 表示无目标存在，H_1 表示有目标存在。

H_1 假设下，对雷达第 i 个天线的接收信号表达式进行展开，可得

$$x_i = s_i \left[1 + \rho_s \exp(j\phi) \right]^2 + c_i + n_i$$
$$= s_x a_x - a_y s_y + c_x + n_x + j(a_y s_x + a_x s_y + c_y + n_y) \tag{6.7}$$

其中，$a_x = 1 + 2\rho_s \cos\phi + \rho_s^2 \cos2\phi$，$a_y = \rho_s^2 \sin2\phi + 2\rho_s \sin\phi$，$s_i = s_x + js_y$，$c_i = c_x + jc_y$，$n_i = n_x + jn_y$。

对于 Swerling Ⅰ 起伏类型目标，目标平均功率记为 P_s。根据式（6.7）容易推得 x_i 的实部和虚部均服从均值为 0、方差为 $\dfrac{(a_x^2 + a_y^2) P_s}{2} + \sigma_c^2 + \sigma_n^2$ 的高斯分布。因此，镜反射条件下，雷达第 i 个天线接收信号功率 z_i 的概率密度函数为

$$f(z_i | H_1) = \frac{1}{(a_x^2 + a_y^2) P_s + P_n + P_c} \exp\left[-\frac{z_i}{(a_x^2 + a_y^2) P_s + P_n + P_c} \right] \tag{6.8}$$

根据式（6.8）可得天线一与天线二接收信号功率差的绝对值 $z_{12} = |z_1 - z_2|$ 的概率密度函数为

$$f(z_{12} | H_1) = \int_0^\infty f_{z_1}(z_{12} + z_2 | H_1) f(z_2 | H_1) \, dz_2 +$$

$$\int_{z_{12}}^\infty f_{z_1}(z_2 - z_{12} | H_1) f(z_2 | H_1) \, dz_2$$

$$= \frac{1}{(a_x^2 + a_y^2) P_s + P_n + P_c} \exp\left[-\frac{z_{12}}{(a_x^2 + a_y^2) P_s + P_n + P_c} \right] \tag{6.9}$$

同理，

$$f(z_{13} | H_1) = \frac{1}{(a_x^2 + a_y^2) P_s + P_n + P_c} \exp\left[-\frac{z_{13}}{(a_x^2 + a_y^2) P_s + P_n + P_c} \right] \tag{6.10}$$

$$f(z_{23} | H_1) = \frac{1}{(a_x^2 + a_y^2) P_s + P_n + P_c} \exp\left[-\frac{z_{23}}{(a_x^2 + a_y^2) P_s + P_n + P_c} \right] \tag{6.11}$$

其中，$z_{13} = |z_1 - z_3|$，$z_{23} = |z_2 - z_3|$。

雷达检验统计量取为

$$L = \max(z_{12}, z_{13}, z_{23}) \tag{6.12}$$

则雷达检测概率可表示为

$$P_d = \Pr[\max(z_{12}, z_{13}, z_{23}) > \eta | H_1]$$

$$= 1 - \Pr[|z_1 - z_2| < \eta \cap |z_1 - z_3| < \eta \cap |z_2 - z_3| < \eta]$$

$$= 1 - \exp\left(-\frac{3\eta}{\chi}\right) \left[\exp\left(\frac{\eta}{\chi}\right) - 1\right]^3 \tag{6.13}$$

其中，η 为检测门限，$\chi = (a_x^2 + a_y^2) P_s + P_n + P_c$。

令 $P_s = 0$，可得单发三收天线雷达虚警概率为

$$P_f = 1 - \exp\left(-\frac{3\eta}{P_n + P_c}\right)\left[\exp\left(\frac{\eta}{P_n + P_c}\right) - 1\right]^3 \tag{6.14}$$

6.2.4　仿真结果与分析

本节对所提出的单发三收天线雷达检测方法的性能进行仿真分析，并将其与单发单收、单发双收天线雷达检测性能进行对比。对于单发双收天线雷达，其采用 z_{12} 作为检验统计量，单发双收天线雷达检测概率可表示为

$$P_d = \int_\eta^\infty f(z_{12}) \, dz_{12} = \exp\left[-\frac{\eta}{(a_x^2 + a_y^2) P_s + P_n + P_c}\right] \tag{6.15}$$

令式（6.15）中的 $P_s = 0$，可得单发双收天线雷达虚警概率为

$$P_f = \exp\left(-\frac{\eta}{P_n + P_c}\right) \tag{6.16}$$

同理，可推导得到单发单收天线雷达检测概率、虚警概率表达式与单发双收天线雷达检测概率、虚警概率表达式分别相同。为此，下面将单发三收天线雷达检测性能与单发单收雷达检测性能进行对比分析。

仿真场景设置如下：杂波平均功率 $P_c = 10$，热噪声平均功率 $P_n = 1$，镜反射系数幅度 $\rho_s = 0.9$，镜反射系数相位 $\phi_\rho = \pi$。根据式（6.14）、式（6.16）可得检测门限与虚警概率之间的对应关系如图 6.5 所示，其中，three antennas 表示单发三收天线雷达，single antenna 表示单发单收天线雷达。

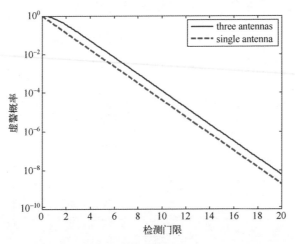

图 6.5　检测门限与虚警概率的对应关系

图 6.6 给出了镜反射条件下单发三收、单发单收天线雷达理论检测性能（图中 theoretical）和通过蒙特卡洛仿真得到的雷达检测性能（图中 simulated），蒙特卡洛仿真次数为 10000 次。虚警概率 $P_f = 10^{-3}$，$\phi_l = \pi$，检测门限通过图 6.5 插值获得。

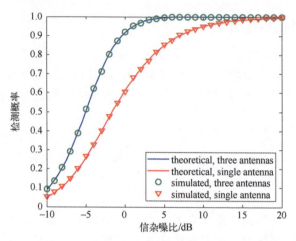

图 6.6　理论与仿真得到的单发三收天线与单发单收天线雷达检测性能

图 6.6 表明，仿真得到的雷达检测概率与理论推导得到的检测概率相吻合，从而证明了理论推导的正确性。同时，图 6.6 表明，镜反射条件下单发三收天线雷达的检测性能明显优于单发单收天线雷达的检测性能。

考虑到 ϕ_l 对雷达接收目标回波功率影响明显，且 ϕ_l 随着目标高度、目标距离的变化而变化，图 6.7 给出了不同 ϕ_l 下单发三收天线雷达检测性能，并将

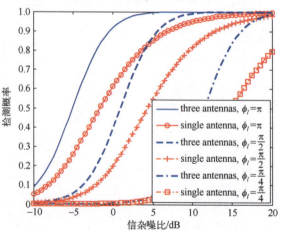

图 6.7　不同 ϕ_l 下单发三收天线雷达检测性能

其与单发单收天线雷达检测性能进行了对比。从图 6.7 中可以看到，受镜反射的影响，雷达对于不同位置的目标检测概率差异明显。但是，对于不同位置的目标，单发三收天线雷达的检测性能较单发单收天线雷达的检测性能有明显提升。

6.3　单发多收天线雷达抗多径检测方法

单发多收天线与单发三收天线抗多径的原理是一样的。在 6.2 节基础上，本节主要增加接收天线个数，分析天线个数的增加对多径条件下雷达检测性能的改善作用。单发多收天线雷达抗多径检测的关键仍然是天线个数选取、天线高度设置以及检验统计量的选取。为此，下面分别对这三个方面进行研究分析。

6.3.1　天线个数与高度选取

雷达接收目标功率与雷达天线高度、目标高度、目标距离有关，且它们之间的关系难以解析表达。鉴于此，下面采用仿真方法来详细分析雷达接收目标功率与雷达天线高度、目标高度、目标距离之间的关系，然后根据分析结果来确定天线个数和天线高度。

6.3.1.1　天线个数选取

雷达采用单天线发射，多天线接收，发射天线兼具接收功能，雷达天线架设示意如图 6.8 所示，天线的个数和间距待定。

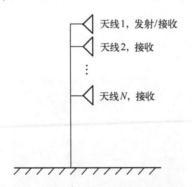

图 6.8　雷达单发多收天线架设示意图

采用与图 6.8 中相同的仿真参数，图 6.9 给出了雷达采用多个不同高度天线、并取多个天线中信号强度最大值时，镜反射导致的雷达对不同位置目标的接收目标信号功率差，即

$$\Delta P_m(\mathrm{dB}) = \max\left[P_1(\mathrm{dB}), \cdots, P_N(\mathrm{dB})\right] - P_0(\mathrm{dB}) \tag{6.17}$$

其中，P_i 为第 i 个天线接收目标信号功率差。

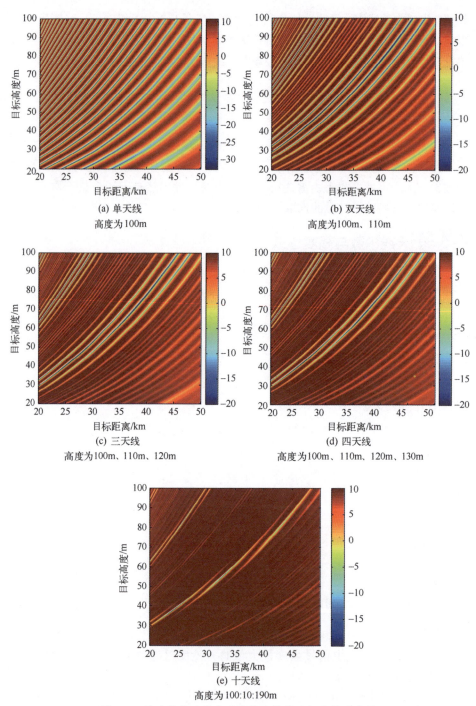

(a) 单天线
高度为100m

(b) 双天线
高度为100m、110m

(c) 三天线
高度为100m、110m、120m

(d) 四天线
高度为100m、110m、120m、130m

(e) 十天线
高度为100:10:190m

图 6.9　镜反射导致的多天线雷达接收目标信号功率差

对比图 6.9 中的 5 个子图可以发现，随着雷达天线的增多，目标信号功率被增强的区域和值均逐渐增大，被衰减的区域和值均逐渐减少。图 6.9 （d） 表明，当雷达采用 4 个天线接收时，绝大部分区域的目标回波被增强，但仍存在一小部分区域的目标回波被衰减。当雷达天线数增至 10 个时，目标回波信号均增强，被衰减的区域基本消失。

但是，天线数越多，成本越大，为此，在实际中，天线数不能随意增多。需综合考虑目标信号增强效果与花费代价。在上述仿真分析时，天线间距是按照垂直方向 10m 间隔取值。其实，天线间距的选取也与雷达接收信号的强度息息相关。文献 ［25］ 讨论了多径条件下多天线高度选取方法。

6.3.1.2　天线高度选取

天线间距可以等间距，也可以参差间距。本节仅分析等间距。

天线高度的选取有几个原则：①考虑地球曲率，保证雷达视线能够观测到特定高度特定距离的目标；②雷达天线间距不宜过大，以保证多天线接收的杂波平均功率近似相等。对于①，可以根据雷达对目标最低高度、最远距离的探测要求，通过几何关系进行公式求解[26]。对于②，只要天线间距远小于雷达目标之间的距离即可。

由于天线数不宜过多，下面以 4 个接收天线为例，通过仿真分析不同间距天线对应的目标信号功率差，如图 6.10 所示。

对比图 6.10 中的 9 幅子图可以发现，随着天线间距的增大，雷达接收目标信号被衰减的区域（图中蓝色线带）逐渐减少；当天线间隔为 3m 时，雷达接收目标信号被增强的区域最大、被衰减的区域最小；但当天线间距进一步增大时，雷达接收目标信号被衰减的区域逐渐增大。为此，下面将把多个天线的间距设置为 3m。

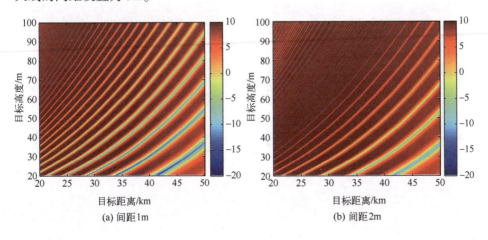

(a) 间距1m　　　　　　　　　　　　　　(b) 间距2m

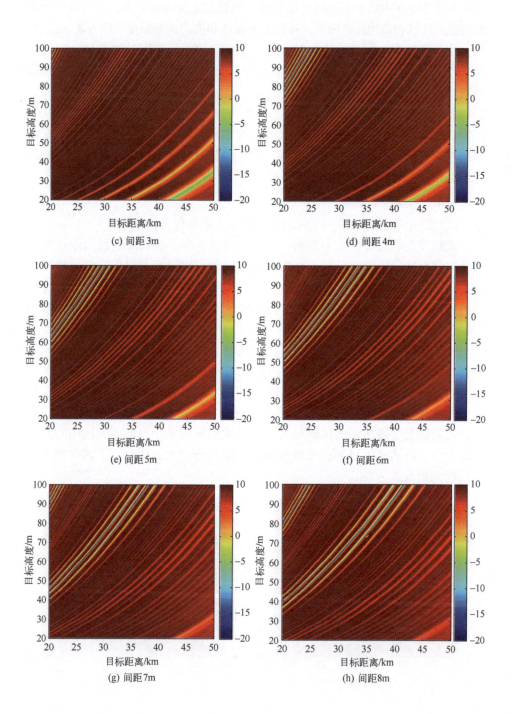

(c) 间距 3m

(d) 间距 4m

(e) 间距 5m

(f) 间距 6m

(g) 间距 7m

(h) 间距 8m

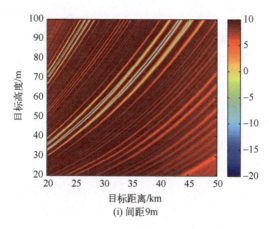

(i) 间距9m

图 6.10　不同间隔的四天线雷达接收目标信号功率差

6.3.2　检测概率与虚警概率

本节推导单发多收天线雷达检测性能，包括最佳检测性能和本书提出检测方法的检测性能。

6.3.2.1　最佳检测概率与虚警概率

雷达采用 N 个接收天线，N 个接收天线单次观测信号表示为

$$\begin{cases} z_i = c_i + n_i, & H_0 \\ z_i = s_i + c_i + n_i, & H_1 \end{cases} \quad i = 1, 2, \cdots, N \tag{6.18}$$

其中，s_i、c_i、n_i 分别表示第 i 个天线接收到的目标信号、杂波以及热噪声。假设目标信号、杂波以及热噪声三者之间相互独立，且均服从复高斯分布。这样，多个接收天线接收到的回波功率 $x_i = |z_i|^2$ 服从指数分布，且相互独立。$x_1, x_2, \cdots, x_N$ 的联合概率密度函数为

$$f(x_1, \cdots, x_N) = \begin{cases} \dfrac{1}{\prod\limits_{i=1}^{N} \xi_i} \exp\left(-\sum_{i=1}^{N} \dfrac{x_i}{\xi_i}\right), & H_0 \\ \dfrac{1}{\prod\limits_{i=1}^{N} \chi_i} \exp\left(-\sum_{i=1}^{N} \dfrac{x_i}{\chi_i}\right), & H_1 \end{cases} \tag{6.19}$$

其中，$\xi_i = P_n + P_c$，$\chi_i = P_t + P_c + P_n$，P_t、P_c、P_n 分别表示目标、杂波、热噪声的平均功率。由于各天线间距远小于雷达与目标之间的距离，可以认为 $\xi_1 = \xi_2 = \cdots = \xi_N = \xi$，而 χ_i 之间不相等。

根据 NP 准则，似然比可表示为

$$L = \frac{f(x_1,\cdots,x_N \mid H_1)}{f(x_1,\cdots,x_N \mid H_0)} = \left(\prod_{i=1}^{N} \frac{\xi_i}{\chi_i}\right)\exp\left[-\sum_{i=1}^{N}\left(\frac{1}{\chi_i}-\frac{1}{\xi_i}\right)x_i\right] \tag{6.20}$$

进一步化简可得检验判决为

$$q = \sum_{i=1}^{N}\left(\frac{1}{\xi_i}-\frac{1}{\chi_i}\right)x_i \mathop{\gtrless}_{H_0}^{H_1} \eta \tag{6.21}$$

令 $g_i = 1/\xi - 1/\chi_i$，当 x_i 相互独立时，$y = g_1 x_1 + \cdots + g_N x_N$ 为 N 个独立指数分布的和。根据多个伽马分布参数之和的概率密度函数，令式（6.21）中的 $g_1 = g_2 = \cdots = g_N = 1$，可得 y 的概率密度函数为

$$f(y) = \prod_{i=1}^{N}\left(\frac{\beta_1}{\beta_i}\right)\sum_{k=0}^{\infty}\frac{\delta_k y^{N+k-1}\exp(-y/\beta_1)}{\beta_1^{N+k}\Gamma(N+k)} \tag{6.22}$$

其中，H_1 假设下，$\beta_i = g\chi_i$，H_0 假设下，$\beta_i = g_i\xi$，$\beta_1 = \min(\beta_i)$，式（6.22）中 δ_k 可计算为

$$\begin{cases}\delta_0 = 1 \\ \delta_{k+1} = \dfrac{1}{k+1}\sum_{i=1}^{k+1}\left[\sum_{j=1}^{N}\left(1-\dfrac{\beta_1}{\beta_j}\right)^i\right]\delta_{k+1-i}, \quad k = 0,1,2,\cdots\end{cases} \tag{6.23}$$

多次观测相互独立情况下，虚警概率为

$$P_f = \int_{\eta}^{\infty}f(y \mid H_0)\mathrm{d}q = \prod_{i=1}^{N}\left(\frac{g_1}{g_i}\right)\sum_{k=0}^{\infty}\frac{\delta_k\Gamma\left(N+k,\dfrac{\eta}{g_1\xi}\right)}{\Gamma(N+k)} \tag{6.24}$$

多次观测相互独立情况下，检测概率为

$$P_d = \int_{\eta}^{\infty}f(y \mid H_1)\mathrm{d}q = \prod_{i=1}^{N}\left(\frac{\beta_1}{\beta_i}\right)\sum_{k=0}^{\infty}\frac{\delta_k\Gamma\left(N+k,\dfrac{\eta}{\beta_1}\right)}{\Gamma(N+k)} \tag{6.25}$$

通过式（6.25）计算得到的雷达检测概率是雷达的最佳检测性能，这为后续检测方法的性能分析提供了性能对比的上限。

6.3.2.2　基于最大值的检测概率与虚警概率

根据多个天线的接收信号功率 $z_1, z_2, \cdots, z_N$，选取检验统计量为 $t = \max(z_1, z_2, \cdots, z_N)$，则 t 的概率密度函数可表示为

$$f(t) = \sum_{i=1}^{N}\left[f(z_i)\prod_{\substack{j=1 \\ j\neq i}}^{N}F(z_j)\right] \tag{6.26}$$

通过推导可得 t 的概率密度函数为

$$f(t) = \begin{cases} \dfrac{N}{\xi_i}\exp\left(-\dfrac{t}{\xi_i}\right)\left[1 - \exp\left(-\dfrac{t}{\xi_i}\right)\right]^{N-1} & , \quad H_0 \\[4mm] \displaystyle\sum_{i=1}^{N}\left\{\dfrac{1}{\chi_i}\exp\left(-\dfrac{t}{\chi_i}\right)\prod_{\substack{j=1 \\ j \neq i}}^{N}\left[1 - \exp\left(-\dfrac{t}{\chi_j}\right)\right]\right\} & , \quad H_1 \end{cases} \tag{6.27}$$

根据式（6.27）可求得雷达虚警概率为

$$P_f = \Pr[t > \eta \,|\, H_0] = 1 - \Pr[t < \eta \,|\, H_0] = 1 - \prod_{i=1}^{N}\left[1 - \exp\left(-\frac{\eta}{\xi_i}\right)\right] \tag{6.28}$$

检测概率为

$$\begin{aligned} P_d &= \Pr[t > \eta \,|\, H_1] \\ &= 1 - \Pr[t < \eta \,|\, H_1] \\ &= 1 - \int_0^{\eta}\sum_{i=1}^{N}\prod_{\substack{j=1 \\ j \neq i}}^{N}\frac{1}{\chi_i}\exp\left(-\frac{t}{\chi_i}\right)\left[1 - \exp\left(-\frac{t}{\chi_j}\right)\right]\mathrm{d}t \\ &= 1 - \sum_{i=1}^{N}\int_0^{\eta}\prod_{\substack{j=1 \\ j \neq i}}^{N}\frac{1}{\chi_i}\exp\left(-\frac{t}{\chi_i}\right)\left[1 - \exp\left(-\frac{t}{\chi_j}\right)\right]\mathrm{d}t \\ &= 1 - \prod_{i=1}^{N}\left[1 - \exp\left(-\frac{\eta}{\chi_i}\right)\right] \end{aligned} \tag{6.29}$$

6.3.3 仿真结果与分析

　　本节采用仿真方法分析单发多收天线的理论检测性能和实际检测性能。仿真中，虚警概率为 10^{-3}，雷达发射峰值功率为 50kW，波长为 0.03m，天线最大增益为 43dB，半功率波束宽度为 4°。目标 RCS 为 0.1m^2，目标以 300m/s 的速度、20m 的高度朝雷达飞行。海况为 1 级，海面高度起伏标准差为 0.2。雷达最低的天线高度为 100m，各天线间距 3m。蒙特卡洛仿真次数为 10000 次。

　　图 6.11 给出单天线收发（高度为 100m）、单发双收天线（高度为 100m、103m）和单发三收天线（高度为 100m、103m、106m）雷达的理论与仿真检测性能对比结果。从图 6.11 中可以看出，随着雷达接收天线的增加，雷达检测性能逐渐提高。但在某些距离段，采用两天线或三天线，多个天线接收的目标信号均被衰减，所以导致雷达检测概率仍然较低。另外，理论检测性能与仿真检测性能吻合较好，这说明了 6.2.2 节理论推导的正确性。

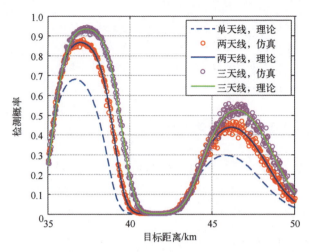

图 6.11   单发多收天线雷达理论与仿真检测性能对比

　　进一步增加雷达接收天线，得到十天线、二十天线、三十天线接收时雷达检测性能如图 6.12 所示。与图 6.11 类似，总体上，随着雷达接收天线数量的增加，雷达检测概率逐渐提高。在实际中，需综合考虑雷达检测性能与天线个数增强带来的成本和工程实现代价。

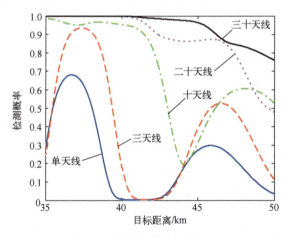

图 6.12   雷达检测性能随接收天线数量变化关系

6.4   本 章 小 结

　　本章提出了单发三收天线、单发多收天线雷达抗多径检测方法。两种方法均基于空间分集思想，其利用多个不同高度的接收天线对镜反射条件下目标回波接收功率不同这一特点，分别选取两两天线接收信号功率差的绝对值的最大值、多个天线接收信号功率最大值作为检验统计量来实现目标检测。理论推导得到了镜反射条件下单发三收天线、单发多收天线雷达检测概率与虚警概率解析表达式，仿真分析了所提检测方法的性能，仿真结果验证了该方法的有效性。通过实测数据验证所提方法的有效性，是下一步研究的重点。另外，采用频率分集、极化分集以及多个维度分集的联合来抗多径也是值得研究的重要方向。

参 考 文 献

[1] Jang Y, Lim H, Yoon D. Multipath effect on radar detection of nonfluctuating targets [J]. IEEE Transactions on Aerospace and Electronic Systems, 2015, 51 (1): 792-795.

[2] Yang Y, Feng D, Wang X, et al. Effects of K distributed sea clutter and multipath on radar detection of low altitude sea surface targets [J]. IET Radar, Sonar and Navigation, 2014, 8 (7): 757-766.

[3] Haspert K, Tuley M. Comparison of predicted and measured multipath impulse responses [J]. IEEE Transactions on Aerospace and Electronic Systems, 2011, 47 (3): 1696-1709.

[4] Teti J G. Wide-band airborne radar operating considerations for low-altitude surveillance in the presence of specular multipath [J]. IEEE Transactions on Antennas and Propagation, 2000, 48 (2): 176-191.

[5] Aubry A, De Maio A, Foglia G, et al. Diffuse multipath exploitation for adaptive radar detection [J]. IEEE Transactions on Signal Processing, 2015, 63 (5): 1268-1281.

[6] Barton D K. Low-angle radar tracking [J]. Proceedings of the IEEE, 1974, 62 (6): 687-704.

[7] White W D. Low-angle radar tracking in the presence of multipath [J]. IEEE Transactions on Aerospace and Electronic Systems, 1974 (6): 835-852.

[8] Shi J, Hu G, Lei T. DOA estimation algorithms for low-angle targets with MIMO radar [J]. Electronics Letters, 2016, 52 (8): 652-654.

[9] Sen S, Nehorai A. Adaptive OFDM radar for target detection in multipath scenarios [J]. IEEE Transactions on Signal Processing, 2010, 59 (1): 78-90.

[10] Zhao J, Yang J. Frequency diversity to low-angle detecting using a highly deterministic multipath signal model [C]//2006 CIE International Conference on Radar. Piscataway: IEEE, 2006: 1-5.

[11] Giuli D. Polarization diversity in radars [J]. Proceedings of the IEEE, 1986, 74 (2): 245-269.

[12] Valenzuela-Valdés J F, García-Fernández M A, Martínez-González A M, et al. The role of polarization diversity for MIMO systems under Rayleigh-fading environments [J]. IEEE

Antennas and Wireless Propagation Letters, 2006, 5: 534-536.

[13] Zhang M, Peng L, Liang Y, et al. Radar polarization diversity technology for low-altitude targets [C]//2021 CIE International Conference on Radar. Piscataway: IEEE, 2021: 2326-2330.

[14] Hayvaci H T, De Maio A, Erricolo D. Improved detection probability of a radar target in the presence of multipath with prior knowledge of the environment [J]. IET Radar, Sonar and Navigation, 2013, 7 (1): 36-46.

[15] Aubry A, De Maio A, Foglia G, et al. Diffuse multipath exploitation for adaptive radar detection [J]. IEEE Transactions on Signal Processing, 2015, 63 (5): 1268-1281.

[16] Wilson S L, Carlson B D. Radar detection in multipath [J]. IEE Proceedings: Radar, Sonar and Navigation, 1999, 146 (1): 45-54.

[17] Cao Y, Wang S, Wang Y, et al. Target detection for low angle radar based on multi-frequency order-statistics [J]. Journal of Systems Engineering and Electronics, 2015, 26 (2): 267-273.

[18] Sen S, Nehorai A. Adaptive OFDM radar for target detection in multipath scenarios [J]. IEEE Transactions on Signal Processing, 2010, 59 (1): 78-90.

[19] Shi J, Hu G, Lei T. DOA estimation algorithms for low-angle targets with MIMO radar [J]. Electronics Letters, 2016, 52 (8): 652-654.

[20] Valenzuela-Valdés J F, García-Fernández M A, Martínez-González A M, et al. Evaluation of true polarization diversity for MIMO systems [J]. IEEE Transactions on Antennas and Propagation, 2009, 57 (9): 2746-2755.

[21] 徐振海, 肖顺平, 熊子源. 阵列雷达低角跟踪技术 [M]. 北京: 科学出版社, 2014.

[22] Gordon W B. Improved three subaperture method for elevation angle estimation [J]. IEEE Transactions on Aerospace and Electronic Systems, 1983, 1: 114-122.

[23] Cantrell B H, Gordon W B, Trunk G V. Maximum likelihood elevation angle estimates of radar targets using subapertures [J]. IEEE Transactions on Aerospace and Electronic Systems, 1981, 2: 213-221.

[24] 陈伯孝, 胡铁军, 郑自良, 等. 基于波瓣分裂的米波雷达低仰角测高方法及其应用 [J]. 电子学报, 2007, 35 (6): 1021.

[25] Zhang Y, Zeng H, Wei Y, et al. Marine radar antenna height design under multi-path effect [C]// 2013 IET International Radar Conference. London: IET, 2013: 1-4.

[26] 丁鹭飞, 耿富禄, 陈建春. 雷达原理 [M]. 6版. 北京: 电子工业出版社, 2020.

第 7 章

极化雷达抗箔条干扰方法与应用

7.1 引　言

箔条造价低廉，干扰效果好，因此，几乎所有的舰船上都装备有箔条干扰投放装置，并将箔条干扰作为对付来袭导弹末制导雷达的重要措施之一。末制导阶段，雷达可能面临两种类型的箔条干扰：冲淡干扰和质心干扰。箔条冲淡干扰条件下，箔条云和舰船在距离上分开，雷达利用二者特性上的差异可对目标和箔条干扰进行识别，可较容易地抑制箔条干扰。箔条质心干扰条件下，箔条云与舰船处于同一距离、角度、多普勒分辨单元内，两者的回波信号叠加在一起，使得雷达难以分辨目标与干扰。随着箔条云的扩散，箔条云 RCS 逐渐增大，雷达被逐渐诱偏，最终导致导弹脱靶。为此，本章主要研究导弹末制导雷达抗箔条质心干扰方法。首先介绍了箔条质心干扰战术使用特点，进而分析了箔条质心干扰对雷达角度测量的影响，接着提出了一种基于 GPS/INS 辅助的雷达箔条质心干扰检测方法，最后提出了雷达斜投影抗箔条质心干扰方法，形成了一套雷达抗箔条质心干扰方法理论体系。

7.2 箔条质心干扰下雷达目标指示角

当舰船目标发现自身被导弹末制导雷达跟踪上后，通常会释放箔条质心干扰。箔条质心干扰会导致雷达测角误差增大。对于质心干扰条件下雷达目标指示角，有些学者认为雷达目标指示角指向目标与干扰的质心或能量中心[1-2]。本节通过理论推导和仿真实验分析质心干扰条件下的雷达目标指示角。

7.2.1 质心干扰下雷达单脉冲比实部的均值与方差

对于雷达而言，箔条质心干扰条件下，干扰和目标可视为点目标。雷达和通道接收到的干扰与目标回波信号可分别表示为[3]

$$s_1 = \sqrt{\frac{P_t \lambda^2 \sigma_1}{(4\pi)^3 R_1^4}} \cdot g_s(\theta_1) g_s(\theta_1) \exp(j\varphi_1) \tag{7.1}$$

$$s_2 = \sqrt{\frac{P_t \lambda^2 \sigma_2}{(4\pi)^3 R_2^4}} \cdot g_s(\theta_2) g_s(\theta_2) \exp(j\varphi_2) \tag{7.2}$$

其中，下标 1、2 分别代表干扰和目标，P_t 为雷达发射功率，λ 为波长，R_1、R_2 分别为雷达与干扰、目标之间的距离，σ_1、σ_2 分别为干扰和目标的 RCS，$g_s(\cdot)$ 为和通道天线电压增益，θ_1、θ_2 分别为干扰和目标角度，φ_1、φ_2 分别为干扰和目标回波信号相位。

雷达差通道接收到的干扰和目标回波信号可分别表示为

$$d_1 = \sqrt{\frac{P_t \lambda^2 \sigma_1}{(4\pi)^3 R_1^4}} \cdot g_s(\theta_1) g_d(\theta_1) \exp(j\varphi_1) \tag{7.3}$$

$$d_2 = \sqrt{\frac{P_t \lambda^2 \sigma_2}{(4\pi)^3 R_2^4}} \cdot g_s(\theta_2) g_d(\theta_2) \exp(j\varphi_2) \tag{7.4}$$

其中，$g_d(\cdot)$ 为差通道天线电压增益。

质心干扰条件下，干扰和目标回波混叠在一起，雷达单脉冲比可表示为[4]

$$r = \frac{d_1 + d_2}{s_1 + s_2} = \frac{A_1 g_s(\theta_1) g_d(\theta_1) + A_2 g_s(\theta_2) g_d(\theta_2) \exp(j\phi)}{A_1 g_s^2(\theta_1) + A_2 g_s^2(\theta_2) \exp(j\phi)} \tag{7.5}$$

其中，$A_1 = \sqrt{P_t \lambda^2 \sigma_1 / (4\pi)^3 R_1^4}$，$A_2 = \sqrt{P_t \lambda^2 \sigma_2 / (4\pi)^3 R_2^4}$，$\phi = \varphi_2 - \varphi_1$。由于干扰与目标处于同一距离单元，在计算 A_1 和 A_2 时可以认为 $R_1 \approx R_2$。目标与干扰的幅度比 $A_2 / A_1 = \sqrt{\sigma_2 / \sigma_1} = \varsigma$。很明显，质心干扰条件下雷达单脉冲比为一复数。对式 (7.5) 进行如下变换：

$$
\begin{aligned}
r &= \frac{A_1 g_s^2(\theta_1) \left[\dfrac{g_d(\theta_1)}{g_s(\theta_1)} + \dfrac{A_2}{A_1} \cdot \dfrac{g_s(\theta_2) g_d(\theta_2)}{g_s^2(\theta_1)} \exp(j\phi) \right]}{A_1 g_s^2(\theta_1) \left[1 + \dfrac{A_2}{A_1} \cdot \dfrac{g_s^2(\theta_2)}{g_s^2(\theta_1)} \exp(j\phi) \right]} \\
&= \frac{r_1 + \varsigma\, r_2 q^2 \exp(j\phi)}{1 + \varsigma\, q^2 \exp(j\phi)} \\
&= r_1 + \frac{\varsigma(r_2 - r_1) q^2 \exp(j\phi)}{1 + \varsigma\, q^2 \exp(j\phi)} \\
&= r_1 + (r_2 - r_1) \frac{\varsigma^2 q^4 + \varsigma\, q^2 \cos\phi}{1 + 2\varsigma\, q^2 \cos\phi + \varsigma^2 q^4} + j \frac{\varsigma\, q^2 (r_2 - r_1) \sin\phi}{1 + 2\varsigma\, q^2 \cos\phi + \varsigma^2 q^4}
\end{aligned} \tag{7.6}
$$

$$= r_1 + x' + \mathrm{j}y'$$

其中，

$$r_1 = \frac{g_d(\theta_1)}{g_s(\theta_1)} \tag{7.7}$$

$$r_2 = \frac{g_d(\theta_2)}{g_s(\theta_2)} \tag{7.8}$$

$$q = \frac{g_s(\theta_2)}{g_s(\theta_1)} \tag{7.9}$$

$$x' = \frac{\varsigma^2 q^4 (r_2 - r_1) + \varsigma\, q^2 (r_2 - r_1)\cos\phi}{1 + 2\,\varsigma\, q^2\cos\phi + \varsigma^2 q^4} \tag{7.10}$$

$$y' = \frac{\varsigma\, q^2 (r_2 - r_1)\sin\phi}{1 + 2\,\varsigma\, q^2\cos\phi + \varsigma^2 q^4} \tag{7.11}$$

由式（7.6）可以看到，雷达单脉冲比与目标角度、干扰角度、目标与干扰的幅度比以及目标与干扰回波相位差有关。由于目标与干扰回波相位差具有随机性，雷达单脉冲比为一随机数。

在获得单脉冲比的基础上，雷达目标指示角可计算为[5]

$$\theta = \frac{\mathrm{Re}(r)}{p} = \frac{r_1 + x'}{p} \tag{7.12}$$

其中，$\mathrm{Re}(\cdot)$ 表示取实部，p 为一常数，具体值与实际雷达系统有关。式（7.12）表明，在得到雷达单脉冲比实部的基础上，即可得到雷达目标指示角。下面理论推导雷达单脉冲比实部的均值和方差。

令 $k = \varsigma\, q^2$，并用 $r_2 - r_1$ 对 x' 进行归一化，得

$$x = \frac{k\cos\phi + k^2}{1 + 2k\cos\phi + k^2} \tag{7.13}$$

通常情况下，干扰信号功率大于目标回波功率，因此，$0 < k < 1$。根据式（7.13），图 7.1 给出了不同 k 值下 x 随目标与干扰回波相位差的变化关系。

从图 7.1 可以看出，x 关于 $\phi = 0^\circ$ 偶对称；当 $k = 1$ 时，$x = 1/2$，$\mathrm{Re}(r) = (r_1 + r_2)/2$，除 $\phi = \pm\pi$ 外，x 与 ϕ 无关；当 $k \to 1$、$\phi = \pm\pi$ 时，$x \to -\infty$；当 $k = 0$ 时，x 与 ϕ 无关，$x = 0$，$\mathrm{Re}(r) = r_1$；当 k 取其他值时，x 随着 ϕ 的变化而变化。

下面通过求 x 的概率密度函数 $f(x)$ 来计算 x 的均值。

从图 7.1 可以发现，$x < X$ 的概率等于 ϕ 处于区间 $[-\pi, -\phi_1] \cup [\phi_1, \pi]$ 内的概率，其中，ϕ_1 为 $x = X$ 对应的相位。因此，x 的概率分布函数可表示为

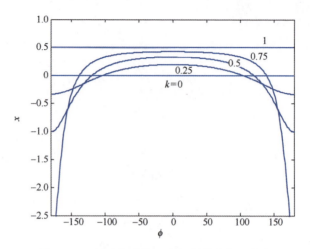

图 7.1 x 随目标干扰回波相位差的变化关系

$$\Pr(x<X)=1-\frac{\phi_1}{\pi} \qquad (7.14)$$

其中，$\phi_1=\arccos\left\{\left[X(1+k^2)-k^2\right]/\left[k(1-2X)\right]\right\}$。

式（7.14）关于 X 求微分，可得 x 的概率密度函数为

$$f(x)=\begin{cases}\dfrac{1}{\pi(1-2x)\sqrt{\dfrac{k^2(1-2x)}{(1-k^2)}-x^2}}, & \dfrac{k}{k-1}<x<\dfrac{k}{k+1}\\[4mm] 0, & \text{其他}\end{cases} \qquad (7.15)$$

图 7.2 给出了不同 k 值下 x 的概率密度函数。

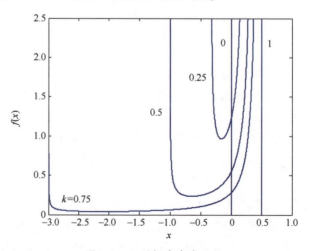

图 7.2 x 的概率密度函数

当 k 一定时，x 的概率密度函数存在两个临界点，分别为 $x=k/(k+1)$ 和 $x=k/(k-1)$。当 $k=1$ 时，x 的概率密度函数变为 $x=1/2$ 和 $x=-\infty$ 两处的冲激函数。而当 k 趋近于 0 时，x 的概率密度函数为 $x=0$ 的冲击函数。

由式（7.15）可得 x 的均值和方差分别为[6]

$$
\begin{aligned}
\mathrm{E}(x) &= \int_{k/(k-1)}^{k/(k+1)} x f(x)\,\mathrm{d}x \\
&= \int_{k/(k-1)}^{k/(k+1)} \frac{x}{\pi(1-2x)\sqrt{k^2(1-2x)/(1-k^2)-x^2}}\mathrm{d}x \\
&= 0
\end{aligned}
\tag{7.16}
$$

$$
\begin{aligned}
\mathrm{var}(x) &= \int_{k/(k-1)}^{k/(k+1)} x^2 f(x)\,\mathrm{d}x \\
&= \frac{k^2}{2(1-k^2)}
\end{aligned}
\tag{7.17}
$$

由于 $\mathrm{E}(x)=0$，$\mathrm{E}[\mathrm{Re}(r)]=r_1$，$\mathrm{E}(\theta)=\theta_1$，这表明，从统计的角度上来讲，在质心干扰条件下，雷达目标指示角将指向干扰。雷达目标指示角具有一定的方差，方差与目标和干扰的 RCS 比值以及目标与干扰方向和波束天线电压增益比值有关。

7.2.2 仿真结果与分析

雷达发射功率为 20kW，波长为 0.03m，天线增益为 33dB，雷达和波束半功率波束宽度为 4°，假定雷达俯仰向波束中心与目标、干扰处于同一平面，定义天线波束中心方向为 0°，波束中心逆时针旋转到达某一方向，该方向对应的角度为正角，波束中心顺时针旋转到达某一方向，该方向对应的角度为负角。图 7.3 给出了不同目标、干扰角度以及不同干扰–目标 RCS 比值下的雷达目标指示角。其中，$\sigma_r=\sigma_1/\sigma_2$。

从图 7.3（a）中可以看出，当 $\theta_t=0.5°$、$\theta_j=-0.5°$、$\sigma_r=1$ 时，雷达目标指示角为 0，即雷达目标指示角为目标与干扰的中心位置，且雷达目标指示角与目标干扰回波相位差无关；当 $\theta_t=0.5°$、$\theta_j=-0.5°$、$\sigma_r=5$ 或 10 时，雷达目标指示角均值均为 $-0.5°$（雷达目标指示角均值指向干扰），方差分别为 0.12、0.05，仿真结果与理论值相一致。图 7.3（b）表明，当 $\theta_t=0.5°$、$\theta_j=-0.2°$ 时，目标与干扰非对称分布在雷达波束中心两侧，$\sigma_r=2$、5、10 时，雷达目标指示角均值分别为 $-0.195°$、$-0.2°$、$-0.2°$。雷达目标指示角均值指向干扰，仿真结果与理论值相吻合。

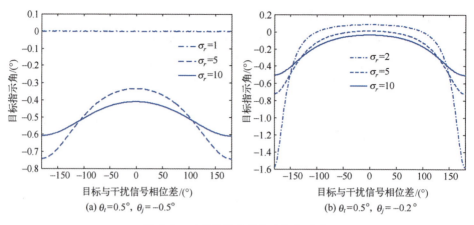

图 7.3　不同场景下雷达目标指示角

7.3　GPS/INS 辅助的箔条质心干扰检测

箔条质心干扰给反舰导弹目标精确打击提出了严峻挑战，如何抗箔条质心干扰是反舰导弹雷达亟待解决的技术难题，而箔条质心干扰存在性检测是抗箔条质心干扰的前提。

箔条质心干扰检测的实质是波束内不可分辨的两目标的检测。对于波束内不可分辨目标的检测，国内外学者进行了大量研究，提出了一系列检测方法。其中，文献［3］提出采用单脉冲比虚部来检测不可分辨目标；文献［4］将角度扩展量作为检验统计量，实现了不可分辨瑞利目标的检测。根据 NP 定理，文献［5-6］采用广义最大似然比检验，分别对不可分辨两、三个 Swerling Ⅱ 型目标进行了检测。采用多距离单元联合处理方法，文献［7］提出了一种最大似然估计器，可对不可分辨的扩展目标进行检测和定位。此外，一些学者还提出采用检测跟踪一体化技术来检测不可分辨目标[8-9]。理论上，上述方法均能实现不可分辨目标的检测，但难以应用于导引头检测箔条质心干扰，主要原因有两点：①文献［3-9］考虑的不可分辨目标均为 Swerling Ⅱ 型目标，Swerling Ⅱ 起伏模型便于理论推导，而舰船 RCS 更适合用 Swerling Ⅳ 模型来表示，Swerling Ⅳ 起伏模型则不利于理论推导；②上述方法实现流程较复杂、计算量大、实时性较差。针对 Swerling Ⅳ 型目标，文献［10］分析了其单脉冲比实部的均值和方差；在此基础上，文献［11］推导得到了多次观测下 Swerling Ⅳ 型目标单脉冲比实部均值和方差表达式；但 Swerling Ⅳ 型目标单脉冲比实部分布尚未见报道。同时，结合导引头箔条质心干扰检测的实时性要求，考虑到 GPS/INS 能够精确测量导弹自身的位置、速度、姿态信息，其不仅在导弹中段制导中被广泛应用[12-15]，而且还具有在导引头末制导阶段应用的潜力[16]。因此，GPS/INS 测量信息能否为导引头箔条质心干扰检测提供帮助，值得研究。

本节假定舰船 RCS 和箔条云 RCS 分别服从 Swerling IV 和 Swerling II 起伏模型，首先推导了有、无干扰下的雷达单脉冲比实部概率密度函数，以单脉冲比实部作为检验统计量，分析了箔条质心干扰理论检测性能。考虑到实际检测实现时，检测门限需根据目标方位角来设定，提出了 GPS/INS、导引头联合估计目标方位角的方法。最后，通过仿真证明了利用 GPS/INS 辅助信息的导引头能够有效检测箔条质心干扰。

7.3.1　单脉冲比实部分布

单脉冲雷达同时发射四个对称的且相互部分重叠的子波束来估计目标的方位角和俯仰角[17]。由于箔条质心干扰与目标处于同一距离分辨单元内，箔条干扰与目标的俯仰角相同，但二者的方位角不同。因此，我们将主要分析方位向单脉冲比实部的分布情况。

雷达单脉冲比实部可表示为

$$H_0 : r_I = \mathrm{Re}\left(\frac{s_d+n_d}{s_s+n_s}\right)$$
$$H_1 : r_I = \mathrm{Re}\left(\frac{s_d+j_d+n_d}{s_s+j_s+n_s}\right) \tag{7.18}$$

其中，H_0 表示无干扰存在，H_1 表示有干扰存在，$\mathrm{Re}(\cdot)$ 表示取实部，s_d、j_d、n_d 分别为差通道目标、干扰和噪声信号，s_s、j_s、n_s 分别为和通道目标、干扰和噪声信号。本节中，杂波与热噪声均视为噪声。下面来推导两种假设下的单脉冲比实部概率密度函数。

7.3.1.1　H_0 下的单脉冲比实部分布

在 H_0 假设下，目标所在距离单元的和通道、差通道 I、Q 支路接收信号可分别表示为

$$s_I = x_1 + n_{sI} \tag{7.19}$$
$$s_Q = y_1 + n_{sQ} \tag{7.20}$$
$$d_I = k_1 x_1 + n_{dI} \tag{7.21}$$
$$d_Q = k_1 y_1 + n_{dQ} \tag{7.22}$$

其中，$x_1 = a_1\cos\varphi_1$，$y_1 = a_1\sin\varphi_1$，a_1、φ_1 为目标回波幅度和相位，φ_1 服从 $[0, 2\pi]$ 均匀分布，$k_1 = G_\Delta(\theta_1)/G_\Sigma(\theta_1)$ 为目标方位向到达角，$G_\Delta(\theta_1)$、$G_\Sigma(\theta_1)$ 分别为差波束、和波束在方位角 θ_1 方向的电压增益，$n_{sI} \sim \mathcal{N}(0,\sigma_s^2)$，$n_{sQ} \sim \mathcal{N}(0,\sigma_s^2)$，$n_{dI} \sim \mathcal{N}(0,\sigma_d^2)$，$n_{dQ} \sim \mathcal{N}(0,\sigma_d^2)$，$\mathcal{N}(m,\sigma^2)$ 表示均值为 m、方差为 σ^2 的

高斯分布。

假定舰船 RCS 服从 Swerling Ⅳ 起伏模型[18]，则舰船回波信号幅度 a_1 的概率密度函数可表示为

$$f(a_1) = \frac{8a_1^3}{\overline{a}_1^4}\exp\left(-\frac{2a_1^2}{\overline{a}_1^2}\right) \tag{7.23}$$

其中，$\overline{a}_1^2 = \mathrm{E}(a_1^2)$。$\varphi_1$ 服从 $[0, 2\pi]$ 均匀分布，则 x_1 的概率密度函数为

$$f(x_1) = \frac{4}{\sqrt{2\pi}\,\overline{a}_1^2}\left(x_1^2 + \frac{\overline{a}_1^2}{4}\right)\exp\left(-\frac{2x_1^2}{\overline{a}_1^2}\right) \tag{7.24}$$

在此基础上，x_1、y_1 的联合概率密度函数可表示为

$$f(x_1, y_1) = \frac{8(x_1^2 + y_1^2)}{2\pi\,\overline{a}_1^4}\exp\left[-\frac{2(x_1^2 + y_1^2)}{\overline{a}_1^2}\right] \tag{7.25}$$

单脉冲比实部、虚部分别为

$$r_I = \mathrm{Re}\left(\frac{s_d + n_d}{s_s + n_s}\right) = \frac{s_I d_I + s_Q d_Q}{s_I^2 + s_Q^2} \tag{7.26}$$

$$r_Q = \mathrm{Im}\left(\frac{s_d + n_d}{s_s + n_s}\right) = \frac{d_Q s_I - d_I s_Q}{s_I^2 + s_Q^2} \tag{7.27}$$

令

$$s_I = A\cos\varphi \tag{7.28}$$

$$s_Q = A\sin\varphi \tag{7.29}$$

$$\Omega_0 = \{\overline{a}_1 \quad k_1 \quad \sigma_s \quad \sigma_d\} \tag{7.30}$$

于是有

$$d_I = r_I A\cos\varphi - r_Q A\sin\varphi \tag{7.31}$$

$$d_Q = r_Q A\cos\varphi + r_I A\sin\varphi \tag{7.32}$$

$$\begin{aligned}
&f(s_I, d_I, s_Q, d_Q \mid H_0, \Omega_0) \\
&= \int_{-\infty}^{\infty}\int_{\infty}^{\infty} f(s_I, d_I, s_Q, d_Q \mid H_0, \Omega_0, x_1, y_1) f(x_1, y_1)\,\mathrm{d}x_1\mathrm{d}y_1 \\
&= \int_{-\infty}^{\infty}\int_{\infty}^{\infty} \frac{1}{2\pi\Gamma}\exp\left[-\frac{1}{2}\boldsymbol{X}_I^{\mathrm{T}}\boldsymbol{C}^{-1}\boldsymbol{X}_I\right]\cdot\frac{1}{2\pi\Gamma}\cdot\exp\left[-\frac{1}{2}\boldsymbol{X}_Q^{\mathrm{T}}\boldsymbol{C}^{-1}\boldsymbol{X}_Q\right]f(x_1, y_1)\,\mathrm{d}x_1\mathrm{d}y_1
\end{aligned} \tag{7.33}$$

其中，

$$\Gamma = \sigma_s^2\sigma_d^2 \tag{7.34}$$

$$\boldsymbol{X}_I = [\,s_I - x_1 \quad d_I - k_1 x_1\,] \tag{7.35}$$

$$\boldsymbol{X}_Q = [\,s_Q - y_1 \quad d_Q - k_1 y_1\,] \tag{7.36}$$

$$\boldsymbol{C} = \begin{bmatrix} \sigma_s^2 & 0 \\ 0 & \sigma_d^2 \end{bmatrix} \tag{7.37}$$

将式（7.25）代入式（7.33），化简得

$$f(s_I, d_I, s_Q, d_Q \mid H_0, \Omega_0)$$

$$= \frac{2(c^2 + g^2 + 2b\Gamma^2)}{\pi^2 \, \overline{a}_1^4 b^3} \cdot \exp\left\{ -\frac{1}{2\Gamma^2} \cdot \left[\sigma_d^2(s_I^2 + s_Q^2) + \sigma_s^2(d_I^2 + d_Q^2) - \frac{c^2 + g^2}{b} \right] \right\}$$

$$(7.38)$$

其中，$b = \sigma_d^2 + k_1^2 \sigma_s^2 + 4\Gamma^2 / \overline{a}_1^2$，$c = s_I \sigma_d^2 + k_1 d_I \sigma_s^2$，$g = s_Q \sigma_d^2 + k_1 d_Q \sigma_s^2$。

对式（7.38）进行变量替换，可以得到

$$f(r_I, r_Q, A, \varphi \mid H_0, \Omega_0)$$

$$= f(s_I, d_I, s_Q, d_Q \mid H_0, \Omega_0) \left| \frac{\partial(s_I, d_I, s_Q, d_Q)}{\partial(r_I, r_Q, A, \varphi)} \right|$$

$$= \frac{2}{\pi^2 \, \overline{a}_1^4 b^3} \cdot \left[A^2 \, (\sigma_d^2 + k_1 \sigma_s^2 r_I)^2 + 2b\Gamma^2 + A^2 k_1^2 \sigma_s^4 r_Q^2 \right] \cdot$$

$$(7.39)$$

$$\exp\left\{ -\frac{1}{2\Gamma^2} \left[\sigma_d^2 A^2 + \sigma_s^2 A^2 r_I^2 - \frac{A^2 \, (\sigma_d^2 + k_1 \sigma_s^2 r_I)^2}{b} + \right. \right.$$

$$\left. \left. r_Q^2 \left(\sigma_s^2 A^2 - \frac{A^2 k_1^2 \sigma_s^4}{b} \right) \right] \right\}$$

可以看出，式（7.39）与 ϕ 无关，因此，可以通过对 ϕ 进行积分，将 ϕ 从式（7.39）中去除。同时，由于雷达接收信号幅度 A 可测量得到，因此，A 可作为已知量。式（7.39）关于 ϕ 积分，得到 r_I、r_Q 基于 A 的条件联合概率密度函数为

$$f(r_I, r_Q \mid H_0, \Omega_0, A) = \int_0^{2\pi} \frac{f(r_I, r_Q, A, \varphi \mid H_0, \Omega_0)}{f(A)} \mathrm{d}\varphi$$

$$= \frac{1}{2\pi b^3} \exp\left\{ -\frac{1}{2\Gamma^2} \left[\sigma_d^2 A^2 + \sigma_s^2 A^2 r_I^2 - \right. \right.$$

$$\left. \frac{A^2 \, (\sigma_d^2 + k_1 \sigma_s^2 r_I)^2}{b} \right] + \frac{2A^2}{\overline{a}_1^2} \right\} \cdot$$

$$(7.40)$$

$$\left\{ \left[A^2 \, (\sigma_d^2 + k_1 \sigma_s^2 r_I)^2 + 2b\Gamma^2 + A^2 k_1^2 \sigma_s^4 r_Q^2 \right] \cdot \right.$$

$$\left. \exp\left[-\frac{A^2}{2\Gamma^2} \left(\sigma_s^2 - \frac{k_1^2 \sigma_s^4}{b} \right) r_Q^2 \right] \right\}$$

其中，假定 $\overline{a}_1^2 \gg \sigma_s^2$，因此有

$$f(A) \approx \frac{8A^3}{\overline{a}_1^4} \exp\left(-\frac{2A^2}{\overline{a}_1^2} \right) \tag{7.41}$$

式（7.41）关于 r_Q 积分，得到 H_0 条件下 r_I 的概率密度函数为

$$f(r_I \mid H_0, \Omega_0, A) = \int_{-\infty}^{\infty} f(r_I, r_Q \mid H_0, \Omega_0, A)\, \mathrm{d}r_Q = \frac{1}{2\sqrt{\pi}} p\exp(-q) \quad (7.42)$$

其中，

$$p = \frac{\sqrt{k_1^2 R_1 + (2 + R_1) R_{ds}}}{(k_1^2 + R_{ds} + 2R_{ds}/R_1)^3 \sqrt{R_0(2 + R_1)}} \cdot$$

$$\left[2R_0 k_1^2 r_I^2 + 4k_1 R_0 R_{ds} r_I + \frac{k_1^4 R_1}{2 + R_1} + 3R_{ds} k_1^2 + \frac{R_{ds}^2(2 + R_1 + 2R_0 R_1)}{R_1} \right] \quad (7.43)$$

$$q = \frac{R_0 \left[R_1(R_1 + 2) r_I^2 - 2k_1 R_1^2 r_I + k_1^2 R_1(R_1 - 2) - 4R_{ds} \right]}{k_1^2 R_1^2 + R_{ds}(R_1^2 + 2R_1)} \quad (7.44)$$

$$R_0 = \frac{A^2}{2\sigma_s^2} \quad (7.45)$$

$$R_1 = \frac{\overline{a_1}^2}{2\sigma_s^2} \quad (7.46)$$

$$R_{ds} = \frac{\sigma_d^2}{\sigma_s^2} \quad (7.47)$$

图 7.4 给出了不同信噪比下的 r_I 概率密度函数。从图 7.4 中，可以看出，当 $R_1 \gg 1$ 时，r_I 的概率密度函数关于趋近于 k_1 的某一值对称分布。因此，当 $R_1 \gg 1$ 时，$\mathrm{E}(r_I \mid H_0, \Omega_0, A) \approx k_1$。

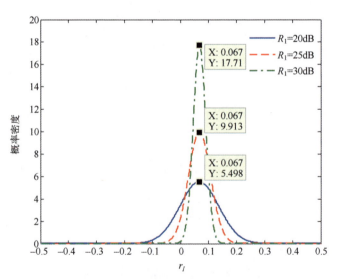

图 7.4 三种场景下的 r_I 概率密度函数（$k_1 = 0.0677$，$R_{ds} = 0\mathrm{dB}$）

7.3.1.2 H_1 下的单脉冲比实部分布

H_1 条件下，箔条质心干扰存在，目标所在距离单元的和通道 I 支路信号可表示为

$$s_I = x_1 + x_2 + n_{sI} \tag{7.48}$$

其中，$x_2 = a_2 \cos\varphi_2$，a_2、φ_2 分别为干扰信号幅度和相位，φ_2 服从 $[0, 2\pi]$ 均匀分布。

假定箔条云 RCS 服从 Swerling Ⅱ 起伏模型[19]，箔条干扰回波幅度 a_2 的概率密度函数可表示为

$$f(a_2) = \frac{a_2}{\bar{a}_2^2} \exp\left(-\frac{a_2^2}{2\bar{a}_2^2}\right) \tag{7.49}$$

其中，$E(a_2^2) = 2\bar{a}_2^2$。根据式（7.41）容易证明：x_2、y_2 服从均值为 0、方差为 $\bar{a}_2^2$ 的高斯分布，记为 $y_2 \sim \mathcal{N}(0, \bar{a}_2^2)$，$x_2 \sim \mathcal{N}(0, \bar{a}_2^2)$。

考虑 x_1、x_2、n_{sI} 之间相互独立，则 s_I 的特征函数为

$$\begin{aligned}
\Phi_{s_I}(\omega) &= \Phi_{x_1}(\omega) \cdot \Phi_{x_2}(\omega) \cdot \Phi_{n_{sI}}(\omega) \\
&= \left(1 - \frac{\bar{a}_1^2 \omega^2}{8}\right) \exp\left[-\frac{(\bar{a}_1^2 + 4\bar{a}_2^2 + 4\sigma_s^2)\omega^2}{8}\right]
\end{aligned} \tag{7.50}$$

其中，$\Phi_{x_1}(\omega) = (1 - \bar{a}_1^2\omega^2/8)\exp(-\bar{a}_1^2\omega^2/8)$、$\Phi_{x_2}(\omega) = \exp(-\bar{a}_2^2\omega^2/2)$、$\Phi_{n_{sI}}(\omega) = \exp(-\sigma_s^2\omega^2/2)$ 分别为 x_1、x_2 和 n_{sI} 的特征函数。对式（7.50）进行快速傅里叶变换，得到 s_I 的概率密度函数为

$$\begin{aligned}
f(s_I) &= \frac{1}{2\pi}\int_{-\infty}^{\infty} \Phi_{s_I}(\omega)\exp(-j\omega s_I)\,d\omega \\
&= \frac{1}{\sqrt{2\pi\gamma}}\left(\frac{4\bar{a}_1^2 s_I^2}{\gamma^2} - \frac{\bar{a}_1^2}{\gamma} + 2\right)\exp\left(-\frac{2s_I^2}{\gamma}\right)
\end{aligned} \tag{7.51}$$

其中，$\gamma = \bar{a}_1^2 + 4\bar{a}_2^2 + 4\sigma_s^2$。

由式（7.51）可得，$E(s_I) = 0$，$D(s_I) = \sigma_{s_I}^2 = \bar{a}_1^2/2 + \bar{a}_2^2 + \sigma_s^2$，其中，$E(\cdot)$ 表示取均值，$D(\cdot)$ 表示取方差。

同理，可推导得到

$$f(d_I) = \frac{1}{\sqrt{2\pi\chi}}\left(\frac{4k_1^2\bar{a}_1^2 d_I^2}{\chi^2} - \frac{k_1^2\bar{a}_1^2}{\chi} + 2\right)\exp\left(-\frac{2d_I^2}{\chi}\right) \tag{7.52}$$

其中，$\chi = k_1^2\bar{a}_1^2 + 4k_2^2\bar{a}_2^2 + 4\sigma_d^2$，$k_2 = G_\Delta(\theta_2)/G_\Sigma(\theta_2)$ 为干扰信号方位向到达角，$G_\Delta(\theta_2)$、$G_\Sigma(\theta_2)$ 分别为差、和波束在方位角 θ_2 方向的电压增益。由式（7.52）可求得 $E(d_I) = 0$，$D(d_I) = k_1^2\bar{a}_1^2/2 + k_2^2\bar{a}_2^2 + \sigma_d^2$。

采用相同的推导思路，容易证明：和通道 Q 支路信号 s_Q 与 s_I 具有相同的

概率密度函数，差通道 Q 支路信号 d_I 与 d_Q 具有相同的概率密度函数。

雷达根据单脉冲比实部计算目标角度，但结合式（7.40）、式（7.51）、式（7.52）可以发现，通过理论推导，难以得到单脉冲比实部 r_I 的概率密度函数解析表达式。受文献［20］中的概率密度函数近似思想的启发，通过仿真对比，我们发现 s_I 的概率密度函数与具有相同均值和方差的高斯分布具有较高的相似度，如图 7.5 所示（图 7.5 中 SNR 表示信噪比，ISR 表示干信比）。同样，s_Q、d_I、d_Q 的概率密度函数也均可用高斯分布来近似。因此，为了便于得到 r_I 的概率密度函数解析表达式，下面将采用高斯分布来近似表示 s_I、d_I 的概率密度函数，即

$$f(s_I) \approx f_A(s_I) = \frac{1}{\sqrt{2\pi\gamma}} \exp\left(-\frac{2s_I^2}{\gamma}\right) \tag{7.53}$$

$$f(d_I) \approx f_A(d_I) = \frac{1}{\sqrt{2\pi\chi}} \exp\left(-\frac{2d_I^2}{\chi}\right) \tag{7.54}$$

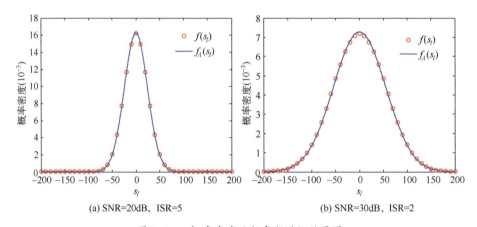

(a) SNR=20dB，ISR=5   (b) SNR=30dB，ISR=2

图 7.5　s_I 概率密度函数高斯近似效果图

令 $\Omega_1 = \{\bar{a}_1 \quad \bar{a}_2 \quad k_1 \quad k_2 \quad \sigma_s \quad \sigma_d\}$，$H_1$ 下的 r_I 概率密度函数为

$$f(r_I | H_1, A, \Omega_1) = \mathcal{N}\left(\frac{k_1 R_1 + k_2 R_2}{R_1 + R_2 + 1}, \sigma_1^2\right) \tag{7.55}$$

其中，$\sigma_1^2 = \xi/(2R_0)$，$\xi = \sigma_d^2/\sigma_s^2 + (R_1 k_1^2 + R_2 k_2^2 + R_1 R_2 (k_1 - k_2)^2)/(R_1 + R_2 + 1)$，$R_2 = \mathrm{E}(a_2^2)/(2\sigma_s^2) = \bar{a}_2^2/\sigma_s^2$ 为干噪比，式（7.55）的详细推导见文献［5］。

7.3.1.3　检测性能

由式（7.44）、式（7.55）可知，导引头箔条质心干扰检测性能由 H_0、H_1 下 r_I 的均值和方差决定。H_0、H_1 下 r_I 的均值不同，在两种假设下的 r_I 均

值一定时，两种假设下 r_I 的方差越小，导引头箔条质心干扰检测性能越好。为了降低 r_I 在 H_0 和 H_1 下的方差，我们对多次观测得到的单脉冲比实部 r_I 进行平均，即

$$\bar{r}_I = \frac{1}{M}\sum_{i=1}^{M}r_{Ii} \tag{7.56}$$

其中，M 为观测次数，r_{Ii} 为第 i 次观测得到的单脉冲比实部。由于 Swerling Ⅱ 和 Swerling Ⅳ 均为快起伏模型，$\{r_{Ii}\}$，$i=1,2,\cdots,M$ 各元素之间相互独立，为此，$\bar{r}_I$ 在 H_0 和 H_1 下的概率密度函数可分别表示为

$$f(\bar{r}_I\,|\,H_0,A,\Omega_0) = \frac{1}{M}f(r_{I1}\,|\,H_0,A_1,\Omega_0)*\cdots*f(r_{IM}\,|\,H_0,A_M,\Omega_0) \tag{7.57}$$

$$f(\bar{r}_I\,|\,H_1,A,\Omega_1) = \mathcal{N}(\mu_1,\sigma_1^2/M) \tag{7.58}$$

其中，$A=[A_1,\cdots,A_M]$，A_i 为第 i 个脉冲观测得到的信号幅度，$*$ 表示卷积，$\mu_1=(k_1R_1+k_2R_2)/(R_1+R_2+1)$。

根据式（7.57）、式（7.58），选择 $\bar{r}_I$ 作为检验统计量，判决表达式为

$$\bar{r}_I \underset{H_0}{\overset{H_1}{\gtrless}} \eta \tag{7.59}$$

其中，η 为检测门限。

假定垂直于弹目视线的干扰目标间距为 d，根据目标、干扰以及波束轴三者之间的相对位置，可组成四种不同的场景，如图 7.6 所示。其中，当目标或干扰在波束轴左边时，角度为正；目标或干扰在波束轴右边时，角度为负。

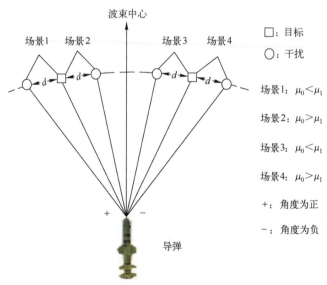

图 7.6　四种场景下的目标、干扰与波束轴的相对位置关系

对于场景 1 和场景 3，$\mu_0 < \mu_1$，虚警概率可表示为

$$P_f = \int_\eta^\infty f(\bar{r}_I \mid H_0, A, \Omega_0) \mathrm{d}\bar{r}_I, \quad \mu_0 < \mu_1 \qquad (7.60)$$

对于场景 2 和场景 4，$\mu_0 > \mu_1$，虚警概率可表示为

$$P_f = \int_{-\infty}^\eta f(\bar{r}_I \mid H_0, A, \Omega_0) \mathrm{d}\bar{r}_I, \quad \mu_0 > \mu_1 \qquad (7.61)$$

四种场景下，雷达箔条质心干扰检测概率均为

$$P_d = Q\left[\frac{\sqrt{M} \mid \eta - \mu_1 \mid}{\sigma_1}\right] \qquad (7.62)$$

值得注意的是，尽管场景 1 和场景 3 具有相同的检测门限，但两种场景下的检测概率不同，因为两种场景下的 k_1、k_2、R_1、R_2 取值均不相同。同理，场景 2 和场景 4 具有相同的检测门限，但具有不同的检测概率。从图 7.6 中可以得到：场景 1 与场景 4 具有相同的检测概率，场景 2 与场景 3 具有相同的检测概率。如果目标处于波束轴上，则场景 1 与场景 3 重合，场景 2 与场景 4 重合，此时，在 d 给定的情况下，四种场景具有相同的检测概率。

7.3.2 GPS/INS 辅助的箔条质心干扰检测

从式 (7.57)、式 (7.58) 可以看到，检测门限的设定对箔条质心干扰检测至关重要。式 (7.40)、式 (7.51)、式 (7.52) 共同表明，在虚警概率一定时，检测门限由 k_1 和 SNR 共同决定。因此，对目标方位到达角和 SNR 的准确估计是检测箔条质心干扰的关键。本节中，目标当前时刻的方位角（下文中，当前时刻记为 t 时刻）将通过综合利用前一秒时刻（下文中，当前时刻的前一秒时刻记为 $t-1$ 时刻）、t 时刻 GPS/INS 测量信息和 $t-1$ 时刻雷达的测量信息来估计；信噪比 SNR 将根据 $t-1$ 时刻观测信噪比通过最大似然估计来得到。基于估计的目标方位角和 SNR，计算得到检测门限，然后用于检验判决。在估计目标方位角时，涉及一系列的坐标转换，因此，下面首先介绍一下各坐标系定义及其之间的转换关系。

7.3.2.1　坐标系定义

地心惯性坐标：原点 O_e 为地球质心，$O_e X_e$ 轴、$O_e Y_e$ 轴位于国际协议赤道平面内，指向确定的恒星或不随着地球自转而变化的固定指向；$O_e Z_e$ 轴与地球自转轴重合，指向北极，与 $O_e X_e$ 轴、$O_e Y_e$ 轴构成右手系。

弹体惯性坐标系：原点 O_i 为导弹质心，$O_i X_i$、$O_i Y_i$、$O_i Z_i$ 轴方向分别与地心惯性坐标系 $O_e X_e$、$O_e Y_e$、$O_e Z_e$ 轴方向一致。

弹体坐标系：原点 O_b 为导弹质心，$O_b Y_b$ 轴与弹体纵对称轴一致，指向弹

头方向；O_bZ_b 轴垂直于 O_bY_b 轴，且位于导弹纵对称面内，指向上方，O_bX_b 轴与 O_bY_b、O_bZ_b 构成右手系。

天线坐标系：原点 O_a 为天线中心，O_aY_a 轴与天线轴向一致，向前为正，O_aZ_a 轴与 O_aY_a 轴垂直，且位于导弹纵对称面内，指向上方，O_aX_a 轴与 O_aY_a、O_aZ_a 轴构成右手系。

导弹在弹体惯性坐标系下的姿态角为 $(\alpha,\beta,\varepsilon)$，其中，$\alpha$ 为方位角，β 为俯仰角，ε 为横滚角。天线在弹体坐标系下的姿态角为 $(\alpha_A,\beta_A,\varepsilon_A)$，则从弹体惯性坐标系到天线坐标系的转换矩阵为

$$C_i^a = C_b^a C_i^b = T_Y(\varepsilon_A) \cdot T_X(\beta_A) \cdot T_Z(\alpha_A) \cdot T_Y(\varepsilon) \cdot T_X(\beta) \cdot T_Z(\alpha) \quad (7.63)$$

其中，C_b^a 为弹体坐标系到天线坐标系的转换矩阵，C_i^b 为弹体惯性坐标系到弹体坐标系的转换矩阵，

$$T_Y(\varepsilon) = \begin{bmatrix} \cos\varepsilon & 0 & -\sin\varepsilon \\ 0 & 1 & 0 \\ \sin\varepsilon & 0 & \cos\varepsilon \end{bmatrix} \quad (7.64)$$

$$T_X(\beta) = \begin{bmatrix} 1 & 0 & 0 \\ 0 & \cos\beta & \sin\beta \\ 0 & -\sin\beta & \cos\beta \end{bmatrix} \quad (7.65)$$

$$T_Z(\alpha) = \begin{bmatrix} \cos\alpha & \sin\alpha & 0 \\ -\sin\alpha & \cos\alpha & 0 \\ 0 & 0 & 1 \end{bmatrix} \quad (7.66)$$

同时可以证明，从天线坐标系到弹体惯性坐标系的转换矩阵。

7.3.2.2 目标到达角估计

箔条云的散开时间与雷达距离分辨率以及导弹与箔条云之间的径向速度有关，具体可表示为[19]

$$t_d \leqslant \frac{c}{2Bv_r} \quad (7.67)$$

其中，c 为光速，B 为雷达带宽，v_r 为导弹与箔条云之间的径向速度。对于反舰导弹，舰船释放的箔条云散开时间通常较短（10^{-1}s 量级[19]）。例如，$B=5\text{MHz}$，$v_r=300\text{m/s}$，则 $t_d \leqslant 0.1$。这样，若箔条云在 t 时刻刚稳定形成，则在 $t-1$ 时刻，箔条尚未释放。而在 1s 时间内，相对于弹目距离，舰船的位置变化可忽略，因此，t 时刻目标在天线坐标系下的位置可根据 $t-1$ 时刻与 t 时刻 GPS/INS 提供导弹的位置、速度、姿态和 $t-1$ 时刻雷达提供的弹目相对位置解算得到。需要说明的是，我们选择时间间隔为 1s 只是一种示例，事实上，时间间隔大于箔条散开时间即可，且越短越好。下面来求解 t 时刻目标在天线坐标系下的位置。

$t-1$ 时刻，箔条质心干扰尚未释放，雷达可稳定跟踪目标，此时，导引头

测得的目标位置为$[R(t-1)\quad\theta_a(t-1)\quad\psi_a(t-1)]^T$，其中，$R(t-1)$为弹目距离，$\theta_a(t-1)$、$\psi_a(t-1)$分别为目标在天线坐标系下的方位角和俯仰角。$t-1$时刻，目标在天线坐标系下的坐标可表示为

$$\begin{bmatrix} x_a^t(t-1) \\ y_a^t(t-1) \\ z_a^t(t-1) \end{bmatrix} = \begin{bmatrix} R(t-1)\cos\psi_a(t-1)\cos\theta_a(t-1) \\ R(t-1)\cos\psi_a(t-1)\sin\theta_a(t-1) \\ R(t-1)\sin\psi_a(t-1) \end{bmatrix} \tag{7.68}$$

将目标位置从天线坐标系下换算到弹体惯性坐标系下，有

$$\begin{bmatrix} x_i^t(t-1) \\ y_i^t(t-1) \\ z_i^t(t-1) \end{bmatrix} = \boldsymbol{C}_a^i \begin{bmatrix} x_a^t(t-1) \\ y_a^t(t-1) \\ z_a^t(t-1) \end{bmatrix} \tag{7.69}$$

$t-1$时刻，GPS/INS测得导弹在地心惯性坐标系下的位置为$[x_e^m(t-1)\quad y_e^m(t-1)\quad z_e^m(t-1)]^T$（GPS/INS测量精度较高，测量误差可忽略[14-15]），则$t-1$时刻，目标在地心惯性坐标系下的位置为

$$\begin{bmatrix} x_e^t(t-1) \\ y_e^t(t-1) \\ z_e^t(t-1) \end{bmatrix} = \begin{bmatrix} x_e^m(t-1) \\ y_e^m(t-1) \\ z_e^m(t-1) \end{bmatrix} + \begin{bmatrix} x_i^t(t-1) \\ y_i^t(t-1) \\ z_i^t(t-1) \end{bmatrix} \tag{7.70}$$

t时刻，惯导测得的导弹在地心惯性坐标系下的位置为$[x_e^m(t)\quad y_e^m(t)\quad z_e^m(t)]^T$，则

$$\begin{bmatrix} x_e^m(t) \\ y_e^m(t) \\ z_e^m(t) \end{bmatrix} = \begin{bmatrix} x_e^m(t-1) \\ y_e^m(t-1) \\ z_e^m(t-1) \end{bmatrix} + \begin{bmatrix} v_x^m(t-1) \\ v_y^m(t-1) \\ v_z^m(t-1) \end{bmatrix} \tag{7.71}$$

其中，$\boldsymbol{V} = [v_x^m(t-1)\quad v_y^m(t-1)\quad v_z^m(t-1)]^T$为$t-1$时刻GPS/INS测得的导弹在地心惯性坐标系下的速度向量。

由于地球的自转，t时刻，目标在地心惯性坐标系下的位置为

$$\begin{bmatrix} x_e^t(t) \\ y_e^t(t) \\ z_e^t(t) \end{bmatrix} = \begin{bmatrix} \dfrac{\cos(\theta_e(t-1)+\omega_{ie}\Delta t)}{\cos(\theta_e(t-1))} & 0 & 0 \\[3mm] 0 & \dfrac{\sin(\theta_e(t-1)+\omega_{ie}\Delta t)}{\sin(\theta_e(t-1))} & 0 \\[3mm] 0 & 0 & 1 \end{bmatrix} \begin{bmatrix} x_e^t(t-1) \\ y_e^t(t-1) \\ z_e^t(t-1) \end{bmatrix}$$

$$= \boldsymbol{W} \begin{bmatrix} x_e^t(t-1) \\ y_e^t(t-1) \\ z_e^t(t-1) \end{bmatrix} \tag{7.72}$$

其中，ω_{ie} 为地球自转角速率，$\Delta t = 1$，

$$\theta_e(t-1) = \begin{cases} -\pi + \arctan\left(\dfrac{y_e^t(t-1)}{x_e^t(t-1)}\right), & x_e^t(t-1) < 0 , \ y_e^t(t-1) < 0 \\[3mm] \pi + \arctan\left(\dfrac{y_e^t(t-1)}{x_e^t(t-1)}\right), & x_e^t(t-1) < 0 , \ y_e^t(t-1) > 0 \\[3mm] \arctan\left(\dfrac{y_e^t(t-1)}{x_e^t(t-1)}\right), & \text{其他} \end{cases} \quad (7.73)$$

根据式（7.71）、式（7.72）可得，t 时刻，目标在弹体惯性坐标系下的位置为

$$\begin{bmatrix} x_i^t(t) \\ y_i^t(t) \\ z_i^t(t) \end{bmatrix} = \begin{bmatrix} x_e^t(t) \\ y_e^t(t) \\ z_e^t(t) \end{bmatrix} - \begin{bmatrix} x_e^m(t) \\ y_e^m(t) \\ z_e^m(t) \end{bmatrix} \quad (7.74)$$

将目标位置从弹体惯性坐标系转换到天线坐标系，则 t 时刻，目标在天线坐标系下的位置为

$$\begin{bmatrix} x_a^t(t) \\ y_a^t(t) \\ z_a^t(t) \end{bmatrix} = \boldsymbol{C}_i^a \begin{bmatrix} x_i^t(t) \\ y_i^t(t) \\ z_i^t(t) \end{bmatrix} \quad (7.75)$$

根据目标在天线坐标系下的位置，可解算出目标在天线坐标系下的方位角为

$$\theta_a(t) = \begin{cases} -\pi + \arctan\left(\dfrac{y_a^t(t)}{x_a^t(t)}\right), & y_a^t(t) < 0 , \ x_a^t(t) < 0 \\[3mm] \pi + \arctan\left(\dfrac{y_a^t(t)}{x_a^t(t)}\right), & y_a^t(t) > 0 , \ x_a^t(t) < 0 \\[3mm] \arctan\left(\dfrac{y_a^t(t)}{x_a^t(t)}\right), & \text{其他} \end{cases} \quad (7.76)$$

最终方位向目标与波束中心夹角为

$$\hat{\theta}_1(t) = \begin{cases} \dfrac{3\pi}{2} + \theta_a(t), & -\pi < \theta_a(t) < -\dfrac{\pi}{2} \\[3mm] \theta_a(t) - \dfrac{\pi}{2}, & \text{其他} \end{cases} \quad (7.77)$$

结合上述推导过程，图 7.7 给出了箔条质心干扰条件下 GPS/INS、末制导雷达联合估计目标方位角的流程图。

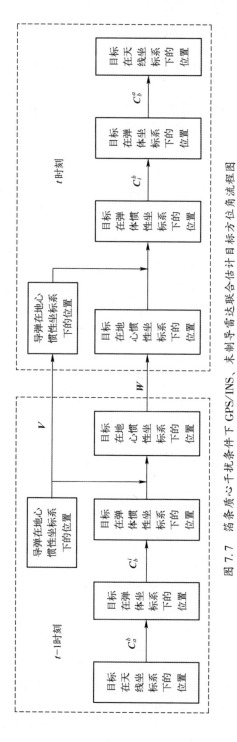

图 7.7 箔条质心干扰条件下 GPS/INS、末制导雷达联合估计目标方位角流程图

7.3.2.3　信噪比估计

$t-1$ 时刻，当 $R_1 \gg 1$ 时，雷达接收信号幅度 A 的概率密度函数为

$$f(A) \approx \frac{8A^3}{\overline{a}_1^4} \exp\left(-\frac{2A^3}{\overline{a}_1^2}\right) \tag{7.78}$$

由 $R_0 = A^2/(2\sigma_s^2)$，经变量替换可得 $t-1$ 时刻信噪比 R_0 的概率密度函数为

$$f(R_0 \mid R_1, \overline{a}_1) = \frac{4R_0}{R_1^2} \exp\left(-\frac{2R_0}{R_1}\right) \tag{7.79}$$

其中，$\mathrm{E}(R_0) = R_1$。

对 $t-1$ 时刻附近的连续 M 个观测信噪比进行平均，估计得到 t 时刻的信噪比为

$$\hat{R}_1(t) = \frac{1}{M} \sum_{i=1}^{M} R_{0i}(t-1) \tag{7.80}$$

其中，$R_{0i}(t-1)$ 表示 $t-1$ 时刻附近的第 i 个脉冲回波的观测信噪比。

将由式（7.80）估计得到的信噪比代入式（7.57），然后结合式（7.60）、式（7.61），采用插值的方法可得到检测门限，将 t 时刻的单脉冲比实部与检测门限进行对比，即可判断是否存在箔条质心干扰。

7.3.3　仿真结果与分析

以图 7.6 中的场景 1 和场景 2 为例，本节采用蒙特卡洛仿真方法分析基于 GPS/INS 辅助的导引头箔条质心干扰检测性能，同时，分析垂直于弹目视线的干扰与目标间距 d、干扰与目标 RCS 比值 σ_r 对干扰检测性能的影响。其中，蒙特卡洛仿真次数为 20000 次，具体仿真参数设置如表 7.1 所示。

表 7.1　箔条质心干扰检测仿真相关参数

类型	参数	取值	参数	取值
雷达参数	脉冲重复频率	1kHz	差、和通道噪声功率比	0dB
	半功率波束宽度	4°	带宽	2MHz
$t-1$ 时刻 GPS/INS 测量信息	GICS 下导弹位置	(18000m, 6371050m, 0)	BICS 下导弹姿态角	$(-90°, 90°, 0°)$
	GICS 下导弹速度	$(-300\mathrm{m/s}, 0, 0)$	BCS 下天线姿态角	$(1°, 0°, 0°)$
$t-1$ 时刻导引头测量信息	弹目距离	18km	ACS 下目标方位、俯仰角	$(90.5°, -0.15°)$
箔条质心干扰参数	释放时刻	$t-0.75\mathrm{s}$	散开时间	0.25s
	目标与干扰间距	[200m, 600m]	干扰与目标 RCS 比值	[2, 10]
t 时刻 GPS/INS 测量信息	BICS 下导弹姿态角	$(-89°, 90°, 0°)$	BCS 下天线姿态角	$(1°, 0°, 0°)$

令 $P_f = 10^{-3}$，$M = 2$，结合式（7.40）、式（7.51）、式（7.52），通过插值得到的检测门限如图 7.8 所示。当 $\mu_0 < \mu_1$ 时，SNR 越大，检测门限越低；当 $\mu_0 > \mu_1$ 时，SNR 越大，检测门限越高。$R_1 \gg 1$ 时，H_0 条件下 r_t 的概率密度函数关于 k_1 近似对称分布，因此，由式（7.51）、式（7.52）计算得到的检测门限关于 k_1 近似对称，如图 7.8 所示，其中，$k_1 = 0.0677$。随着 R_1 的逐渐增大，两种场景下的检测门限逐渐趋近于 k_1。

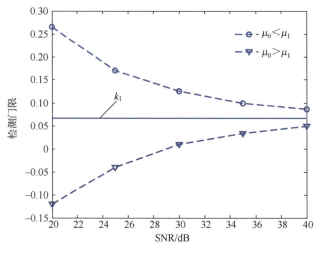

图 7.8　通过插值得到的检测门限

t 时刻，通过理论推导和蒙特卡洛仿真分别得到的箔条质心干扰检测性能如图 7.9 所示。蒙特卡洛仿真过程中，统计得到的实际虚警概率如图 7.10 所示。从图 7.9 可以看出，仿真得到的检测性能与理论检测性能吻合得较好。图 7.10 表明，仿真过程中的实际虚警概率保持在 10^{-3} 左右，与理论虚警概率相符。根据文献［18］提供的舰船 RCS 以及文献［21］提供的海面散射系数，可以估算得到：在 3 级海况下，文献［18］中的舰船的信噪比约为 35dB。此时，$\sigma_r = 2$、5、10 对应的箔条质心干扰检测概率分别为 0.842，0.985，0.994。可见，对于常规舰船释放的箔条质心干扰，采用本书提出的方法能够以较高的概率检测到箔条质心干扰。由于检测概率随着目标信噪比单调递增，如图 7.9 所示，可以推测：大型舰船释放的箔条质心干扰将更容易被检测到，但对于小型舰船释放的箔条质心干扰，由于巡逻艇信噪比较低，检测到箔条质心干扰的概率将较低。

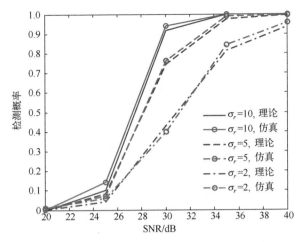

图7.9　理论推导和蒙特卡洛仿真得到的箔条
质心干扰检测概率（$d=200\text{m}$，$\mu_0 < \mu_1$）

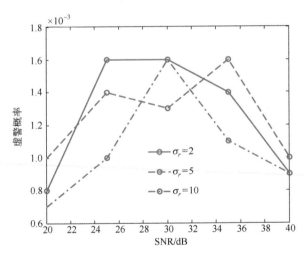

图7.10　实际仿真中的虚警概率（$d=200\text{m}$，$\mu_0 < \mu_1$）

　　图7.11、图7.12分别给出了场景1和场景2下σ_r、d对导引头箔条质心干扰检测性能的影响效果。图7.11说明，导引头干扰检测概率随着σ_r的增加而增加。由于场景1和场景2下的R_2、k_2均不相同，因此，两种场景下的检测概率不同，且大部分情况下，场景2下的检测性能优于场景1下的检测性能。

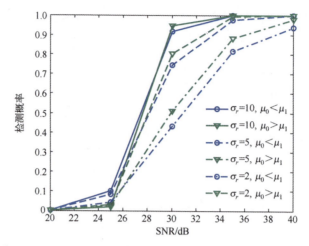

图 7.11　不同 σ_r 下的箔条质心干扰理论检测性能（$d=200\text{m}$）

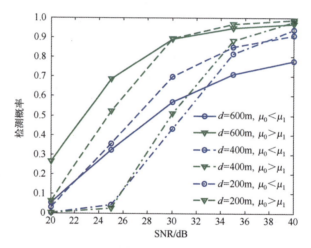

图 7.12　不同 d 下的箔条质心干扰理论检测性能（$\sigma_r=2$）

7.4　极化斜投影抗箔条质心干扰方法

目前，国外关于末制导雷达抗箔条质心干扰技术的研究报道较少。国内学者立足于不同的雷达体制，提出了一系列箔条干扰鉴别方法[22-24]，但由于箔条质心干扰信号与目标信号混叠在一起，这些鉴别方法无法抗箔条质心干扰。极化滤波技术能够较好地抑制干扰，但其需要目标与干扰极化状态先验信息，且干扰抑制性能受先验信息误差影响明显[25]，当目标极化状态与干扰极化状态不正交时，极化滤波还会导致目标信号失真。美国 Cirrus Logic 公司提出将斜投影技术用于反舰导弹末制导雷达抗箔条质心干扰，但文中缺乏对斜投影抗干扰性能的深入分析[26]。斜投影是正交投影的扩展，当两子空间不相关时，斜投影能将其中一个子空间的信号完全抑制，同时，无失真地保留另一子空间的信号[27]。为此，斜投影技术备受关注，并在通信和图形处理等方面得到广泛应用[28-32]。哈尔滨工业大学假定目标或干扰极化相位描述子已知，提出采用斜投影算法抑制高频雷达干扰[33-34]。理论上，当目标、干扰极化相位描述子精确已知时，斜投影处理具有较好的干扰抑制效果；而实际中，斜投影的干扰抑制性能与目标、干扰极化相位描述子未知。

　　本节提出了双极化雷达斜投影抗箔条质心干扰方法。首先通过理论推导和几何解释，证明了斜投影输出干信比、测角误差与目标极化相位描述子估计误差无关，与干扰极化相位描述子估计误差有关。然后利用箔条质心干扰 RCS 为目标 RCS 若干倍这一特征，通过雷达多次观测回波估计箔条质心干扰极化协方差。接着根据估计得到的干扰极化协方差和随意选取的目标极化相位描述子来估计斜投影算子，最后对雷达接收信号进行斜投影处理，实现箔条质心干扰抑制。其中，重点分析了目标、干扰极化相位描述子存在估计误差情况下斜投影输出目标、干扰信号误差，推导得到了斜投影输出干信比、单脉冲比误差与目标、干扰极化相位描述子及其估计误差之间的解析表达式，仿真验证了理论推导的正确性以及斜投影抗箔条质心干扰方法的有效性。

7.4.1　极化斜投影算子构建

　　双极化雷达采用水平极化发射，水平和垂直极化同时接收。箔条质心干扰条件下，雷达和通道接收信号可表示为

$$S_r = S_t + S_i \tag{7.81}$$

其中，目标回波 S_t 和箔条质心干扰 S_i 可分别表示为

$$S_t = \begin{bmatrix} S_t^{HH} \\ S_t^{HV} \end{bmatrix} = \begin{bmatrix} \cos\gamma_t \\ \sin\gamma_t \mathrm{e}^{\mathrm{j}\delta_t} \end{bmatrix} A_t \mathrm{e}^{\mathrm{j}\varphi_t} = Ss_t \tag{7.82}$$

$$S_i = \begin{bmatrix} S_i^{HH} \\ S_i^{HV} \end{bmatrix} = \begin{bmatrix} \cos\gamma_i \\ \sin\gamma_i \mathrm{e}^{\mathrm{j}\delta_i} \end{bmatrix} A_i \mathrm{e}^{\mathrm{j}\varphi_i} = Is_i \tag{7.83}$$

其中，

$$S = \begin{bmatrix} \cos\gamma_t \\ \sin\gamma_t \mathrm{e}^{\mathrm{j}\delta_t} \end{bmatrix} \tag{7.84}$$

$$I = \begin{bmatrix} \cos\gamma_i \\ \sin\gamma_i \mathrm{e}^{\mathrm{j}\delta_i} \end{bmatrix} \tag{7.85}$$

分别为目标、箔条干扰极化相位描述子 (γ_t, δ_t)、(γ_i, δ_i) 构成的子空间，γ_t、γ_i 分别为目标、干扰极化角，δ_t、δ_i 分别为目标、干扰极化角相差，$s_t = A_t \mathrm{e}^{\mathrm{j}\varphi_t}$，$s_i = A_i \mathrm{e}^{\mathrm{j}\varphi_i}$，$A_t$、$A_i$ 分别为不考虑极化时目标、干扰回波幅度，φ_t、φ_i 分别为不考虑极化时目标、干扰回波相位。

若目标、干扰极化子空间 S、I 均为列满秩向量，当目标与干扰的极化角、极化角相差不同时相等时，S 与 I 线性无关，则 S、I 分别张成的子空间 span S 与 span I 无交连。此时，可定义沿着子空间 span S 到子空间 span I 的斜投影算子为[26]

$$E_{SI} = \begin{bmatrix} S & 0 \end{bmatrix} \begin{bmatrix} S^{\mathrm{H}}S & S^{H}I \\ I^{\mathrm{H}}S & I^{\mathrm{H}}I \end{bmatrix} \begin{bmatrix} S^{\mathrm{H}} \\ I^{\mathrm{H}} \end{bmatrix} \tag{7.86}$$

式（7.86）可化简为

$$E_{SI} = S(S^{\mathrm{H}}P_I^{\perp}S)^{-1}S^{\mathrm{H}}P_I^{\perp} \tag{7.87}$$

其中，$P_I^{\perp} = E - \boldsymbol{\Phi}/\mathrm{tr}(\boldsymbol{\Phi})$ 为干扰子空间 I 的正交投影算子，E 为 2×2 的单位矩阵，$\boldsymbol{\Phi} = II^{\mathrm{H}}$ 为干扰极化协方差。当两个子空间正交时，斜投影算子即为正交投影算子。

将式（7.84）、式（7.85）代入式（7.87），得

$$E_{SI} = \begin{bmatrix} g_{11} & g_{12} \\ g_{21} & g_{22} \end{bmatrix} \tag{7.88}$$

其中，

$$g_{11} = \frac{1}{1 - \mathrm{e}^{-\mathrm{j}(\delta_i - \delta_t)}\cot\gamma_i\tan\gamma_t} \tag{7.89}$$

$$g_{12} = \frac{1}{-\mathrm{e}^{\mathrm{j}\delta_i}\tan\gamma_i + \mathrm{e}^{\mathrm{j}\delta_t}\tan\gamma_t} \tag{7.90}$$

$$g_{21} = \frac{1}{-\mathrm{e}^{-\mathrm{j}\delta_i}\cot\gamma_i + \mathrm{e}^{-\mathrm{j}\delta_t}\cot\gamma_t} \tag{7.91}$$

$$g_{22} = \frac{1}{1 - \mathrm{e}^{\mathrm{j}(\delta_i - \delta_t)}\cot\gamma_t\tan\gamma_i} \tag{7.92}$$

根据斜投影算子的性质，有

$$\begin{aligned} E_{SI}S &= S \\ E_{SI}I &= 0_{2\times 1} \end{aligned} \tag{7.93}$$

其中，$0_{2\times 1} = \begin{bmatrix} 0 & 0 \end{bmatrix}^{\mathrm{T}}$。因此，雷达接收信号经斜投影处理后的输出信号可表示为

$$X = E_{SI}[S_t + S_i + n] = S_t + E_{SI}n \tag{7.94}$$

其中，$n = [n^{HH} \quad n^{HV}]^T$，$n^{HH}$、$n^{HV}$ 分别为水平、垂直极化通道接收的杂波与噪声叠加信号。可见，当目标、干扰极化相位描述子已知时，斜投影算子能够在完全抑制箔条干扰信号的同时，无失真地保留目标信号，具有很好的干扰抑制效果。

7.4.2 极化斜投影输出信号误差

实际中，目标、干扰极化相位描述子未知。在对目标、干扰极化相位描述子进行估计时，不同场景、不同估计方法下的估计精度不同[35-36]，但都难免存在估计误差。当目标、干扰极化相位描述子存在估计误差时，构建的斜投影算子也会存在估计误差。这样，斜投影处理后，输出干扰信号存在剩余，目标回波也会失真。下面来具体分析目标、干扰极化相位描述子估计误差对斜投影输出目标、干扰信号的影响效果。

设估计得到的目标、干扰极化相位描述子分别为 $(\hat{\gamma}_t, \hat{\delta}_t)$、$(\hat{\gamma}_i, \hat{\delta}_i)$，$\hat{S} = [\cos\hat{\gamma}_t \quad \sin\hat{\gamma}_t e^{j\hat{\delta}_t}]^T$，$\hat{I} = [\cos\hat{\gamma}_i \quad \sin\hat{\gamma}_i e^{j\hat{\delta}_i}]^T$，则实际中采用的斜投影算子为

$$\hat{E}_{SI} = \hat{S}(\hat{S}^H \hat{P}_I^\perp \hat{S})^{-1}\hat{S}^H \hat{P}_I^\perp = \begin{bmatrix} \hat{g}_{11} & \hat{g}_{12} \\ \hat{g}_{21} & \hat{g}_{22} \end{bmatrix} \tag{7.95}$$

其中，

$$\hat{P}_I^\perp = E - \frac{1}{\mathrm{tr}(\hat{\Phi})}\hat{\Phi} \tag{7.96}$$

$$\hat{\Phi} = \hat{I}\hat{I}^H \tag{7.97}$$

$$\hat{g}_{11} = \frac{1}{1 - e^{-j(\hat{\delta}_i - \hat{\delta}_t)}\cot\hat{\gamma}_i\tan\hat{\gamma}_t} \tag{7.98}$$

$$\hat{g}_{12} = \frac{1}{-e^{j\hat{\delta}_i}\tan\hat{\gamma}_i + e^{j\hat{\delta}_t}\tan\hat{\gamma}_t} \tag{7.99}$$

$$\hat{g}_{21} = \frac{1}{-e^{-j\hat{\delta}_i}\cot\hat{\gamma}_i + e^{-j\hat{\delta}_t}\cot\hat{\gamma}_t} \tag{7.100}$$

$$\hat{g}_{22} = \frac{1}{1 - e^{j(\hat{\delta}_i - \hat{\delta}_t)}\cot\hat{\gamma}_t\tan\hat{\gamma}_i} \tag{7.101}$$

经斜投影处理后的输出目标信号可表示为

$$
\hat{\boldsymbol{S}}_t = \begin{bmatrix} \hat{S}_t^{HH} \\ \hat{S}_t^{HV} \end{bmatrix}
$$

$$
= \begin{bmatrix} \hat{g}_{11}S_t^{HH} + \hat{g}_{12}S_t^{HV} \\ \hat{g}_{21}S_t^{HH} + \hat{g}_{22}S_t^{HV} \end{bmatrix}
$$

$$
= \begin{bmatrix} \dfrac{\cos\gamma_t}{1-e^{-j(\hat{\delta}_i-\hat{\delta}_t)}\cot\hat{\gamma}_i\tan\hat{\gamma}_t} + \dfrac{e^{j\delta_t}\sin\gamma_t}{-e^{j\hat{\delta}_i}\tan\hat{\gamma}_i+e^{j\hat{\delta}_t}\tan\hat{\gamma}_t} \\[4mm] \dfrac{\cos\gamma_t}{-e^{-j\hat{\delta}_i}\cot\hat{\gamma}_i+e^{-j\hat{\delta}_t}\cot\hat{\gamma}_t} + \dfrac{e^{j\delta_t}\sin\gamma_t}{1-e^{j(\hat{\delta}_i-\hat{\delta}_t)}\cot\hat{\gamma}_t\tan\hat{\gamma}_i} \end{bmatrix}
$$

(7.102)

经斜投影处理后的输出干扰信号为

$$
\hat{\boldsymbol{S}}_i = \begin{bmatrix} \hat{S}_i^{HH} \\ \hat{S}_i^{HV} \end{bmatrix}
$$

$$
= \begin{bmatrix} \hat{g}_{11}S_i^{HH} + \hat{g}_{12}S_i^{HV} \\ \hat{g}_{21}S_i^{HH} + \hat{g}_{22}S_i^{HV} \end{bmatrix}
$$

$$
= \begin{bmatrix} \dfrac{\cos\gamma_i}{1-e^{-j(\hat{\delta}_i-\hat{\delta}_t)}\cot\hat{\gamma}_i\tan\hat{\gamma}_t} + \dfrac{e^{j\delta_i}\sin\gamma_i}{-e^{j\hat{\delta}_i}\tan\hat{\gamma}_i+e^{j\hat{\delta}_t}\tan\hat{\gamma}_t} \\[4mm] \dfrac{\cos\gamma_i}{-e^{-j\hat{\delta}_i}\cot\hat{\gamma}_i+e^{-j\hat{\delta}_t}\cot\hat{\gamma}_t} + \dfrac{e^{j\delta_i}\sin\gamma_i}{1-e^{j(\hat{\delta}_i-\hat{\delta}_t)}\cot\hat{\gamma}_t\tan\hat{\gamma}_i} \end{bmatrix} s_r
$$

(7.103)

与理想情况下的斜投影输出信号相比，目标、干扰信号输出误差可分别表示为

$$
\Delta\boldsymbol{S}_t = \hat{\boldsymbol{S}}_t - \boldsymbol{S}_t
$$

$$
= \begin{bmatrix} \cos\gamma_t\left(\dfrac{1}{1-e^{-j(\hat{\delta}_i-\hat{\delta}_t)}\cot\hat{\gamma}_i\tan\hat{\gamma}_t}-1\right) + \dfrac{e^{j\delta_t}\sin\gamma_t}{-e^{j\hat{\delta}_i}\tan\hat{\gamma}_i+e^{j\hat{\delta}_t}\tan\hat{\gamma}_t} \\[4mm] \dfrac{\cos\gamma_t}{-e^{-j\hat{\delta}_i}\cot\hat{\gamma}_i+e^{-j\hat{\delta}_t}\cot\hat{\gamma}_t} + e^{j\delta_t}\sin\gamma_t\left(\dfrac{1}{1-e^{j(\hat{\delta}_i-\hat{\delta}_t)}\cot\hat{\gamma}_t\tan\hat{\gamma}_i}-1\right) \end{bmatrix}
$$

(7.104)

$$
\Delta\boldsymbol{S}_i = \hat{\boldsymbol{S}}_i \qquad (7.105)
$$

由式（7.95）～式（7.105）可以看出，目标、干扰极化相位描述子估计精度决定了 $\hat{g}_{ij}$ 的精度（$i,j=1,2$），最终影响了斜投影输出目标、干扰信号误差，斜投影输出目标、干扰信号误差与目标、干扰极化相位描述子估计误差均有关。下面我们将分析当目标、干扰极化相位描述子估计误差较小时，斜投影输出目标、干扰信号误差与目标、干扰极化相位描述子估计误差之间的近似关系。

因为斜投影输出目标、干扰信号误差由斜投影算子估计误差导致，式（7.104）、式（7.105）中的斜投影输出目标、干扰信号误差又可表示为

$$\Delta S_t = \begin{bmatrix} \Delta S_t^{\mathrm{HH}} \\ \Delta S_t^{\mathrm{HV}} \end{bmatrix} = \begin{bmatrix} \Delta g_{11} & \Delta g_{12} \\ \Delta g_{21} & \Delta g_{22} \end{bmatrix} \begin{bmatrix} S_t^{\mathrm{HH}} \\ S_t^{\mathrm{HV}} \end{bmatrix} \tag{7.106}$$

$$\Delta S_i = \begin{bmatrix} \Delta S_i^{\mathrm{HH}} \\ \Delta S_i^{\mathrm{HV}} \end{bmatrix} = \begin{bmatrix} \Delta g_{11} & \Delta g_{12} \\ \Delta g_{21} & \Delta g_{22} \end{bmatrix} \begin{bmatrix} S_i^{\mathrm{HH}} \\ S_i^{\mathrm{HV}} \end{bmatrix} \tag{7.107}$$

其中，$\Delta g_{ij} = \hat{g}_{ij} - g_{ij}$，$i,j=1,2$。设目标、干扰极化相位描述子估计误差分别为 $(\Delta\gamma_t, \Delta\delta_t)$、$(\Delta\gamma_i, \Delta\delta_i)$，当目标、干扰极化相位描述子估计误差较小时，根据误差传递理论[37]，可将 Δg_{11} 用 $\Delta\gamma_t$、$\Delta\gamma_i$、$\Delta\delta_t$、$\Delta\delta_i$ 线性近似为

$$\Delta g_{11}(\gamma_t, \delta_t, \gamma_i, \delta_i) \approx \left| \frac{\partial g_{11}}{\partial \gamma_t} \right| \Delta\gamma_t + \left| \frac{\partial g_{11}}{\partial \delta_t} \right| \Delta\delta_t + \left| \frac{\partial g_{11}}{\partial \gamma_i} \right| \Delta\gamma_i + \left| \frac{\partial g_{11}}{\partial \delta_i} \right| \Delta\delta_i \tag{7.108}$$

式（7.108）可化简为

$$\begin{aligned}
&\Delta g_{11}(\gamma_t, \delta_t, \gamma_i, \delta_i) \\
&\approx \frac{\mathrm{e}^{\mathrm{j}(\delta_i+\delta_t)}}{\Omega} \big[2\Delta\gamma_t \sin(2\gamma_i) - 2\Delta\gamma_i \sin(2\gamma_t) + \\
&\quad \mathrm{j}(\Delta\delta_t - \Delta\delta_i)\sin(2\gamma_i)\sin(2\gamma_t) \big]
\end{aligned} \tag{7.109}$$

其中，$\Omega = (2\mathrm{e}^{\mathrm{j}\delta_i}\cos\gamma_t\sin\gamma_i - 2\mathrm{e}^{\mathrm{j}\delta_t}\cos\gamma_i\sin\gamma_t)^2$。

同理可求得

$$\begin{aligned}
\Delta g_{12}(\gamma_t, \delta_t, \gamma_i, \delta_i) &\approx \left| \frac{\partial g_{12}}{\partial \gamma_t} \right| \Delta\gamma_t + \left| \frac{\partial g_{12}}{\partial \delta_t} \right| \Delta\delta_t + \left| \frac{\partial g_{12}}{\partial \gamma_i} \right| \Delta\gamma_i + \left| \frac{\partial g_{12}}{\partial \delta_i} \right| \Delta\delta_i \\
&= \frac{1}{\Omega} \big[4\Delta\gamma_i \cos^2\gamma_t \mathrm{e}^{\mathrm{j}\delta_i} - 4\Delta\gamma_t \cos^2\gamma_i \mathrm{e}^{\mathrm{j}\delta_t} - \\
&\quad 2\mathrm{j}\Delta\delta_t \cos^2\gamma_i \sin(2\gamma_t)\mathrm{e}^{\mathrm{j}\delta_t} + \\
&\quad 2\mathrm{j}\Delta\delta_i \cos^2\gamma_t \sin(2\gamma_i)\mathrm{e}^{\mathrm{j}\delta_i} \big]
\end{aligned} \tag{7.110}$$

$$\Delta g_{21}(\gamma_t,\delta_t,\gamma_i,\delta_i) \approx \left|\frac{\partial g_{21}}{\partial \gamma_t}\right|\Delta\gamma_t + \left|\frac{\partial g_{21}}{\partial \delta_t}\right|\Delta\delta_t + \left|\frac{\partial g_{21}}{\partial \gamma_i}\right|\Delta\gamma_i + \left|\frac{\partial g_{21}}{\partial \delta_i}\right|\Delta\delta_i$$

$$= \frac{1}{\Omega}\left[4\Delta\gamma_t\sin^2\gamma_i e^{j(2\delta_i+\delta_t)} + 2j\Delta\delta_t\sin^2\gamma_i\sin(2\gamma_t)\cdot\right.$$

$$e^{j(2\delta_i+\delta_t)} - 4\Delta\gamma_i\sin^2\gamma_t e^{j(\delta_i+2\delta_t)} -$$

$$\left.2j\Delta\delta_i\sin^2\gamma_t\sin(2\gamma_i)e^{j(\delta_i+2\delta_t)}\right]$$

$$(7.111)$$

$$\Delta g_{22}(\gamma_t,\delta_t,\gamma_i,\delta_i) \approx \left|\frac{\partial g_{22}}{\partial \gamma_t}\right|\Delta\gamma_t + \left|\frac{\partial g_{22}}{\partial \delta_t}\right|\Delta\delta_t + \left|\frac{\partial g_{22}}{\partial \gamma_i}\right|\Delta\gamma_i + \left|\frac{\partial g_{22}}{\partial \delta_i}\right|\Delta\delta_i$$

$$= \frac{e^{j(\delta_i+\delta_t)}}{\Omega}\left[-2\Delta\gamma_t\sin(2\gamma_i) + 2\Delta\gamma_i\sin(2\gamma_t) +\right.$$

$$\left.j(\Delta\delta_i-\Delta\delta_t)\sin(2\gamma_i)\sin(2\gamma_t)\right]$$

$$(7.112)$$

将式（7.109）~式（7.112）代入式（7.106）、式（7.107），可得

$$\Delta\boldsymbol{S}_t = \begin{bmatrix} \Delta S_t^{HH} \\ \Delta S_t^{HV} \end{bmatrix}$$

$$= \begin{bmatrix} \dfrac{\Delta\gamma_t}{-\sin\gamma_t+\cos\gamma_t\tan\gamma_i e^{j(\delta_i-\delta_t)}} + \dfrac{-j\cdot\Delta\delta_t}{\sec\gamma_t-\csc\gamma_t\tan\gamma_i e^{j(\delta_i-\delta_t)}} \\ \dfrac{\Delta\gamma_t}{\cos\gamma_t e^{-j\delta_t}-\cot\gamma_i\sin\gamma_t e^{-j\delta_t}} + \dfrac{j\cdot\Delta\delta_t}{\csc\gamma_t e^{-j\delta_t}-\cot\gamma_i\sec\gamma_t e^{-j\delta_t}} \end{bmatrix} \quad (7.113)$$

$$\Delta\boldsymbol{S}_i = \begin{bmatrix} \Delta S_i^{HH} \\ \Delta S_i^{HV} \end{bmatrix}$$

$$= \begin{bmatrix} \dfrac{\Delta\gamma_i}{\sin\gamma_i-\cos\gamma_i\tan\gamma_t e^{-j(\delta_i-\delta_t)}} + \dfrac{j\cdot\Delta\delta_i}{\sec\gamma_i-\csc\gamma_i\tan\gamma_t e^{-j(\delta_i-\delta_t)}} \\ \dfrac{\Delta\gamma_i}{-\cos\gamma_i e^{-j\delta_i}+\cot\gamma_t\sin\gamma_i e^{-j\delta_i}} + \dfrac{-j\cdot\Delta\delta_i}{\csc\gamma_i e^{-j\delta_i}-\cot\gamma_t\sec\gamma_i e^{-j\delta_i}} \end{bmatrix} s_r \quad (7.114)$$

从式（7.113）、式（7.114）可以看到，当$(\Delta\gamma_t,\Delta\delta_t)$、$(\Delta\gamma_i,\Delta\delta_i)$足够小时，无论是水平通道，还是垂直通道，斜投影输出目标信号误差与目标极化相位描述子估计误差有关、与干扰极化相位描述子估计误差无关；斜投影输出干扰信号误差与干扰极化相位描述子估计误差有关、与目标极化相位描述子估计误差无关。值得注意的是，当$(\Delta\gamma_t,\Delta\delta_t)$、$(\Delta\gamma_i,\Delta\delta_i)$较大时，式（7.108）、式（7.110）~式（7.112）中的线性近似不再有效，式（7.113）、

式（7.114）不再成立，此时，应采用式（7.104）、式（7.105）来计算斜投影输出目标和干扰信号误差。

7.4.3 单脉冲比误差

雷达采用振幅和差单脉冲测角方法进行测角。箔条质心干扰条件下的雷达单脉冲比可表示为

$$r_m = \text{Re}\left(\frac{d_m}{s_m}\right) = \text{Re}\left(\frac{\eta_t \alpha_{t,m} e^{j\psi_{t,m}} + \eta_i \alpha_{i,m} e^{j\psi_{i,m}}}{\alpha_{t,m} e^{j\psi_{t,m}} + \alpha_{i,m} e^{j\psi_{i,m}}}\right)$$

$$= \eta_t + (\eta_i - \eta_t) \cdot \frac{\dfrac{\alpha_{i,m}^2}{\alpha_{t,m}^2} + \dfrac{\alpha_{i,m}}{\alpha_{t,m}}\cos(\psi_{t,m} - \psi_{i,m})}{1 + \dfrac{\alpha_{i,m}^2}{\alpha_{t,m}^2} + \dfrac{2\alpha_{i,m}}{\alpha_{t,m}}\cos(\psi_{t,m} - \psi_{i,m})}, \quad m = 1, 2 \tag{7.115}$$

其中，$m = 1$，2 分别表示水平、垂直极化通道，η_t、η_i 分别为目标、干扰信号到达角，$\alpha_{t,m}$、$\alpha_{i,m}$ 分别为经斜投影处理后 m 极化通道的和通道输出目标、干扰信号幅度，$\psi_{t,m}$、$\psi_{i,m}$ 分别为经斜投影处理后 m 极化通道的和通道输出目标、干扰信号相位。对于舰船目标而言，反舰导弹雷达接收到的信杂噪比足够大，在此，杂波与噪声暂不考虑。从式（7.115）可以看出，单脉冲比误差与斜投影输出干信比 $\text{ISR}_m = \alpha_{i,m}^2 / \alpha_{t,m}^2$、目标与干扰相位差 $\Delta\psi_m = \psi_{t,m} - \psi_{i,m}$ 息息相关。

根据式（7.102）、式（7.103）可计算得到水平极化通道斜投影输出干信比为

$$\text{ISR}_1 = \frac{|\hat{S}_i^{\text{HH}}|^2}{|\hat{S}_t^{\text{HH}}|^2} = A_r^2 \left|\frac{e^{j\hat{\delta}_i}\cos\gamma_i\sin\hat{\gamma}_i - e^{j\delta_i}\cos\hat{\gamma}_i\sin\gamma_i}{e^{j\hat{\delta}_i}\cos\gamma_t\sin\hat{\gamma}_i - e^{j\delta_i}\cos\hat{\gamma}_i\sin\gamma_t}\right|^2 \tag{7.116}$$

在此，定义 $\boldsymbol{B} = [\boldsymbol{I} \quad \hat{\boldsymbol{I}}]$，$\boldsymbol{C} = [\boldsymbol{S} \quad \hat{\boldsymbol{I}}]$，$\hat{\boldsymbol{I}} = [\cos\hat{\gamma}_i \quad \sin\hat{\gamma}_i e^{j\hat{\delta}_i}]^{\text{T}}$，则式（7.116）可改写为

$$\text{ISR}_1 = A_r^2 \cdot \frac{|\det\boldsymbol{B}|^2}{|\det\boldsymbol{C}|^2} \tag{7.117}$$

由式（7.116）可见，斜投影输出干信比与实际目标、干扰极化相位描述子以及估计干扰极化相位描述子有关，而与估计的目标极化相位描述子无关，即与目标极化相位描述子估计误差无关。同时，式（7.117）说明，目标极化相位描述子 (γ_t, δ_t) 与干扰估计极化相位描述 $(\hat{\gamma}_i, \hat{\delta}_i)$ 越相似，$|\det\boldsymbol{C}|^2$ 越小。因此，在斜投影干扰抑制中，可用 $|\det\boldsymbol{C}|^2$ 来描述 $\boldsymbol{S}$ 与 $\hat{\boldsymbol{I}}$ 之间的相似度。在 $\boldsymbol{I}$、

$\hat{\boldsymbol{I}}$一定的情况下，$\boldsymbol{S}$ 与 $\hat{\boldsymbol{I}}$ 越相似，ISR_1 越大，单脉冲比误差也就越大。

同理，可以求得垂直极化通道的干信比

$$\mathrm{ISR}_2 = \mathrm{ISR}_1 \tag{7.118}$$

这说明垂直极化通道与水平极化通道具有完全相同的干扰抑制效果。

由式（7.115）可知，为了求取单脉冲比误差与目标、干扰极化相位描述子估计误差之间的解析表达式，需求取 ISR_m、$\Delta\psi_m$ 与目标、干扰极化相位描述子估计误差之间的关系式，由于 $\Delta\psi_m$ 较难解析表示，我们将式（7.115）变换为

$$r_m = \mathrm{Re}\left(\frac{\eta_t s_{t,m} + \eta_i s_{i,m}}{s_{t,m} + s_{i,m}}\right) = \eta_t + (\eta_i - \eta_t) \cdot \mathrm{Re}\left(\frac{s_{i,m}}{s_{t,m} + s_{i,m}}\right) \tag{7.119}$$

其中，$s_{t,m} = \alpha_{t,m}\mathrm{e}^{\mathrm{j}\psi_{t,m}}$，$s_{i,m} = \alpha_{i,m}\mathrm{e}^{\mathrm{j}\psi_{i,m}}$。以水平极化通道为例，当目标、干扰极化相位描述子估计精确时，$s_{i,1} = 0$，$r_1 = \eta_t$，此时无单脉冲比误差；当存在极化相位描述子估计误差时，水平极化通道单脉冲比误差为

$$\Delta r_1 = (\eta_i - \eta_t)\mathrm{Re}\left(\frac{\Delta S_i^{\mathrm{HH}}}{S_t^{\mathrm{HH}} - \Delta S_t^{\mathrm{HH}} + \Delta S_i^{\mathrm{HH}}}\right)$$

$$= (\eta_i - \eta_t)\mathrm{Re}\left[\frac{1}{a}A_r\mathrm{e}^{\mathrm{j}\Delta\varphi}(\mathrm{e}^{\mathrm{j}\hat{\delta}_i}\cos\gamma_i\sin\hat{\gamma}_i - \mathrm{e}^{\mathrm{j}\delta_i}\cos\hat{\gamma}_i\sin\gamma_i)\right] \tag{7.120}$$

$$= (\eta_i - \eta_t)\mathrm{Re}\left(\frac{A_r\mathrm{e}^{\mathrm{j}\Delta\varphi} \cdot \det\boldsymbol{B}}{A_r\mathrm{e}^{\mathrm{j}\Delta\varphi} \cdot \det\boldsymbol{B} + \det\boldsymbol{C}}\right)$$

其中，$a = A_r\mathrm{e}^{\mathrm{j}\Delta\varphi} \cdot \det\boldsymbol{B} + \det\boldsymbol{C}$。可以看出，最终的单脉冲比误差与干扰极化相位描述子估计误差有关，与目标极化相位描述子估计误差无关。

同理可以求得，垂直极化通道单脉冲比误差为

$$\Delta r_2 = \Delta r_1 \tag{7.121}$$

即垂直极化通道与水平极化通道具有相同的测角性能。

下面通过几何方法来证明斜投影输出干信比、单脉冲比误差与目标极化相位描述子估计误差无关，与干扰极化相位描述子估计误差有关。

在图 7.13（a）中，直线 $\overrightarrow{OS^{\mathrm{HH}}}$ 和 $\overrightarrow{OS^{\mathrm{HV}}}$ 分别为水平、垂直极化通道的单位复信号向量，平面 $S^{\mathrm{HH}}OS^{\mathrm{HV}}$ 表示 $\overrightarrow{OS^{\mathrm{HH}}}\oplus\overrightarrow{OS^{\mathrm{HV}}}$，其中，$\oplus$ 表示直和。为此，有 $\boldsymbol{S}_t \subset S^{\mathrm{HH}}OS^{\mathrm{HV}}\boldsymbol{S}_i \subset S^{\mathrm{HH}}OS^{\mathrm{HV}}$。$\overrightarrow{OZ} \perp S^{\mathrm{HH}}OS^{\mathrm{HV}}$，直线 $\overrightarrow{OS}$ 和 $\overrightarrow{OI}$ 分别表示 $\boldsymbol{S}_t$ 和 $\boldsymbol{S}_i$，$\overrightarrow{OI'}$ 表示 $\boldsymbol{S}_i$ 的估计，$\overrightarrow{OS'}$、$\overrightarrow{OS''}$ 分别表示 $\boldsymbol{S}_t$ 的两个不同的估计，$\{\overrightarrow{OI'}, \overrightarrow{OS'}, \overrightarrow{OS''}\} \subset S^{\mathrm{HH}}OS^{\mathrm{HV}}$，$\overrightarrow{OA}$、$\overrightarrow{OB}$、$\overrightarrow{OC}$ 分别为 $\overrightarrow{OS}$ 沿着 $\overrightarrow{OI'}\overrightarrow{OS'}$、$\overrightarrow{OS''}$ 的斜投影，$\overrightarrow{OD}$、$\overrightarrow{OE}$、$\overrightarrow{OF}$ 分别为 $\overrightarrow{OI}$ 沿着 $\overrightarrow{OI'}$ 向 $\overrightarrow{OS'}$、$\overrightarrow{OS''}$ 的斜投影。如图 7.13（b）所示，$\overrightarrow{OA'}$、$\overrightarrow{OB'}$、$\overrightarrow{OC'}$ 分别为 $\overrightarrow{OA}$、$\overrightarrow{OB}$、$\overrightarrow{OC}$ 在 $\overrightarrow{OS^{\mathrm{HH}}}$ 方向的正交投影，$\overrightarrow{OD'}$、$\overrightarrow{OE'}$、$\overrightarrow{OF'}$ 分别为 $\overrightarrow{OD}$、

$\overrightarrow{OE}$、$\overrightarrow{OF}$ 在 $\overrightarrow{OS}^{HH}$ 方向的正交投影，因此，$\overrightarrow{OA'}$ 和 $\overrightarrow{OB'}$ 代表两个不同的 $\hat{S}_t^{HH}$，$\overrightarrow{OD'}$ 和 $\overrightarrow{OE'}$ 代表两个不同的 $\hat{S}_i^{HH}$。

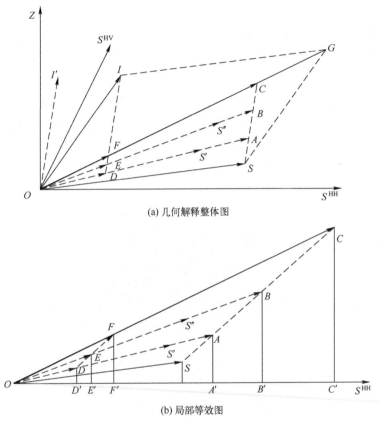

(a) 几何解释整体图

(b) 局部等效图

图 7.13   ISR$_1$、Δr_1 与 $(\Delta\gamma_t, \Delta\delta_t)$，$(\Delta\gamma_i, \Delta\delta_i)$ 之间关系的几何解释

由图 7.13（a）可见，$\overrightarrow{OI'} /\!/ \overrightarrow{DI} /\!/ \overrightarrow{SC}$，从而有

$$\frac{\overrightarrow{OD}}{\overrightarrow{OA}} = \frac{\overrightarrow{OE}}{\overrightarrow{OB}} = \frac{\overrightarrow{OF}}{\overrightarrow{OC}} = \frac{\overrightarrow{OD'}}{\overrightarrow{OA'}} = \frac{\overrightarrow{OE'}}{\overrightarrow{OB'}} = \frac{\overrightarrow{OF'}}{\overrightarrow{OC'}} \tag{7.122}$$

当 $\overrightarrow{OS}$、$\overrightarrow{OI}$ 和 $\overrightarrow{OI'}$ 一定时，$\overrightarrow{OC}$、$\overrightarrow{OF}$ 以及 $\overrightarrow{OF}/\overrightarrow{OC}$ 就固定了。因此，$\overrightarrow{OF}/\overrightarrow{OC}$ 与 $\overrightarrow{OS'}$、$\overrightarrow{OS''}$ 无关，与 $\overrightarrow{OI'}$ 有关。由于

$$\frac{\overrightarrow{OF}}{\overrightarrow{OC}} = \frac{\overrightarrow{OD'}}{\overrightarrow{OA'}} = \frac{\overrightarrow{OE'}}{\overrightarrow{OB'}} = \frac{\hat{S}_i^{HH}}{\hat{S}_t^{HH}} \tag{7.123}$$

因此，$\hat{S}_i^{HH}/\hat{S}_t^{HH}$ 与 $\overrightarrow{OS'}$、$\overrightarrow{OS''}$ 无关，与 $\overrightarrow{OI'}$ 有关。这表明，$\hat{S}_i^{HH}/\hat{S}_t^{HH}$ 或 $\hat{S}_i^{HH}/(\hat{S}_t^{HH} + \hat{S}_i^{HH})$ 与 $\boldsymbol{S}_t$ 的估计无关，与 $\boldsymbol{S}_i$ 的估计有关。即斜投影输出后的干信比、单脉冲

比误差与目标极化相位描述子估计误差无关，与干扰极化相位描述子估计误差有关。

7.4.4 仿真结果与分析

本节通过仿真先分析目标、干扰极化相位描述子估计误差对斜投影输出 ISR 和测角误差的影响效果，然后分析无先验信息条件下斜投影的抗干扰性能。

设干扰极化相位描述子 $(\gamma_i, \delta_i) = (45°, 30°)$，目标极化相位描述子 $(\gamma_t, \delta_t) = (10°, 56°)$，$(\hat{\gamma}_i, \hat{\delta}_i) = (40°, 35°)$，雷达波束宽度为 4°，目标与干扰关于雷达主波束中心对称分布，两者之间的夹角为 2°，$A_r^2 = 3$，目标、干扰归一化相位 φ_t、φ_i 分别为 0°、30°。以水平极化通道为例，不同目标极化状态下的斜投影输出干信比和单脉冲测角误差分别如图 7.14、图 7.15 所示。图 7.14 中，ISR_1 单位为 dB，图 7.14、图 7.15 中，γ_t、δ_t 的采样间隔均为 1°。

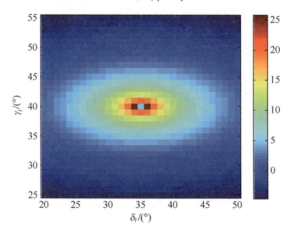

图 7.14　斜投影输出干信比随目标极化相位描述子的变化关系

从图 7.14 中可以看出，ISR_1 分别关于 $\gamma_t = 40°$、$\delta_t = 35°$ 近似对称。γ_t 越靠近 $\hat{\gamma}_i$、δ_t 越靠近 $\hat{\delta}_i$，ISR_1 增长速度越快，ISR_1 也越大；当 (γ_t, δ_t) 与 $(\hat{\gamma}_i, \hat{\delta}_i)$ 接近到一定程度，ISR_1 会急剧增大，大于斜投影输入干信比，ISR_1 在 (γ_t, δ_t) 为 $(40°, 34°)$ $(40°, 36°)$ 时达到最大；当 $(\gamma_t, \delta_t) = (\hat{\gamma}_i, \hat{\delta}_i)$ 时，$\boldsymbol{S}$ 与 $\hat{\boldsymbol{I}}$ 完全相关，斜投影处理完全失效，ISR_1 与斜投影输入干信比相等。同时，图 7.14 表明，ISR_1 随 γ_t 变化的速度较随 δ_t 变化的速度快，这说明 ISR_1 对 γ_t 更加敏感。虽然 (γ_t, δ_t) 与 $(\hat{\gamma}_i, \hat{\delta}_i)$ 越相似，干信比越大，但对应的测角误差不一定越大，如图 7.15 所示。这是因为测角误差最终由干信比、目标与干扰相位差 $\Delta\psi_m$ 共同

决定。

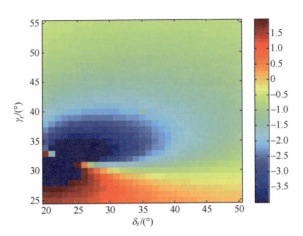

图 7.15　测角误差随目标极化相位描述子的变化关系

假定目标极化相位描述子为 $(10°, 56°)$，图 7.16 给出了雷达水平极化通道测角误差随目标极化相位描述子估计误差的变化关系。

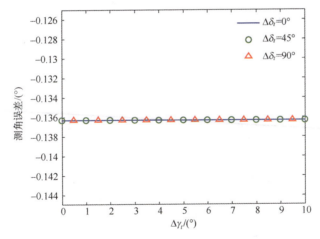

图 7.16　斜投影输出测角误差与目标极化相位描述子估计误差之间的关系
$(\Delta\gamma_i = 5°, \Delta\delta_i = 5°)$

图 7.16 说明，斜投影处理后的雷达测角误差与目标极化相位描述子估计误差无关，这与式（7.120）一致。在 $\Delta\gamma_i = 5°$、$\Delta\delta_i = 5°$ 情况下，雷达测角误差约为 $-0.136°$。而未采用斜投影处理时，雷达测角误差为 $-1.359°$。可见，在所设定干扰极化相位描述子估计误差下，斜投影处理使得雷达测角精度显著提高。

斜投影处理后的输出干信比、测角误差与干扰极化相位描述子估计误差之间的关系分别如图 7.17、图 7.18 所示，图 7.18 中测角误差单位为度。从图 7.17 中可以看出，$|\Delta\gamma_i|$、$|\Delta\delta_i|$ 越小，斜投影处理对干扰抑制越充分，输出干信比越小。当 $\Delta\gamma_i = \Delta\delta_i = 0$ 时，干扰完全被抑制。受 ISR_1、$\Delta\psi_1$ 的共同影响，测角误差绝对值不随 $\Delta\gamma_i$ 或 $\Delta\delta_i$ 单调变化，如图 7.18 所示。图 7.18 表明，当 $\Delta\gamma_i$、$\Delta\delta_i$ 保持在 $\pm10°$ 范围内时，虽然干扰极化相位描述子估计误差使得斜投影干扰抑制性能有所下降，但与未采用斜投影处理时的测角精度相比（此时的测角误差为 $-1.359°$），斜投影仍有利于提高雷达的测角精度。

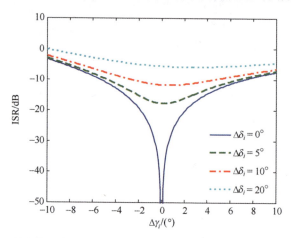

图 7.17 斜投影输出干信比随干扰极化相位描述子估计误差的变化关系

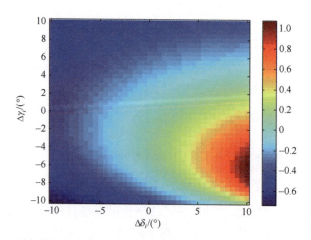

图 7.18 斜投影输出测角误差随干扰极化相位描述子估计误差的变化关系

以上分析了目标、干扰极化相位描述子估计误差对斜投影输出 ISR 和测角误差的影响，下面进一步分析无先验信息条件下斜投影的抗干扰性能。

假定目标、干扰极化相位描述子、雷达波束宽度取值不变，令 $A_r^2 = 5$，目标与干扰回波起伏分别服从 Swerling Ⅳ、Swerling Ⅱ模型，φ_t、φ_i 均服从 $[0, 2\pi]$ 均匀分布，雷达波束中心对应的方位角为 0°，目标与干扰的方位角分别为 1°和−1°。根据上述参数仿真分别产生目标、干扰回波信号，然后将二者叠加，该叠加信号即可视为箔条质心干扰下雷达接收信号。由式（7.103）可见，在得到 $\hat{S}$ 和 $\hat{\Phi}$ 的基础上，就可以求取斜投影算子 $\hat{E}_{SI}$。由于斜投影输出 ISR 和测角误差与目标极化相位描述子估计误差无关，为此，$\hat{S}$ 可任意选取，只要 $(\gamma_t, \delta_t) \neq (\hat{\gamma}_i, \hat{\delta}_i)$。利用箔条质心干扰强度通常高于目标回波强度若干倍，箔条质心干扰协方差可估计为

$$\hat{\Phi} = \frac{XX^H}{M} \tag{7.124}$$

其中，$X = [S_r(1) \quad S_r(2) \quad \cdots \quad S_r(m) \quad \cdots \quad S_r(M)]$，$S_r(m)$ 为雷达和通道第 m 次观测信号。

利用估计的箔条质心干扰协方差和随意设置的目标极化相位描述子即可估计出斜投影算子，利用估计的斜投影算子对雷达多次观测信号进行滤波，然后对多次观测信号滤波后的输出 ISR 和测角误差进行平均，从而得到平均 ISR 和平均测角误差。采用上述方法进行蒙特卡洛仿真，得到雷达斜投影前后输出平均干信比对比如图 7.19 所示，其中，蒙特卡洛仿真次数为 500 次，$M = 64$。

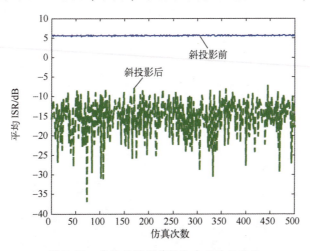

图 7.19　雷达斜投影前后输出平均干信比

从图 7.19 中可以看到，采用斜投影处理后，干信比大大降低。对应地，图 7.20 给出了斜投影处理前后雷达平均测角误差。

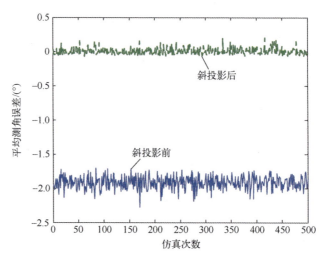

图 7.20　雷达斜投影前后平均测角误差

　　由图 7.20 可见，斜投影处理前，雷达测角性能受箔条质心干扰影响严重，箔条质心干扰下，雷达目标指示角靠近干扰，测角误差较大；而采用斜投影处理后，箔条质心干扰被充分抑制，雷达测角误差基本在 0.1°以内。

　　其实，斜投影的干扰抑制性能与 $\hat{\boldsymbol{\Phi}}$ 的估计精度息息相关。而不同 M 值下，$\hat{\boldsymbol{\Phi}}$ 的估计精度不同。为此，图 7.21 给出了不同 M、不同 A_r^2 值下雷达斜投影处理后的 500 次蒙特卡洛仿真的平均测角误差。从图 7.21 可见，M 越大，雷达平均测角误差越小。这是因为 M 越大，$\hat{\boldsymbol{\Phi}}$ 估计越精确，斜投影干扰抑制性能越好。

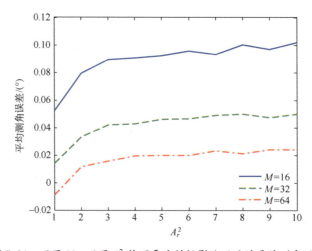

图 7.21　不同 M、不同 A_r^2 值下雷达斜投影处理后的平均测角误差

7.5　本章小结

本章首先研究了箔条质心干扰的战术使用方法，进而分析了箔条质心干扰对雷达测角的影响，其次分别提出了一种箔条质心干扰检测方法和一种抗箔条质心干扰方法。具体工作如下：

（1）理论推导了箔条质心干扰对雷达目标指示角的影响，得到了箔条质心干扰下雷达单脉冲比实部、虚部的概率密度函数、均值以及方差。推导结果表明，箔条质心干扰条件下，雷达目标指示角偏离舰船，靠近箔条质心干扰，统计意义上，目标指示角均值为箔条质心干扰对应的角度。仿真结果验证了理论推导的正确性。

（2）提出了基于 GPS/INS 辅助的反舰导弹雷达箔条质心干扰检测技术。以单脉冲比实部作为检验统计量，在推导得到舰船、舰船+干扰单脉冲比实部概率密度函数的基础上，给出了雷达检测箔条质心干扰的虚警概率和检测概率表达式。理论推导表明，当 $SNR \gg 1$ 时，Swerling Ⅳ型舰船目标的单脉冲比实部概率密度函数关于目标到达角对称分布；Swerling Ⅳ型舰船+Swerling Ⅱ型干扰的单脉冲比实部概率密度函数可用高斯分布近似表示。理论推导还表明，检测门限的设定需已知目标方位角。对此，提出了 GPS/INS、雷达联合估计目标方位角的方法。理论分析和蒙特卡洛仿真结果共同验证了 GPS/INS 辅助雷达检测箔条质心干扰的有效性。本章提出的箔条质心干扰检测方法实时性强，不需增加额外的硬件设备，具有较强的应用于实际雷达系统的潜力。

（3）提出了双极化雷达斜投影抗箔条质心干扰方法。该方法先通过双极化雷达多次观测信号估计箔条质心干扰协方差，然后根据估计的箔条质心干扰协方差和目标极化相位描述子先验信息构建出斜投影算子，进而利用斜投影算子实现对箔条质心干扰的抑制。仿真结果表明，斜投影滤波能够较好地抑制箔条质心干扰，保证雷达具有较高的测角精度。同时，考虑实际中干扰极化相位描述子未知、目标极化相位描述子先验信息存在误差，分析了目标、干扰极化相位描述子存在估计误差时，双极化雷达采用斜投影处理时的箔条质心干扰抑制性能。通过理论分析，推导得到了目标、干扰极化状态估计存在误差条件下的斜投影输出信号误差以及单脉冲测角误差。理论分析和仿真实验共同表明：①斜投影输出干信比、单脉冲比测角误差与干扰极化相位描述子估计误差有关，与目标极化相位描述子估计误差无关；②目标极化相位描述子与干扰估计极化相位描述子越相似，斜投影输出干信比越大；③无先验信息条件下，斜投影方法仍能够较好地抑制干扰，保证导引头具有较高的测角精度。

参 考 文 献

［1］ 李金梁. 箔条干扰的特性与雷达抗箔条技术研究［D］. 长沙：国防科学技术大学, 2010.

［2］ 杨勇. 雷达导引头低空目标检测理论与方法研究［D］. 长沙：国防科学技术大学, 2014.

［3］ Asseo S J. Detection of target multiplicity using quadrature monopulse angle［J］. IEEE Transactions on Aerospace and Electronic Systems, 1981, 17（2）：504-509.

［4］ Bogler P L. Detecting the presence of target multiplicity［J］. IEEE Transactions on Aerospace and Electronic Systems, 1986, 22（2）：197-203.

［5］ Blair W D, Brandt-Pearce M. Unresolved Rayleigh target detection using monopulse measurements［J］. IEEE Transactions on Aerospace and Electronic Systems, 1998, 34（2）：543-552.

［6］ Li C W, Wang H Q, Li X, et al. Study on the detection of the multiple unresolved targets［J］. Journal of Systems of Engineering and Electronics, 2005, 16（2）：295-300.

［7］ Zhang X, Willett P, Bar-Shalom Y. Detection and localization of multiple unresolved extended targets via monopulse radar signal processing［J］. IEEE Transactions on Aerospace and Electronic Systems, 2009, 45（2）：455-472.

［8］ Nandakumaran N, Sinha A, Kirubarajan T. Joint detection and tracking of unresolved targets with monopulse radar［J］. IEEE Transactions on Aerospace and Electronic Systems, 2008, 44（4）：1326-1341.

［9］ Isaac A, Willett P, Bar-Shalom Y. Quickest detection and tracking of spawning targets using monopulse radar channel signals［J］. IEEE Transactions on Signal Processing, 2008, 56（3）：1302-1308.

［10］ Chaumette E, Larzabal P. Monopulse-radar tracking of Swerling Ⅲ-Ⅳ targets using multiple observations［J］. IEEE Transactions on Aerospace and Electronic Systems, 2008, 44（2）：377-387.

［11］ Nikkle U R O, Chaumette E, Larzabal P. Statistical performance prediction of generalized monopulse estimation［J］. IEEE Transactions on Aerospace and Electronic Systems, 2011, 47（1）：381-404.

［12］ Farrell J A, Givargis T D, Barth M J. Real-time differential carrier phase GPS-aided INS［J］. IEEE Transactions on Control Systems Technology, 2000, 8（4）：709-721.

［13］ Ohlmeyer E J, Phillips C A, Bibel J E. Guidance and navigation system design for a ship self defense missile［C］//Proceedings of AIAA Guidance Navigation and Control Conference and Exhibit. Reston：The American Institute of Aeronautics and Astronautics, 2006：4792-4807.

［14］ Ohlmeyer E J, Pepitone T R, Miller B L. Assessment of integrated GPS/INS for the EX-

171 Extended Range Guided Munition [C]//Proceedings of AIAA Guidance Navigation and Control Conference and Exhibit. Reston：The American Institute of Aeronautics and Astronautics, 2005：1374-1389.

[15] Ohlmeyer E J, Pepitone T R, Miller B L, et al. GPS-aided navigation system requirements for smart munitions and guided missiles [C]//Proceedings of AIAA Guidance Navigation and Control Conference. Reston：The American Institute of Aeronautics and Astronautics, 1997：954-968.

[16] Lai Q F, Zhao J, Dai H Y, et al. Precision inertial navigation system aiding for terminal radar seeker application [C]//Proceedings of 2009 IET International Radar Conference. Piscataway：IEEE, 2009：2103-2106.

[17] 高烽. 多普勒雷达导引头信号处理技术 [M]. 北京：国防工业出版社, 2001.

[18] 黄培康, 殷红成, 许小剑. 雷达目标特性 [M]. 北京：电子工业出版社, 2005.

[19] 陈静. 雷达箔条干扰原理 [M]. 北京：国防工业出版社, 2007.

[20] Sinha A, Kirubarajan T, Bar-Shalom Y. Maximum likelihood angle extractor for two closely spaced targets [J]. IEEE Transactions on Aerospace and Electronic Systems, 2002, 38 (1)：183-203.

[21] Long M W. Radar reflectivity of land and sea [M]. 3rd ed. London：Artech House, 2001.

[22] Tang G F, Zhao K, Zhao H Z, et al. A novel discrimination method of ship and chaff based on sparseness for naval radar [C]//2008 IEEE International Radar Conference. Piscataway：IEEE, 2008：210-213.

[23] Tang G F, Zheng P, Liu Z, et al. Symmetry measurement of radar echoes and its application in ship and chaff discrimination [C]//Proceedings of 2009 IET International Radar Conference. London：IET, 2009：56-60.

[24] 倪汉昌. 对海雷达抗箔条干扰技术途径探讨 [J]. 飞航导弹, 1995, 8：256-258.

[25] Wang X S, Chang Y L, Dai D H, et al. Band characteristics of SINR polarization filter [J]. IEEE Transactions on Antennas and Propagation, 2007, 55 (4)：1148-1154.

[26] Behrens T R, Scharf L L. Signal processing applications of oblique projection operators [J]. IEEE Transactions on Signal Processing, 1994, 42 (6)：1413-1424.

[27] 来庆福, 赵晶, 冯德军, 等. 斜投影极化滤波的雷达导引头抗箔条干扰方法 [J]. 信号处理, 2011, 27 (7)：1016-1021.

[28] Scharf L L, McCloud M L. Blind adaptation of zero forcing projections and oblique pseudo-inverses for subspace detection and estimation when interference dominates noise [J]. IEEE Transactions on Signal Processing, 2002, 50 (12)：2938-2946.

[29] Boyer R. Oblique projection for source estimation in a competitive environment：Algorithm and statistical analysis [J]. Signal Processing, 2009, 89 (12)：2547-2554.

[30] Vandaele P, Moonen M. Two deterministic blind channel estimation algorithms based on oblique projections [J]. Signal Processing, 2000, 80 (3)：481-495.

[31] Boyer R, Bouleux G. Oblique projections for direction-of-arrival estimation with prior

knowledge [J]. IEEE Transactions on Signal Processing, 2008, 56 (4): 1374-1387.

[32] Wirawan P, Abed-Meraim K, Maitre H, et al. Blind multichannel image restoration using oblique projections [C]//Proceedings of 2002 IEEE Sensor Array and Multichannel Signal Processing Workshop. Piscataway: IEEE, 2002: 125-129.

[33] Cao B, Liu A J, Mao X P, et al. An oblique projection polarization filter [C]//Proceedings of International Conference on Wireless Communications, Networking and Mobile Computing. Piscataway: IEEE, 2008: 1893-1896.

[34] Mao X P, Liu A J, Hou H J, et al. Oblique projection polarisation filtering for interference suppression in high-frequency surface wave radar [J]. IET Radar, Sonar and Navigation, 2012, 6 (2): 71-80.

[35] Antoine R, Jocelyn C, Jerome I M. Estimation of polarization parameters using time-frequency representations and its applications to waves separation [J]. Signal Processing, 2006, 86 (12): 3714-3731.

[36] Wong T K, Zoltowski D M. Self-initiating MUSIC-based direction finding and polarization estimation in spatio-polarizational beamspace [J]. IEEE Transactions on Antennas and Propagation, 2000, 48 (8): 1235-1245.

[37] 沈永欢, 梁在中, 许履瑚, 等. 数学手册 [M]. 北京: 科学出版社, 1999.

缩　略　词

缩略词	全称	释义
CA-CFAR	Cell Average Constant False Alarm Rate	单元平均恒虚警率
CCDF	Complementary Cumulative Distribution Function	互补累积分布函数
CDF	Cumulative Distribution Function	累积分布函数
CFAR	Constant False Alarm Rate	恒虚警率
CG-GIG	Compound Gaussian-General Inverse Gaussian	复合高斯-广义逆高斯
CG-IG	Compound Gaussian-Inverse Gaussian	复合高斯-逆高斯
CNR	Clutter to Noise Ratio	杂噪比
FFT	Fast Fourier Transform	快速傅里叶变换
FIR	Finite Impulse Response	有限长单位冲激响应
GLRT	Generalized Likelihood Ratio Test	广义似然比检验
GPS	Global Position System	全球定位系统
GPWF	General Polarimetric Whitening Filter	极化空时广义白化滤波器
HH	Horizontal-Horizontal	水平极化发射-水平极化接收
HRRP	High Range Resolution Profile	高分辨率一维距离像
HV	Horizontal-Vertical	水平极化发射-垂直极化接收
IFT	Inverse Fourier Transform	逆傅里叶变换
IIR	Infinite Impulse Response	无限长单位冲激响应
INS	Inertial Navigation System	惯性导航系统
IPIX	Intelligent PIXel Processing Radar	智能像素处理雷达
ISAR	Inverse Synthetic Aperture Radar	逆合成孔径雷达
ISR	Interference-to-signal Ratio	干信比
KS	Kolmogorov-Smirnov	柯尔莫可洛夫-斯米洛夫
LFM	Linear Frequency Modulation	线性调频
MIMO	Multiple Input Multiple Output	多输入多输出
MIT	Massachusetts Institute of Technology	麻省理工学院
MTI	Moving Target Indication	动目标显示
NP	Neyman-Pearson	奈曼-皮尔逊

缩略词	全称	释义
OFDM	Orthogonal Frequency-Division Multiplexing	正交频分复用
OPD	Optimal Polarimetric Detector	最佳极化检测器
OSD	Optimal Span Detector	最佳张成检测器
PDF	Probability Density Function	概率密度函数
PMF	Polarimetric Matched Filter	极化匹配滤波器
PMSD	Power Maximization Synthesis Detector	功率最大综合检测器
PRF	Pulse Repetition Frequency	脉冲重复频率
PWF	Polarimetric Whitening Filter	极化白化滤波器
RCS	Radar Cross Section	雷达截面积
SAR	Synthetic Aperture Radar	合成孔径雷达
SCD	Single Channel Detection	单通道检测器
SCNR	Signal-to-Clutter plus Noise Ratio	信杂噪比
SIRP	Spherically Invariant Random Process	球不变随机过程法
SNR	Signal-to-noise Ratio	信噪比
SVM	Support Vector Machine	支持向量机
VH	Vertical-Horizontal	垂直极化发射-水平极化接收
VV	Vertical-Vertical	垂直极化发射-垂直极化接收
ZMNL	Zero Memory Nonlinearity	零记忆非线性变换法